제 3 판

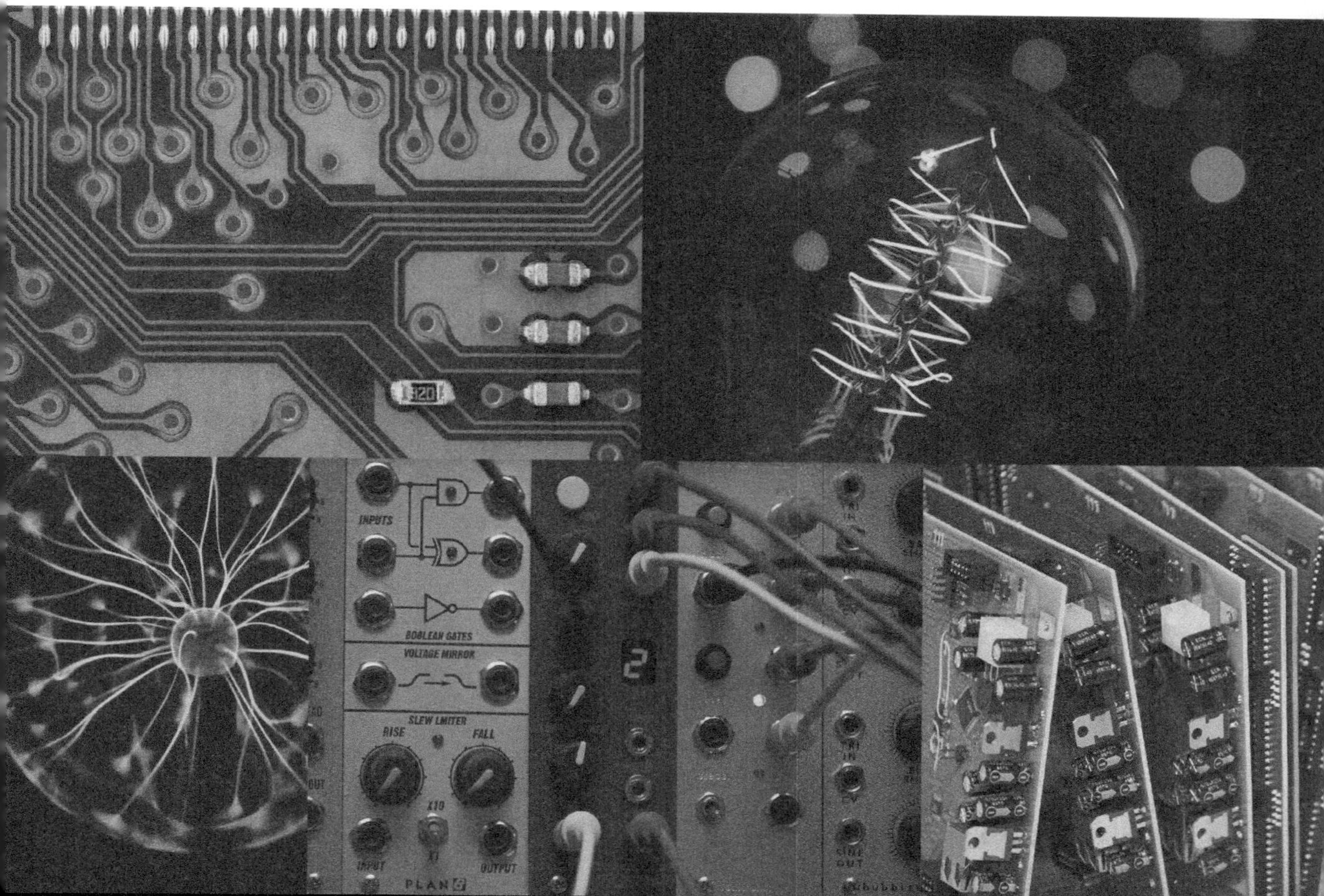

실무와 예제로 배우는

전기전자 기초실험

B.C.Info

임헌찬·박구범·김종수·이주원 공저

PREFACE
머리말

오늘날 첨단 정보 산업 사회를 맞이하여 전기·전자 공학 분야는 비약적으로 신기술이 개발되고 변혁적인 발전을 거듭하고 있으며, 교육 개방 및 교육 개혁 등의 교육 환경도 급속히 변화하고 있다. 이러한 변화에 적절히 대처하기 위하여 전기·전자 공학은 기본적으로 습득해야 할 이론 지식을 실험 실습 교육과 병행하여 더욱 전문적이고 균형적인 발전이 절실히 요구되고 있다.

본 교재는 제 1 부 전기기초실험과 제 2 부 전자기초실험으로 구분하여 두 학기용으로 강의할 수 있도록 구성하였다.

전기기초실험은 기본 계측 장비의 동작 원리와 사용법, 선형 소자를 이용한 직류, 교류에서의 회로 해석법 및 전력 측정 실험을 다루고 있다.
전자기초실험은 가장 널리 사용되고 있는 기본적인 반도체 소자와 전력용 반도체 소자들의 동작 원리 및 기초적인 전기적 특성 등을 쉽게 이해할 수 있도록 내용을 구성하였다.

특히 전기적 소자 특성의 이해와 회로를 결선하는 능력을 직접적으로 키우기 위하여 모듈을 사용하지 않고 만능기판(브레드 보드)만으로 누구나 간단히 실험을 할 수 있도록 배려하였다. 또 이론 교육에 앞서 실험하는 경우를 예상하여 가능한 넓은 범위에서 상세한 해설을 기술하여 실습 교육에 불편을 최소화하였다.

전기·전자 공학 관련분야를 전공하는 학생들에게 도움이 될 수 있도록 충실하려고 노력하였으나 부족한 부분이 적지 않을 것으로 생각되며, 앞으로 독자 여러분들의 충고와 격려로 계속 수정 보완해 나가려 하니 아낌없는 의견과 지도 편달을 바란다.

끝으로 본 교재를 출간하면서 참고한 각종 문헌의 원저자들에게 경의를 표하며, 출판을 위해 많은 도움을 주신 복두출판사 임직원 여러분과 항상 옆에서 힘을 북돋아 준 가족에게 감사를 드리는 바이다.

저자 씀

CONTENTS
차 례

PART 1 전기기초실험

CONTENTS

차 례

PART 2 전자기초실험

PART 1

전기기초실험

실험 01

실험의 기초 지식

1. 목적

1) 실험 전반에 관한 실험 목적, 주의 사항, 실험 방법 및 실험 측정값 처리 방법, 실험 보고서 작성법 등을 알아본다.
2) 일반적으로 주로 사용하는 국제 단위계((International Unit System, SI)를 이해한다.

2. 이론

(1) 실험 목적

실험의 목적은 이미 배운 이론적 지식을 실험을 통하여 직접 확인하고 증명함으로써 전공에 대한 확고한 개념을 정립하고 실험 기법을 습득, 배양하는 데 있다.

실험의 목적과 의의를 구체적으로 열거하면 다음과 같다.

① 전공 지식에 대한 원리 및 이론의 확립
② 측정 장비의 취급법 이해 및 습득
③ 실험 방법 및 실험 결과 처리 방법의 습득
④ 실험 보고서 작성 요령의 습득
⑤ 이론과 실습을 병행하여 현장 실무 능력 배양

(2) 실험 시 주의 사항

① 담당 교수의 지시 사항을 숙지하여 안전사고가 일어나지 않도록 한다.
② 실험을 하기 전에 목적, 원리 및 주의 사항을 숙지한다.
③ 계측기는 파손에 주의하고, 가동부가 심하게 움직이지 않도록 취급한다.
④ 계측기는 정격과 정밀도에 유의하여 실험에 가장 적합하게 선정하도록 한다.

⑤ 계측기 및 소자의 배치는 결선이 교차되지 않도록 하고, 교재의 회로도와 같은 배열이 되도록 한다.
⑥ 회로 결선은 전원 단자에서부터 직렬의 주 회로를 먼저 완성시킨 후 병렬로 접속된 기기 및 소자 등을 접속한다.
⑦ 전원 스위치를 투입하기 전에 회로의 결선은 이상이 없는지 재확인한다.
⑧ 전원 전압은 서서히 올려가면서 회로의 이상 유무를 판단한다.
⑨ 실험 중 문제가 발생하면 전원을 차단하고 배선을 재점검한다.
⑩ 실험이 종료되면 사용한 계측기와 부품은 제자리에 두고 깨끗이 정리 정돈한다.

(3) 실험 결과의 처리

① 실험 중의 문제점이나 관찰되는 사항을 빠짐없이 기록하고, 계산이 필요한 경우에는 계산 방법 및 결과를 기록하여 그 과정을 추후에 점검할 수 있도록 한다.
② 실험 중의 특이한 현상은 사소한 것이라도 빠짐없이 기록하고 실험 결과에서 반드시 검토하도록 한다.
③ 측정 결과는 가능한 한눈에 알아볼 수 있도록 그래프로 나타내도록 한다.
④ 측정값을 그래프로 나타낼 때에는 평균값을 따라 매끄러운 곡선이 되도록 한다.
⑤ 측정값이 기본 눈금에 배율을 곱하여 읽어야 하는 경우에는 지시값을 그대로 읽어 기록하고 배율을 명시하도록 한다.

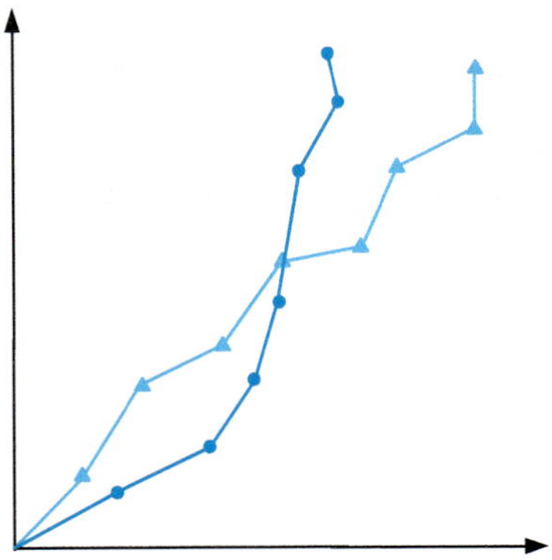

(a) 불량

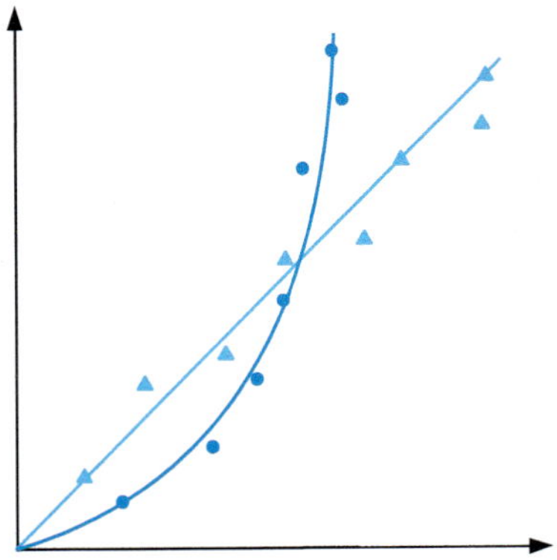

(b) 양호

그림 1.1 **측정값의 그래프 표시 방법**

⑥ 측정값은 허용오차를 고려하여 유효 숫자의 자릿수보다 낮은 자리의 수를 반올림하여 기록한다.

(4) 예비 보고서 작성법

실험을 하기 전에 실험 제목에 관련한 이론적 배경 및 지식, 계측기 및 기기의 사용법, 실험 목적 및 실험 방법 등을 사전에 숙지하여 본 실험의 이해를 높이고 짧은 시간에 보다 효율적으로 수행할 수 있도록 한다.

예비 보고서는 일반적으로 다음과 같은 내용을 포함한다.

① 실험 제목
② 실험 목적
③ 본 실험의 관련 이론 및 주의 사항, 특기 사항 등을 요점 정리하여 기록
④ 실험 방법(실험 기기 및 부품 포함)

(5) 결과 보고서 작성법

실험을 마치고 나서 본인이 수행한 실험 결과를 체계적으로 정확히 작성하여 본 실험에서 얻고자 하는 내용을 본인은 물론 다른 사람도 알아볼 수 있어야 한다. 따라서 실험 결과 보고서를 작성하는 것은 실험 과정 못지않게 비교, 분석, 고찰 및 검토에 매우 중요하므로 세심한 주의를 필요로 한다.

일반적으로 실험 결과 보고서의 작성은 다음과 같은 내용을 포함하고, 예비 보고서를 실험 전에 제출한 후에 별도로 결과 보고서를 제출할 경우에는 중복 사항을 생략해도 된다.

① 실험 제목
② 실험 목적
③ 이론
④ 실험 기자재 및 부품
⑤ 실험 방법
⑥ 실험 결과 및 고찰
⑦ 결론

[실험 예비보고서 작성 예]

예비 보고서					
학번		이름		실험조	
공동실험자				작성일자	

제목 :

1. 목적

2. 이론

3. 사용기기 및 재료

4. 실험 방법(실험 유의 및 특기 사항)

[실험 결과보고서 작성 예]

결과 보고서					
학번		이름		실험조	
공동실험자				작성일자	

제목 :

1. 실험 방법

2. 고찰 및 평가

(6) 측정 단위

물리적인 양을 측정하기 위해서는 측정하려는 양과 종류가 같은 비교의 기준이 필요하다. 이때 각종 물리량의 기준이 되는 양을 단위(unit)라 한다.

단위에는 여러 나라에서 채택하고 있는 국제 단위계(International Unit System, SI)가 있으며 기본 단위와 유도 단위로 나누어진다.

기본 단위는 길이[m], 질량[kg], 시간[sec], 전류[A], 온도[K], 몰[mol], 광도[cd]가 있고, 유도 단위는 면적[m^2], 부피[m^3], 속도[m/s], 밀도[kg/m^3] 및 힘[$kg \cdot m/s^2$] 등과 같이 기본 단위의 조합에 의해 유도되어 만들어지는 단위를 말한다.

기본 단위와 유도 단위를 합한 단위군을 단위계라 한다. 단위계 중에서 기본 단위와 그 단위로부터 유도되는 유도 단위로 구성되는 [m], [kg], [kg/m^3], [$kg \cdot m/s^2$] 등과 같은 단위계를 절대 단위계라 하고, 실용상의 편의에 의해 적절하게 정의하여 사용하는 힘[N], 일[J], 전력[W] 등과 같은 단위계를 실용 단위계라고 한다.

국제적으로 많이 사용되고 있는 절대 단위계로써 표준 단위계로 사용되고 있는 SI 단위계는 MKS 단위계와 CGS 단위계가 있다. 기본 단위인 길이, 질량, 시간의 단위를 각각 [m], [kg], [s]를 사용하는 단위계를 MKS 단위계라 하고, [cm], [g], [s]를 사용하는 단위계를 CGS 단위계라고 한다.

SI 단위계
- MKS 단위계 : 길이[m], 질량[kg], 시간[s]
- CGS 단위계 : 길이[cm], 질량[g], 시간[s]

표 1.1은 국제단위계의 기본 단위이고, 표 1.2는 유도 단위를 나타낸다.

표 1.1 기본 단위

물리량	기호	명칭
길 이	m	미터(meter)
질 량	kg	킬로그램(kilogram)
시 간	s	초(second)
전 류	A	암페어(ampere)
온 도	K	캘빈(kelvin)
물질의 양	mol	몰(mole)
광 도	cd	칸델라(candela)

표 1.2 유도 단위

양	기 호	명 칭	양	기 호	명 칭
면 적	m^2	square meter	전 력	W(J/s)	watt
체 적	m^3	cubic meter	전기량	C	coulomb
주파수	Hz	hertz	전위차	V(W/A)	volt
밀 도	kg/m^3	kg/cubic meter	전기저항	Ω(V/A)	ohm
속 도	m/s	meter/second	정전용량	F	farad
힘	N	newton	자 속	Wb	weber
일	J	joule	자계강도	A/m	ampere/second

표 1.3은 일반적으로 사용하는 기본 단위의 거듭제곱을 나타낸 것으로 거듭제곱의 표현에는 10진법을 사용한다.

표 1.3 단위의 거듭제곱

명 칭	기 호	값	명 칭	기 호	값
tera	T	10^{12}	centi	c	10^{-2}
giga	G	10^{9}	milli	m	10^{-3}
mega	M	10^{6}	micro	μ	10^{-6}
kilo	k	10^{3}	nano	n	10^{-9}
hecto	h	10^{2}	pico	p	10^{-12}
deca	da	10	femto	f	10^{-15}
deci	d	10^{-1}	atto	a	10^{-18}

실험 02 저항 및 콘덴서 판독법

1. 목적

1) 기본적인 회로 소자인 저항 및 콘덴서의 구조와 특성을 이해한다.
2) 색저항과 콘덴서의 판독법을 익힌다.

2. 이론

2.1 저항

저항기(resistor)는 전기·전자 기기의 내부에서 전류에 의한 전압 강하를 이용하기 위한 회로의 수동소자로서 저항값이 고정되어 있는 고정 저항과 축을 회전시키거나 섭동자(slider)를 이동시켜 저항값을 바꾸는 가변 저항으로 분류된다.

(1) 저항의 분류

1) 고정 저항

① 탄소피막 저항

카본 저항기라고도 하며 원통형의 자기(세라믹)봉 위에 메탄이나 탄화수소 가스를 촉매로 하여 1,000~1,200[℃]로 구워 저항피막을 만들고 저항값을 조정하기 위한 홈을 판 다음 절연을 위한 도료를 칠한 것을 저항체로 하고 있다.

그림 2.1은 탄소피막 저항기의 구조를 나타낸 것으로 저항체의 양단에 금속 캡을 씌우고 리드선을 인출한다. 저항값을 조정하기 위한 홈은 나선형의 모양이고, 홈 사이의 폭이 좁으면 저항값은 커지며, 반대로 폭이 넓으면 저항값은 작아진다.

탄소피막의 저항체 위에는 피막 보호용의 도료가 칠해져 있으며, 저항값과 특성은 대부분 4개의 색으로 코드화되어 표시되고 있다. 또한 정격 전력은 수치로 표시하지 않고 저항기의 외형의 크기인 바깥지름으로 나타내며, 대표적으로 1/8[W], 1/4[W], 1/2[W], 1[W], 2[W] 등이 있다.

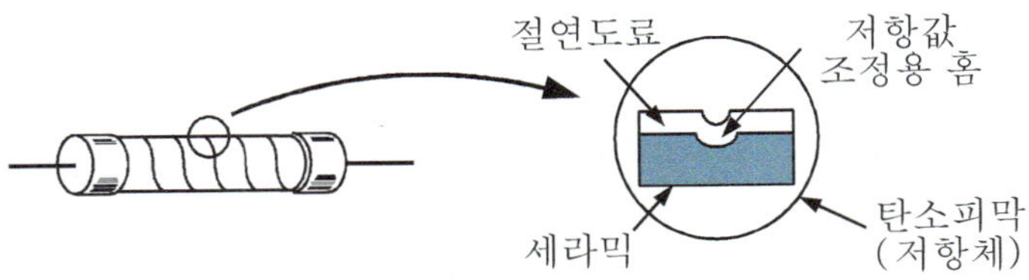

그림 2.1 탄소피막 저항기의 구조

탄소 저항기의 종류는 캡이나 리드선을 빼는 방법에 따라 그림 2.2와 같이 T형, P형, L형, V형 등이 있다. 최근에는 T형과 P형이 주로 사용되고 있으며 V형은 정밀도를 높이기 위한 프린트 배선 등에 이용되고 있다.

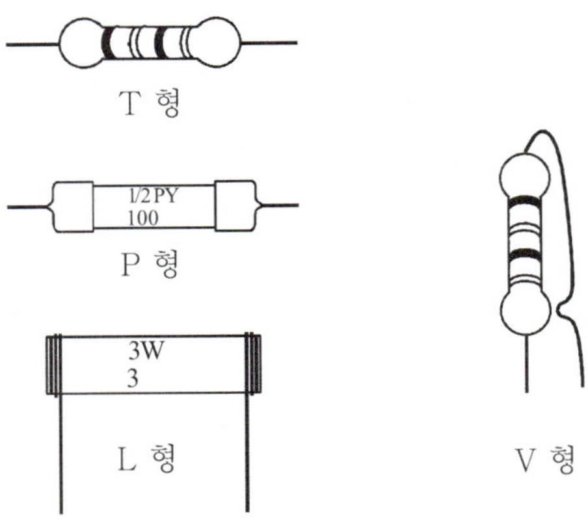

그림 2.2 탄소피막 저항기의 종류

② 솔리드 저항

탄소 분말과 규정의 저항값을 얻기 위한 조정용 혼합제를 섞은 후 결합제인 플라스틱을 가하여 금형에 넣고 가열 성형한 탄소 혼합제 저항이다.

이것은 저항체가 막대 모양의 고체로 되어 있기 때문에 솔리드 저항기 혹은 고체 저항기라 한다. 저항체의 양단에 리드선을 빼고 바깥쪽을 페놀 수지로 전체를 몰딩하고 있으며, 그림 2.3은 솔리드 저항기의 구조를 나타내고 있다.

솔리드 저항기는 대량 생산에 적합하여 값이 저렴하지만 생산 조건에 따라 품질이 불안정한 것이 생산되는 경우가 있다. 또한 주파수 특성은 비교적 양호하지만 온도변화 특성이 나쁘고 습기에 약한 단점이 있다.

탄소계의 저항은 습기에 약한 단점이 있으며, 이 습기의 영향으로 저항값이 대개 커지는 경향이 있다. 따라서 습기에 의한 저항값의 변동이 발생되지 않는 회로에서 사용하고자 할 경우에는 자기관 속에 저항체가 밀폐되어 있는 하메틱형 솔리드 저항기를 사용한다.

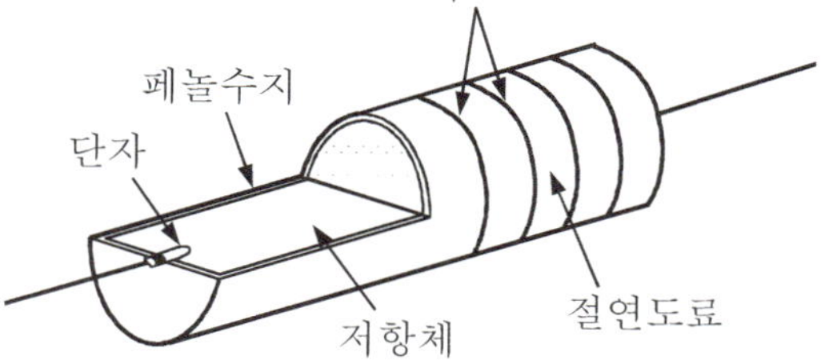

그림 2.3 **솔리드 저항기의 구조**

③ 금속피막 저항

자기나 유리막대 위에 니켈 크롬이나 탄탈의 합금을 부착시키고 홈을 파서 저항값을 조정한 고정 저항기로 그림 2.4에 구조를 나타낸다.

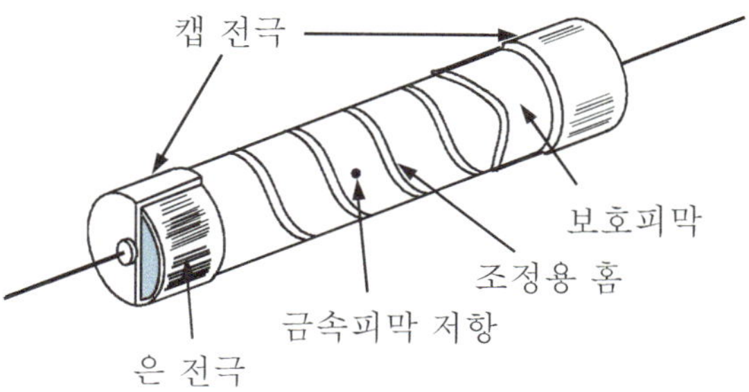

그림 2.4 **금속피막 저항기의 구조**

이 저항기는 오차 ±1[%]의 정밀성이 우수한 제품이고, 주파수 특성이 좋으며 대량 생산에 적합하다. 또한 저잡음, 저온도 변화 등에서도 우수하지만, 가격이 비싼 것이 단점이다.

④ 권선 저항

권선 저항기는 코일 저항기라고도 하며, 자기나 유리막대 위에 니켈 크롬이나 탄탈의 합금을 부착시키고 홈을 파서 저항값을 조정한 고정 저항기이다. 그림 2.5에 권선 저항기의 구조를 나타낸다.

권선 저항기는 비교적 저항값이 작고 대전력용이 많다. 니크롬이나 망간 등의 금속 저항선을 사용하므로 온도에 의한 변화가 적고, 열에도 잘 견디는 특성을 가지고 있다.

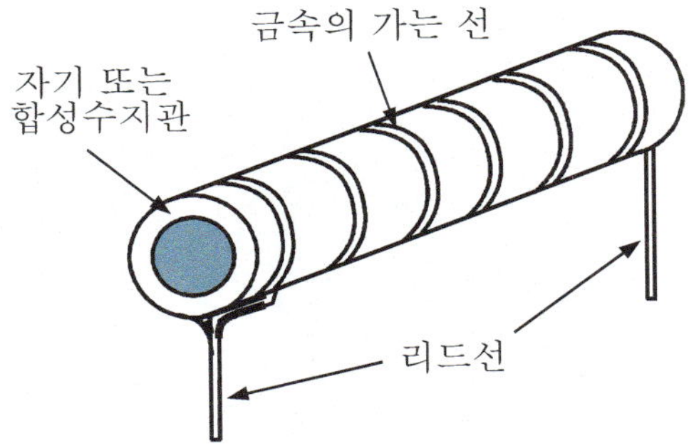

그림 2.5 권선 저항기의 구조

수 W 이상의 대전력용은 에나멜이나 시멘트로 몰딩하고 있어서 발열에 의한 저항선의 산화를 방지한다. 저항값은 0.1 [Ω] 에서 10 [kΩ] 정도까지 있으며, 정격 전력은 1/2 [W] 에서 100 [W] 정도까지 있다. 허용 오차는 KS 규격에 의해 1 [Ω] 미만은 ±10 [%], 1 [Ω] 이상은 ±5 [%]로 규정되어 있다.

그림 2.6은 권선 저항기의 외관을 나타낸 것이다. 그림 2.6(a)의 에나멜 저항기는 외부에 에나멜로 씌워져 있으므로 내부의 코일 형태를 알 수 없으며, 이 저항기는 대전력용으로 수 W에서 수십 W의 것이 있다.

그림 2.6(b)의 중간 단자가 붙은 권선 저항기는 중간 단자의 나사를 느슨하게 하여 단자의 위치를 이동시키고 저항값을 조정하는 구조이다. 진공관 회로에서는 햄(HAM) 밸런서로 자주 사용되어 왔다. 또한 축을 같은 방향으로 돌려도 저항 변화 특성이 정반대로 되는 것이 있는데 이것은 스테레오의 좌우 밸런서로 사용된다.

권선 저항기는 대전력용에 적합하고 내열성이 우수한 재료를 사용하고 있으며, 온도에 의한 영향이 작고 잡음도 비교적 작은 장점이 있다. 그러나 소형으로 만들기 어려울 뿐만 아니라 가격도 비싸고, 또한 주파수 특성이 나쁘므로 고주파 회로에는 사용할 수 없다. 저항값이 작은 것은 만들기 쉽지만 큰 것은 만들기 어려운 점 등의 단점이 있다.

권선 저항은 바이어스용이나 전압 분할용 또는 평활 회로에 사용하는 것이 일반적이다.

(a) 에나멜 저항기　　(b) 중간 단자 붙은 코일 저항기

그림 2.6 **권선 저항기의 종류**

2) 가변 저항

가변 저항기는 저항에 의한 전압강하 또는 전류 등을 분배할 때 사용하는 것으로 음량 조정에 많이 사용하므로 볼륨(volume)이라고도 한다.

① 탄소 피막형 가변 저항

탄소 피막형 가변 저항기는 베클라이트의 절연판에 탄소의 막을 구워 붙인 것을 저항체로 하고 그 표면에 섭동자(슬라이더)를 미끄러지게 해서 저항값을 바꾸는 구조로 되어 있다.

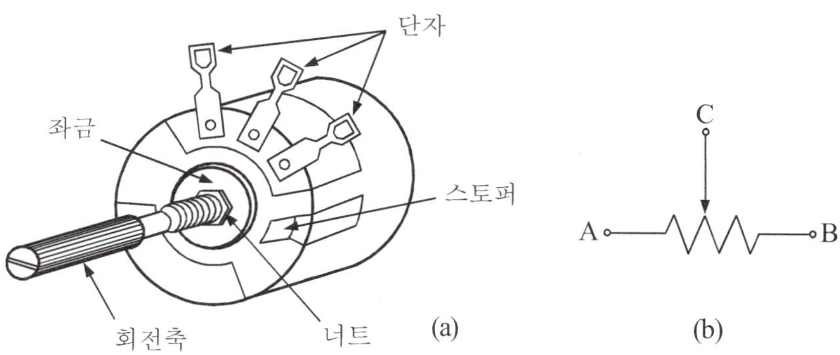

그림 2.7 **탄소 피막형 가변 저항기**

그림 2.7은 탄소 피막형 가변 저항기의 외관을 나타낸 것이고, 축을 회전시켜 섭동자를 움직여 원하는 저항값을 얻는 것이다.

② 반고정 저항

원리적으로 탄소 피막형 가변 저항기와 동일하지만 한 번 저항값을 조정하면 다시 조정하지 않는 것으로, 사용된 기기의 특성 변화나 경년 변화 시 다시 조정할 수 있도록 한 가변 저항기이다.

그림 2.8은 반고정 저항기의 여러 가지 종류에 대한 외관을 나타낸 것이고, 주로 프린트 기판에 꽂은 다음 납땜해서 고정하도록 되어 있다.

저항체로는 탄소 피막형이 많이 있으며 소형으로 정격 전력도 작으므로 바이어스 조정, 레벨 조정, 게인 컨트롤 등 회로 내의 미세한 조절을 필요로 하는 곳에 사용된다.

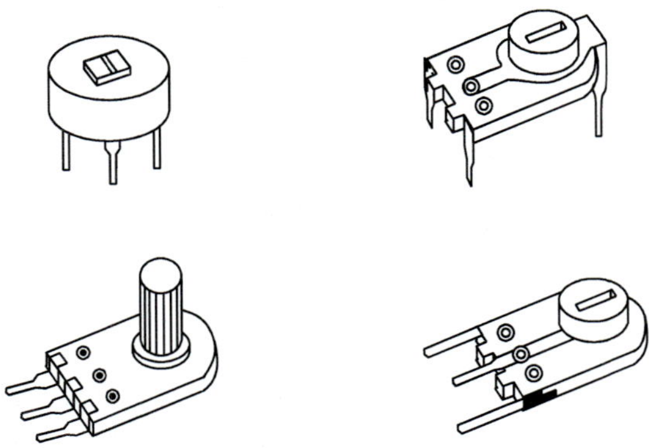

그림 2.8 **반고정 저항기의 외관**

(2) 색저항 판독법

저항기에 대한 저항값 및 허용 오차는 탄소피막 저항 및 솔리드 저항 등과 같이 소형화되면서 색코드(color code)로 그 값을 표시하고 있다.

저항값의 색 표시는 그림 2.9와 같이 4개의 색띠로 나타내고, A의 색깔은 저항의 첫째자리 수, B의 색깔은 둘째자리 수, C의 색깔은 배수, 그리고 D의 색깔은 오차를 의미한다. 색 표시가 있는 저항기의 저항 단위는 모두 옴[Ω]으로 나타낸다.

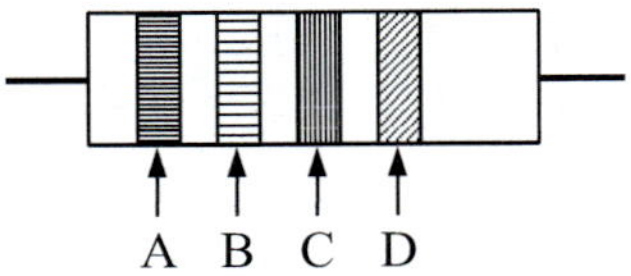

그림 2.9 **저항기의 색코드**

표 2.1은 저항과 색 표시의 관계를 나타낸 저항의 색코드이다.

표 2.1 저항의 색코드

색 (Color)	A	B	C	D	비 고
	첫째 색띠	둘째 색띠	배 수	허용 오차(%)	
흑색 (Black)	0	0	10^0		검정색
갈색 (Brown)	1	1	10^1		고동색
적색 (Red)	2	2	10^2		빨강색
등색 (Orange)	3	3	10^3		주황색
황색 (Yellow)	4	4	10^4		노랑색
녹색 (Green)	5	5	10^5		초록색
청색 (Blue)	6	6	10^6		파랑색
자색 (Violet)	7	7	10^7		보라색
회색 (Gray)	8	8	10^8		-
백색 (White)	9	9	10^9		하얀색
금색 (Gold)			10^{-1}	±5	
은색 (Silver)			10^{-2}	±10	
무색 (None)				±20	

【예】 색저항의 저항값 판독

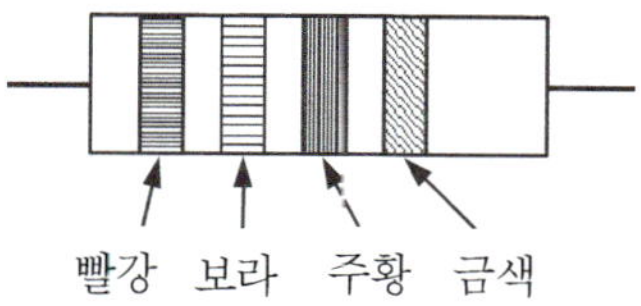

$$\begin{cases} \text{정격 저항} : R = 27 \times 10^3\,[\Omega] = 27\,[\text{k}\Omega] \\ \text{허용 오차} : \pm 5\,[\%] \end{cases}$$

(3) 저항 제품의 실제 저항값

색저항의 저항값 판독법을 앞 절로부터 알게 되었지만, 실제 저항을 선정하는 경우 필요로 하는 저항값을 가진 저항을 구할 수 없다. 예전에는 저항의 저항값이 계산하기 쉬운 $1\,[\text{k}\Omega]$, $1.5\,[\text{k}\Omega]$, $2\,[\text{k}\Omega]$, … 등으로 생산되었지만, 요즈음에는 회로 설계나 제작 시에 불편한 점이 있기 때문에 표 2.2에 나타낸 바와 같이 등비 급수적인 수치 계열을 사용하도록 개선되었다.

표 2.2 저항기의 실제 저항값

1) 허용오차 ±10 [%]의 경우

1 [Ω]대	10 [Ω]대	100 [Ω]대	1 [kΩ]대	10 [kΩ]대	100 [kΩ]대	1 [MΩ]대
1 Ω	10 Ω	100 Ω	1 kΩ	10 kΩ	100 kΩ	1 MΩ
1.2 Ω	12 Ω	120 Ω	1.2 kΩ	12 kΩ	120 kΩ	1.2 MΩ
1.5 Ω	15 Ω	150 Ω	1.5 kΩ	15 kΩ	150 kΩ	1.5 MΩ
1.8 Ω	18 Ω	180 Ω	1.8 kΩ	18 kΩ	180 kΩ	1.8 MΩ
2.2 Ω	22 Ω	220 Ω	2.2 kΩ	22 kΩ	220 kΩ	2.2 MΩ
2.7 Ω	27 Ω	270 Ω	2.7 kΩ	27 kΩ	270 kΩ	2.7 MΩ
3.3 Ω	33 Ω	330 Ω	3.3 kΩ	33 kΩ	330 kΩ	3.3 MΩ
3.9 Ω	39 Ω	390 Ω	3.9 kΩ	39 kΩ	390 kΩ	3.9 MΩ
4.7 Ω	47 Ω	470 Ω	4.7 kΩ	47 kΩ	470 kΩ	4.7 MΩ
5.6 Ω	56 Ω	560 Ω	5.6 kΩ	56 kΩ	560 kΩ	5.6 MΩ
6.8 Ω	68 Ω	680 Ω	6.8 kΩ	68 kΩ	680 kΩ	6.8 MΩ
8.2 Ω	82 Ω	820 Ω	8.2 kΩ	82 kΩ	820 kΩ	8.2 MΩ

2) 허용오차 ±5 [%]의 경우

1 Ω	10 Ω	1.5 Ω	15 Ω
1.1 Ω	11 Ω	1.6 Ω	16 Ω
1.2 Ω	12 Ω	1.8 Ω	18 Ω
1.3 Ω	13 Ω	2.0 Ω	20 Ω

3) 허용오차 ±20 [%]

1 Ω	10 Ω
1.5 Ω	15 Ω
2.2 Ω	22 Ω
3.3 Ω	33 Ω
4.7 Ω	47 Ω
6.8 Ω	68 Ω

(4) 저항의 취급 방법

저항은 전해 콘덴서나 트랜지스터 등과 달리 +, −의 극성이 없으므로 취급하기 쉽지만, 프린트 기판 등에 배치할 때에 보기 쉽도록 색코드의 첫째 색띠를 가지런히 맞추도록 한다. 리드선을 저항기 몸체 가까이에서 너무 갑자기 구부리거나 니퍼로 잡아당기면 캡이 떨어져나가 파손되는 경우도 있으므로 주의하고, 또한 납땜도 가능한 빨리하여 열에 소손되는 일이 없도록 주의해야 한다.

2.2 콘덴서

콘덴서(condenser)는 정전용량을 갖는 수동소자로서 두 전극 극판 사이에 유전체를 삽입한 구조이고, 삽입한 유전체의 물질에 따라 종이(paper) 콘덴서, MP(metalized paper) 콘덴서, 플라스틱 필름 콘덴서, 운모(mica) 콘덴서, 세라믹(ceramic) 콘덴서, 전해 콘덴서 등으로 분류된다.

유전체 물질 중 플라스틱은 고분자 물질로 폴리에스터, 폴리스티롤, 폴리에틸렌 텔레프탈레이트(PET) 등이 사용되고, 세라믹 물질로는 티탄산 바륨, 산화티탄 등이 주로 쓰이고 있다.

(1) 콘덴서의 분류

1) 고정 콘덴서

① 종이 콘덴서

오일이나 왁스를 적신 종이를 유전체로 사용하며, 두 장의 콘덴서 종이에 전극 박을 끼우고 말아 감은 구조로 그림 2.10에 나타난 바와 같다.

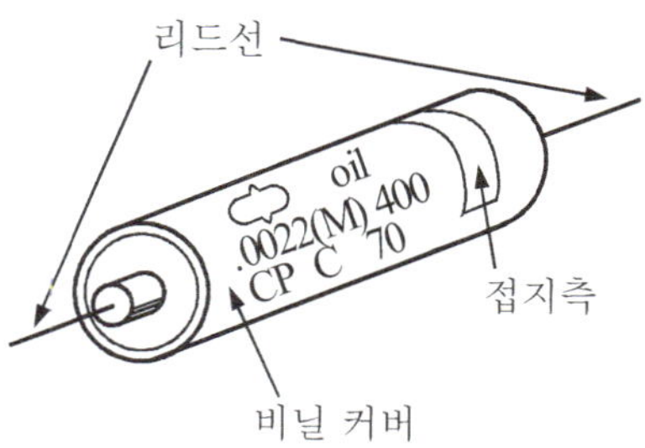

(a) 외관

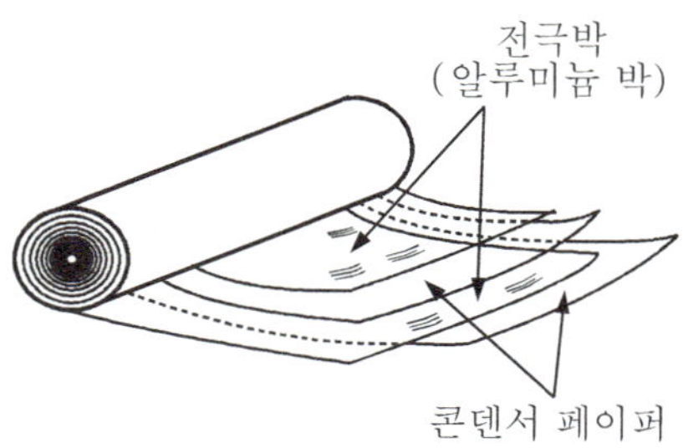

(b) 구조

그림 2.10 **종이 콘덴서(오일 튜블러형)**

전극 박의 폭이나 길이는 정전 용량의 크기에 따라 다르고, 또 내압이 높은 것은 종이의 수가 많아지도록 한다.

종이 콘덴서의 용량은 대략 1,000 ~ 0.5 [㎌] 정도의 범위이고, 대용량은 곤란하다. 정격 전압은 50 [V] ~ 1,000 [V] 사이이며, 직류 전압을 계속 가하여도 사용할 수 있는 전압을 의미한다. 따라서 교류 전압을 사용할 때에는 교류의 최대 전압(피크값)을 고려하지 않으면 안

된다. 즉 정격 전압 400[V]의 콘덴서는 직류 400[V] 이하, 교류 150[V] 이하에서만 사용할 수 있음을 주의해야 한다.

종이 콘덴서의 용도는 점차 줄어들고 있지만, 일반용으로써 결합 콘덴서 또는 형광등의 잡음 방지용으로 사용되고 있다.

② MP 콘덴서

MP(metallized paper) 콘덴서는 종이 콘덴서를 개량한 것으로 구조도 종이 콘덴서와 거의 같지만, 알루미늄 박막 전극 대신 콘덴서 종이에 직접 아연을 증착시켜 금속화하고 그것을 두 장 겹쳐서 말아 감고 있다. 이와 같이 개량에 의해 종이 콘덴서의 1/3 정도 크기로도 동일한 용량의 충분한 소형 콘덴서를 만들 수 있게 되었다.

정격 전압은 50[V] ~ 10,000[V] 정도의 범위이며, 용량도 1,000[pF] ~ 10[μF] 정도이다.

MP 콘덴서의 큰 특징은 자기회복 능력이다. 이것은 정격 전압 이상의 전압을 가하였을 때 부분적인 파괴가 일어나도 파괴된 부분의 전극이 산화물로 되었다가 다시 자기 스스로 절연을 회복한다는 것을 의미한다. 이와 같은 특징이 있기 때문에 결합 콘덴서뿐만 아니라 펄스 모양의 높은 전압이 순간적으로 가해지는 경우가 있는 사이리스터나 트라이액 회로 등에도 사용된다.

③ 마이카 콘덴서

마이카(운모)를 유전체로 사용하는 콘덴서로 수 매에서 수십 매의 운모와 알루미늄박을 포개어 눌러 사용한다. 그림 2.11은 마이카 콘덴서의 외관 및 내부 구조를 나타낸다.

외부는 습기를 방지하기 위해 수지로 몰딩한 후 리드선을 뽑아내고 있다. 운모는 큰 것이 많지 않으므로 용량을 크게 하는 것은 어렵고, 3[pF] ~ 0.01[μF] 정도의 범위이다.

마이카 콘덴서는 내열성 및 내압성이 우수하지만, 최근에는 질이 양호한 세라믹 또는 플라스틱 콘덴서가 대량으로 공급되면서 사용량이 급격히 줄어들고 있는 실정이다. 일반기기용으로는 그다지 많이 사용되지 않고, 주로 통신기기나 측정기 등에 사용되고 있다.

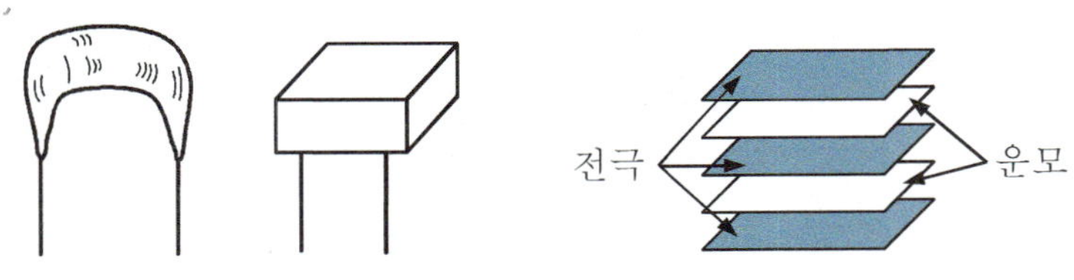

(a) 외관　　(b) 구조

그림 2.11 **마이카 콘덴서**

④ 마일러 콘덴서

마일러 콘덴서는 플라스틱 필름 콘덴서의 일종으로 기계적 강도와 내열, 내한성이 우수한 폴리에틸렌 텔레프 탈레이트(PET, 일명 mylar)를 유전체로 사용하고 있으며, 난연성의 직육면체 케이스에 수납하여 고내습성의 수지로 몰딩되어 있다. 그림 2.12는 마일러 콘덴서의 구조를 나타내고 있다.

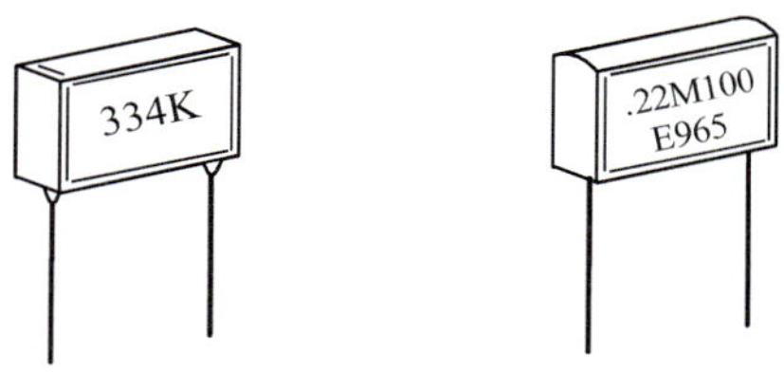

그림 2.12 **마일러 콘덴서**

이 콘덴서는 소형으로 아주 가볍고, 용량은 1,000 [pF] ~ 10 [μF] 정도이며 용량의 정밀도도 높다. 특히 내 펄스 특성에 우수하고 자기 회복 능력이 있는 소자이다.

최근에는 종이 콘덴서보다 특성이 우수하고 가격도 저렴하기 때문에 대량으로 생산되어 일반 통신기기, 라디오, TV 등에 많이 사용되고 있다.

⑤ 세라믹 콘덴서

세라믹 콘덴서는 비유전율이 큰 산화티탄 등의 자기(ceramic)를 유전체로 사용하는 콘덴서이다. 그림 2.13에 나타낸 세라믹 콘덴서의 구조는 세라믹 원판에 2개의 리드선이 한 방향으로 나와 있는 디스크 타입의 형태를 취하고 있다. 또한 내부는 세라믹 원판을 사이에 두고 은(Ag) 전극을 구워 붙인 후 리드선을 뽑아낸 단순한 형태이다.

세라믹 콘덴서의 정격 전압은 25 [V] ~ 500 [V] 정도의 범위이고, 소형이면서 용량은 커서 1 [pF] ~ 1.5 [μF] 정도가 된다.

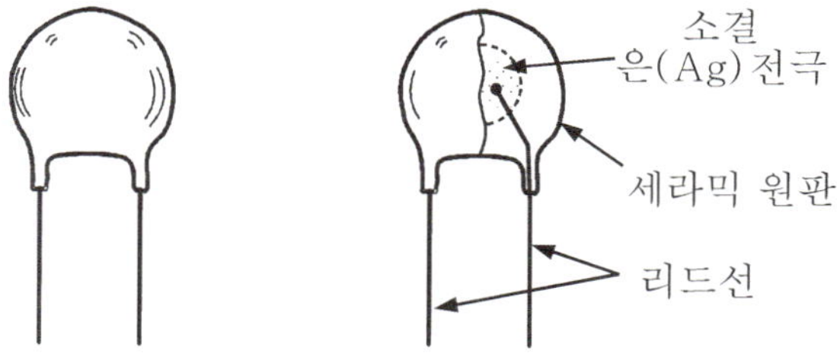

그림 2.13 **세라믹 콘덴서**

⑥ 전해 콘덴서

전해 콘덴서는 순도가 높은 알루미늄 표면에 산화막을 만들고, 이것을 유전체로 이용하는 콘덴서를 말한다.

그림 2.14는 전해 콘덴서의 외관과 구조를 나타낸다. 산화막은 매우 얇고 소형이어서 대용량의 콘덴서를 만드는 데 적합하지만, 절연 저항이 작으므로 절연 파괴나 누전 등이 발생할 우려가 있다. 따라서 전극을 분리시킬 목적으로 전해액이나 전해질 페이스트(paste)를 적신 종이를 사이에 끼운다.

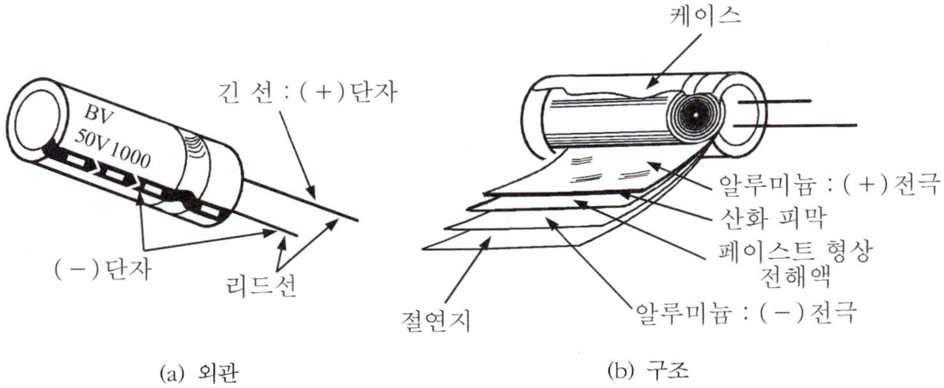

그림 2.14 **전해 콘덴서**

산화막이 붙어 있는 쪽을 플러스(+)로 하면 전류가 흐르지 않지만, 반대로 하면 대전류가 흘러서 파손되는 경우가 생기기 때문에 리드선은 (+), (−)의 극성을 가진다는 것이 전해 콘덴서의 가장 큰 특징이다. 그러나 교류에서 사용될 경우도 있으므로 역극성으로 2개의 전해 콘덴서를 연결한 무극성 콘덴서도 있다.

현재 사용되고 있는 전해 콘덴서의 대부분은 알루미늄 전해 콘덴서이다.

이에 비해 전기적 특성을 비롯한 여러 가지 면에서 뛰어난 탄탈 전해 콘덴서가 있다. 탄탈은 도체이지만 산화물이 되면 뛰어난 절연체가 된다. 이 탄탈을 산화시켜서 양극으로 하고 유전체로 사용하는 것이 탄탈 전해 콘덴서이다.

2) 가변 콘덴서

가변 콘덴서는 바리콘, 트리머 등의 이름으로 널리 알려져 있다. 특히 공기 바리콘은 라디오의 동조 회로에 사용되어 왔기 때문에 많이 친숙해 있다.

바리콘이나 트리머 콘덴서는 축을 회전시킴으로써 전극의 대향 면적을 바꾸어 용량을 조절하는 가변 콘덴서이다.

① 바리콘

공기(air) 바리콘은 유전체로 공기를 이용한 가변 콘덴서로 라디오나 통신기기 등의 동조 회로나 발진 회로에 사용된다.

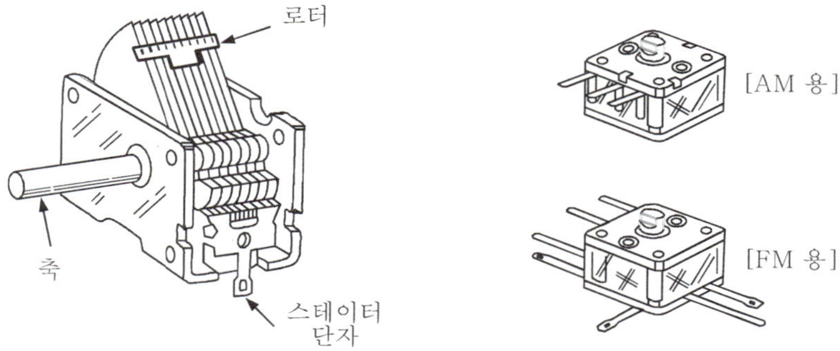

(a) 공기 바리콘 (b) 폴리 바리콘

그림 2.15 바리콘의 외관

폴리 바리콘은 유전율이 높은 폴리에틸렌이나 폴리스티롤을 유전체로 이용하고 있으며, 주로 라디오나 무선 주파수를 사용하는 통신 장비에 사용된다.

그림 2.15는 공기 바리콘과 폴리 바리콘의 외관을 나타낸 것이다.

폴리 바리콘의 주요 특징은 소형이라는 장점이 있고, 공기 대신에 절연물을 사용하였으므로 주파수가 높아지면 손실이 많아진다는 것이다. 따라서 동조 회로의 동작점(Q)이 낮아지기 때문에 단파용으로는 적합하지 않다는 것이다.

또한 정밀도에도 문제가 있으므로 정밀을 요하는 측정기용 발전기 등에는 공기 바리콘을 사용하는 것이 좋다.

② 트리머

트리머(trimmer)는 미세 용량 조정을 위한 가변 콘덴서를 의미하며, 용량은 2 ~ 50 [pF] 정도가 많고, 동조 회로의 보정이나 트래킹 조정에 사용된다.

트리머에 사용되는 유전체는 폴리에틸렌, 세라믹, 에어, 마이카 등이고, 그림 2.16에 여러 가지 트리머의 외관을 나타내었다.

트리머의 구조는 보통 마이카 또는 폴리에틸렌 등의 필름 양면에 스프링 모양의 전극판을 붙여서 나사로 고정시킨 형태이고, 이 나사를 돌려서 조이거나 풀면 용량이 변화하게 된다.

전극과 유전체 사이에 먼지나 습기가 침투하면 열화되므로 케이스에 밀봉하여 보관하여야 하고, 주로 계측기 또는 통신 장비에 사용된다.

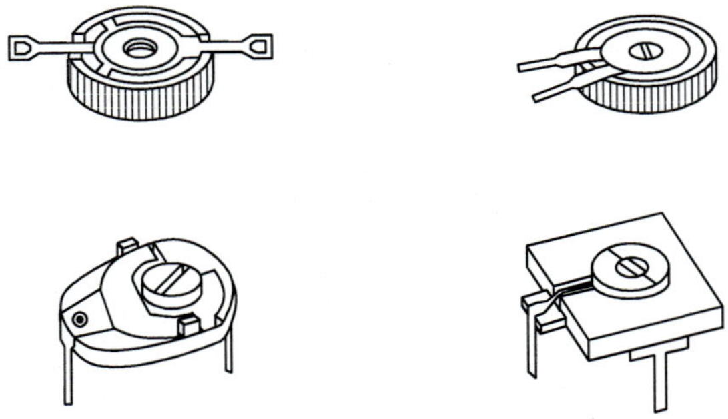

그림 2.16 **트리머의 외관**

(2) 콘덴서의 판독법

콘덴서는 제조 회사에 따라 표시 방법이 다르지만, 일반적으로 정전 용량, 허용 오차, 정격 사용전압(Working Voltage, WV) 등의 수치나 기호가 표시되어 있고, 그 밖에 온도 특성이나 전기적 특성, 형명 등이 표시되기도 한다.

콘덴서의 표시 방법은 일반적으로 다음과 같은 규약에 의해 정전 용량, 허용 오차, 정격 전압 등을 나타내고 있지만, 제조 회사에 따라 다른 경우도 많이 있다.

1) 정전 용량

세 자리 숫자로 표시되며, 앞의 두 숫자는 정전 용량의 유효 숫자를, 세 번째 숫자는 10의 배수를 나타낸다. 특별한 언급이 없는 경우에 정전 용량의 단위는 [pF]을 의미하고, 소수점을 나타낼 때에는 R을 사용하기도 한다.

【예】 $104 \rightarrow 10 \times 10^4$ [pF] = 100,000 [pF] = 0.1 [μF]
$4R7 \rightarrow 4.7$ [pF]

2) 허용 오차

허용 오차는 표 2.3과 같이 영문자로 표시한다.

표 2.3 **콘덴서의 허용 오차**

문 자	F	G	J	K	M	N
허용 오차 [%]	±1	±2	±5	±10	±20	±30

【예】 $104K \rightarrow 10\times10^4$ [pF] = 0.1 [μF] ±10 [%]

$153\ J \rightarrow 15\times10^3$ [pF] = 0.015 [μF] ±5 [%]

※ 정전 용량[pF]을 직접 표시하는 경우

$20K \rightarrow$ 20 [pF] ±10 [%]

$0.033F \rightarrow$ 0.033 [pF] ±1 [%]

세라믹 콘덴서는 소형이기 때문에 숫자 표시만으로 정전 용량을 표시하고 있다.

3) 정격 전압

정격 전압은 숫자와 영문자로 표시하며, 앞의 숫자는 전압의 10의 배수를, 뒤의 영문자는 전압의 유효 숫자를 의미한다. 표 2.4는 콘덴서의 전압을 표시한 것이다.

표 2.4 콘덴서의 전압 유효 숫자

문 자	A	B	C	D	E	F	G	H	J	K
유효 숫자	1.0	1.25	1.6	2.0	2.5	3.15	4.0	5.0	6.3	8.0

【예】 $2G \rightarrow 10^2\times4.0 = 400$ [V]

$3D \rightarrow 10^3\times2.0 = 2{,}000$ [V]

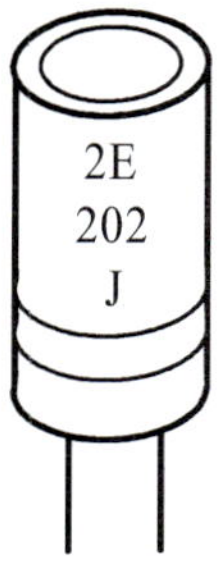

정격 용량 : $202 \rightarrow 20\times10^2$ [pF] = 2,000 [pF]

허용 오차 : $J \rightarrow$ ±5 [%]

정격 전압 : $2E \rightarrow 10^2\times2.5$ [V] = 250 [V]

이상과 같이 일반적인 표시 방법이 있지만, 다음의 예와 같이 제조 회사에 따라 표시 방법이 다른 경우도 있다.

【예】 .22M → 0.22 [μF]

여기서 M 또는 (M)의 표시는 [pF]의 단위를 의미한다.

【예】 500 W → 정격 전압 500 [V]

정격 전압은 W 또는 WV(Working Voltage)로 표시하는 경우도 있다. 여기서 정격 전압은 직류 전압을 계속 가하여도 사용할 수 있는 전압을 의미하며, 교류 전압을 사용할 때에는 교류의 피크값을 고려하지 않으면 안 된다.

또한 온도[℃]가 표시되어 있는 콘덴서는 열에 약하므로 그 이하의 온도에서 사용하도록 한다.

3. 사용기기 및 재료

(1) 각종 저항 ································ 1대
(2) 각종 가변 저항 ································ 각 1개
(3) 각종 콘덴서 ································ 각 1개
(4) 회로 시험기 ································ 1대
(5) 만능 기판(bread board) ································ 1개

4. 실험 방법

(저항 판독법)

(1) 다음의 표 2.5에 주어진 색띠에 해당하는 저항값과 오차를 기록한다.

표 2.5 각종 색띠에 의한 저항값

번 호	색코드				저항값 [Ω]	허용오차 [%]
	첫째자리	둘째자리	셋째자리	넷째자리		
1	녹(초록)	황(노랑)	등(주황)	무		
2	적(빨강)	적(빨강)	황(노랑)	무		
3	황(노랑)	자(보라)	금	은		
4	자(보라)	회	백(하얀)	은		
5	청(파랑)	회	흑(검정)	금		
6	녹(초록)	청(파랑)	금	금		

(2) 다음의 표 2.6에 주어진 저항값에 해당하는 색띠를 기록한다.

표 2.6 각종 색저항의 색띠

번 호	저항값	허용오차 [%]	색코드			
			첫째자리	둘째자리	셋째자리	넷째자리
1	25[KΩ]	±10				
2	1.2[KΩ]	±10				
3	390[Ω]	±10				
4	33[KΩ]	±5				
5	4.7[Ω]	±5				

(3) 주어진 색저항에 대한 각각의 색띠, 저항값, 허용 오차 등을 표 2.7에 기록한다.

표 2.7 각종 색저항 판독 결과

번 호	색코드				저항값 [Ω]	허용오차 [%]	측정값 [Ω]
	첫째자리	둘째자리	셋째자리	넷째자리			
1							
2							
3							
4							
5							

(분압기 실험)

(4) 그림 2.7의 가변 저항기(분압기)의 단자를 A, B, C라 하고, 만능 기판에 배치한 다음 각 단자에서 리드선을 뽑는다. 분압기의 회전축을 반시계 방향으로 완전히 돌린 후, 회로 시험기로 단자 A와 B, A와 C, B와 C 사이에 각각 연결하여 그 때의 저항값 R_{AB}, R_{AC}, R_{BC}를 측정하고, $R_{AC}+R_{BC}$의 계산값도 표 2.8에 기록한다.

(5) 가변 저항기의 단자 B와 C에 회로 시험기를 연결하고, 회전축을 시계 방향으로 돌리면서 저항값의 변화를 관찰한다. 또 회전축을 완전히 시계 방향으로 돌린 후 다음의 저항값을 측정하여 표 2.8에 기록한다.

(6) 가변 저항기의 회전축을 임의의 위치에서 고정시키고, 단자 A, B, C 사이의 저항값을 각각 측정하여 기록하고, $R_{AC}+R_{BC}$의 계산값도 표 2.8에 기록한다.

(7) 실험 방법 (4), (5), (6)항에서 $R_{AC}+R_{BC}$의 계산값과 R_{AB}의 측정값을 비교하여 어떤 관계가 있는지 검토한다.

표 2.8 가변 저항(분압기) 실험 측정

가변 저항 설정	R_{AC}	R_{BC}	R_{AB}	$R_{AC}+R_{BC}$ (계산값)
반시계 방향				
시계 방향				
임의의 위치				

(콘덴서 판독법)

(8) 주어진 여러 가지 콘덴서를 가지고 판독법에 의해 형명(규격), 정전 용량, 허용 오차, 정격 전압을 표 2.9에 기록한다.

표 2.9 각종 콘덴서 판독 결과

콘덴서	형 명	정전 용량	허용 오차	정격 전압	비 고
1					
2					
3					
4					
5					

5. 고찰 및 평가

(1) 전기 및 전자 회로에서 저항기를 사용하는 목적을 설명하라.

(2) 저항과 콘덴서의 종류를 열거하고, 특징을 설명하라.

(3) 색저항 및 콘덴서에 단위 표시가 없는 경우, 단위는 각각 무엇을 나타내는지 기록하라.

실험 03 회로 시험기에 의한 측정법

1. 목적

1) 회로 시험기의 구조와 구동 원리를 이해한다.
2) 회로 시험기의 사용법을 습득하여 여러 가지 전기부품의 검사 및 측정법을 익힌다.

2. 이론

회로 시험기는 전환 선택 스위치를 돌려서 직류 전압, 직류 전류, 교류 전압 및 저항 등을 하나의 계기로 측정할 수 있는 종합 기능을 가진 계측기로 멀티미터(multimeter) 또는 테스터(tester)라고도 한다. 또한 회로 시험기는 지침으로 눈금을 읽게 되어 있는 아날로그형(analog type)과 측정값이 직접 수치로 나타나는 디지털형(digital type)이 있다.

(1) 회로 시험기의 구조와 원리

회로 시험기의 구조는 가동 코일형 계측기의 원리와 같다. 가동 코일형 계측기는 영구 자석에 의한 자계 속에 놓인 가동 코일에 전류가 흐를 때, 자계 및 전류 사이에 생기는 플레밍 왼손 법칙의 전자력에 의한 지침의 회전력을 이용한 계기이다.

회로시험기는 영구 자석 사이에 가동 코일이 놓여 있고, 가동 코일 끝에는 지침이 달려 있다. 따라서 회로시험기의 구동 원리는 자계 속에 놓여 있는 도선에 전류가 흐르면, 그 도선은 플레밍 왼손 법칙에 의한 전자력을 받아 움직이게 되므로 이에 연결된 지침이 회전하게 된다는 것이다.

가동 코일에 흐르는 전류가 I, 자속이 B, 코일의 높이와 폭을 각각 L과 R이라 할 때, 가동 코일이 받는 힘 F는 다음과 같다.

$$F = 2IL \times B \quad (3.1)$$

여기서 가동 코일에 감긴 권수를 N이라 하면, 회전력 T는

$$T = 2RLBNI \tag{3.2}$$

이 된다. 식 (3.2)에서 R, L, B, N은 일정한 값이므로 회전력 T는 전류 I에 비례하게 된다. 따라서 지침의 회전 정도는 흐르는 전류의 양으로 나타나게 되고, 지침은 가동 코일을 붙잡고 있는 용수철의 복원력이 가동 코일이 받는 힘 F와 평형을 이룰 때까지 움직이게 된다. 이와 같은 원리에 의해서 전류를 측정할 수 있고, 저항에 흐르는 전류가 전압에 비례하는 것을 이용하면 전압 측정도 가능해진다.

저항의 크기는 회로 시험기 내부에 있는 별도의 전원에 의해 저항에 흐르는 전류를 측정함으로써 측정된다.

회로 시험기의 내부 전원은 9[V]용 한 개와 1.5[V]용 두 개의 건전지를 사용한다. 계기의 전류 및 전압 측정용 눈금판은 균등 눈금으로 되어 있고, 저항 측정용 눈금판은 대수 눈금으로 되어 있다.

그림 3.1은 회로 시험기의 외관을 나타낸 것이다.

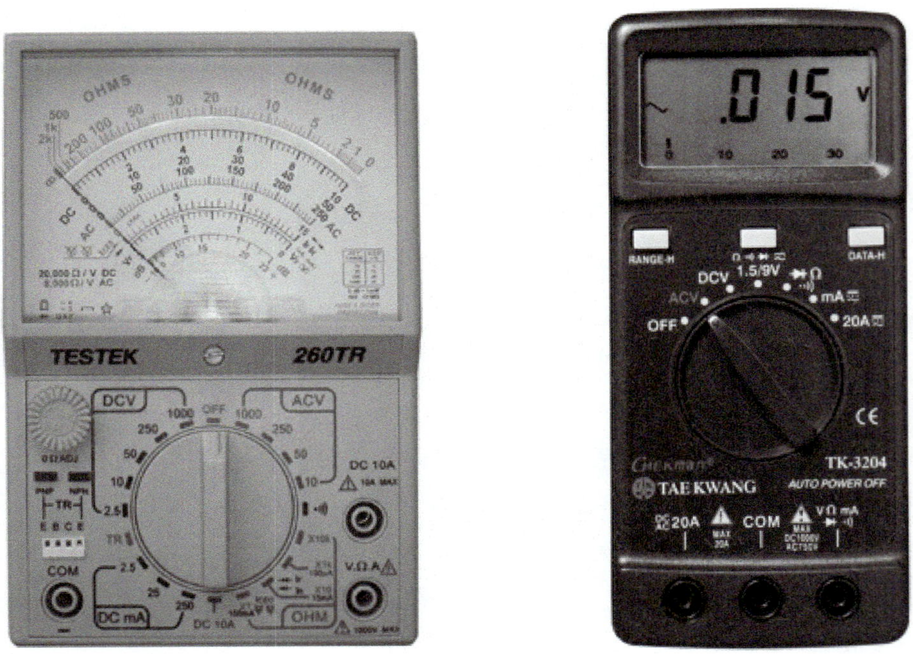

(a) 아날로그 형 (b) 디지털 형

그림 3.1 회로 시험기의 외관

(2) 회로 시험기의 사용법

1) 저항 측정

① 전환 선택 스위치를 저항[Ω, OHM]의 예상되는 배율에 맞추어 놓는다.
② 적색과 흑색의 두 단자를 접촉하여 단락시킨 다음, 영 옴 조정기를 좌우로 돌리면서 지침이 저항 눈금의 0 위치에 오도록 조절한다. 이와 같은 영점 조정은 전환 선택 스위치를 전환할 때마다 반드시 반복해서 조절해야 한다.
③ 두 측정 단자를 미지 저항의 양 단자에 접속시켜 측정한다. 저항 측정 중에 저항 양단의 금속 도선을 손으로 잡으면 저항과 사람이 병렬로 연결된 효과가 되어 정확한 측정값을 알 수 없게 된다. 또한 회로에 접속되어 있는 저항기의 저항값을 측정하고자 할 때는 반드시 저항의 한쪽 단자를 회로에서 개방시킨 후 저항을 측정해야 한다.
④ 지침이 가리키는 값과 전환 선택 스위치의 배율을 곱하면 측정하고자 하는 저항의 저항값이 된다. 저항 계기판의 눈금은 대수 눈금으로 만들어져 있으며, 눈금판의 중앙에서 오른쪽은 수치를 세밀하게 읽도록 되어 있으나 왼쪽은 눈금의 간격이 좁고 부정확하다. 따라서 저항값을 측정할 때에는 중앙에서 오른쪽의 눈금을 이용할 수 있는 배율을 선택할 때 정밀하게 측정할 수 있다.

2) 직류 전압 측정

① 전환 선택 스위치를 DCV에 위치시킨다. 측정하려는 전압을 예상할 수 있을 때에는 예상 측정 전압보다 높은 범위에 맞추고, 예상 측정 전압을 알 수 없을 때에는 가장 큰 눈금의 위치로 놓고 지침이 가리키는 눈금에 맞추어 전환 선택 스위치를 한 단계씩 낮추어 가면서 측정한다.
② 직류 전압을 측정할 때에는 적색 리드 단자를 (+) 전극에, 흑색 리드 단자를 (−) 전극에 접속시켜 측정한다. 만약 지침이 반대로 움직이면 두 리드 단자를 반대로 접속한다.

3) 직류 전류 측정

① 전환 선택 스위치를 DC mA에 위치시킨다. 측정하려는 전류를 예상할 수 있을 때에는 예상 측정 전류보다 높은 범위에 맞추고, 예상 측정 전류를 알 수 없을 때에는 250[mA]에서부터 시작한다.
② 직류 전류를 측정할 때에는 회로 시험기를 회로와 직렬로 접속시켜야 하며, 전압이 높은 쪽에 적색 리드 단자(+ 단자)를, 낮은 쪽에 흑색 리드 단자(− 단자)를 접속시켜 측정한다.

4) 교류 전압 측정

① 전환 선택 스위치를 ACV에 위치시킨다. 측정하려는 전압을 예상할 수 있을 때에는 예상 측정 전압보다 높은 범위에 맞추고, 예상 측정 전압을 알 수 없을 때에는 가장 큰 눈금의 위치에 놓고 측정한다.

② 교류 전압을 측정할 때에는 회로 시험기를 회로와 병렬로 접속시켜야 하며, 리드 단자의 극성에 관계가 없다. 또한 최대 측정 전압보다 높은 전압을 측정해서는 안 된다.

③ 교류 전압의 눈금은 직류 전압의 눈금과 같이 사용하며, 지침이 가리키는 교류 전압은 실효값을 나타낸다. 만약 최대값(peak value)이 필요한 경우에는 이 값에 $\sqrt{2}$를 곱해 주고, 첨두값(peak to peak value)이 필요한 경우에는 $2\sqrt{2}$를 곱해 준다.

5) 콘덴서의 양부 판정

① 콘덴서는 두 전극 사이에 유전체가 삽입되어 있는 구조이므로 두 전극 사이는 완전히 절연된 상태이다. 따라서 직류 전류는 흐를 수 없고 저항값은 ∞이어야 한다.

② 회로 시험기의 전환 선택 스위치를 저항[OHM]에 놓고, 리드 단자를 콘덴서의 양단에 접촉시키면 순간적으로 충전 전류가 흘러 바늘이 움직이게 된다. 콘덴서의 용량이 작은 것은 충전이 바로 되므로 바늘이 약간만 움직였다가 즉시 ∞로 되돌아가지만, 용량이 큰 것은 많은 충전 전류가 흐르기 때문에 처음에는 거의 도통 상태에서 점차로 충전 전류가 감소하게 되므로 저항값은 커지고, 결국은 절연 상태를 나타낸다. 그러므로 회로 시험기로 콘덴서의 절연 상태뿐만 아니라 용량의 대소를 판정할 수 있다.

6) 다이오드의 양부 판정

① 다이오드는 전류를 한쪽 방향으로 흐르게 하는 소자, 즉 정류 작용을 하는 반도체 소자이다. 따라서 순방향에서는 전류가 잘 흐르고 역방향에서는 잘 흐르지 않는다.
순방향에서의 저항값은 대략 50 ~ 100 [Ω] 정도, 역방향에는 200 [kΩ] ~ 15 [MΩ] 정도이고, 이 저항값의 차이가 클수록 양호한 다이오드이다.

② 그림 3.2와 같이 회로 시험기 내부에 들어있는 건전지의 (+) 전극은 회로 시험기 외부의 흑색 리드 단자(−)에, 건전지의 (−) 전극은 회로 시험기 외부의 적색 리드 단자(+)에 접속되어 있다.
따라서 다이오드의 순방향 저항을 측정할 때는 다이오드의 애노드(양극)에 흑색 리드 단자를, 다이오드의 캐소드(음극)에 적색 리드 단자를 접속하면 전류가 흐르게 되어 저항값은 작게 나타나고, 역방향의 경우에는 반대가 되어 저항값이 크게 나타나게 된다.

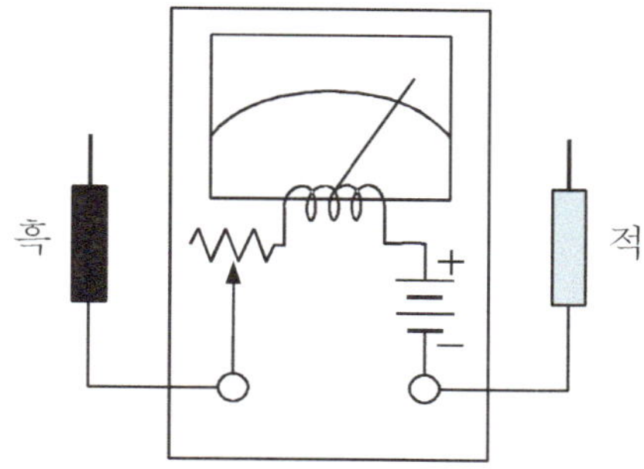

그림 3.2 회로 시험기의 내부회로

즉, 순방향과 역방향의 저항 변화가 큰 다이오드는 양호한 것이고, 그다지 크지 않으면 불량품이 된다.

7) 트랜지스터의 극성 판정

① 트랜지스터는 다이오드 2개를 접속한 것과 같이 볼 수 있으므로 순방향에는 작은 저항, 역방향에는 큰 저항이 나타나며, 특히 이미터와 컬렉터 사이에는 저항이 클수록 좋다.

② 회로 시험기의 전환 선택 스위치를 $R \times 1K$에 맞추고 리드 단자를 트랜지스터의 전극에 교대로 접속시키면서 공통으로 회로가 통하는 단자가 베이스가 된다. 지침이 움직일 때 NPN형에서 흑색 리드 단자 쪽이 베이스 단자가 되고, PNP형에서는 적색 리드 단자 쪽이 베이스 단자가 된다. 따라서 트랜지스터는 전극 사이의 저항 측정만으로 특성을 알기는 어렵지만, 양부 판정 및 세 단자 중 하나를 알 경우 다른 전극을 찾을 수 있다.

3. 사용기기 및 재료

(1) 직류 전원 공급 장치 ···················· 1대
(2) 교류 전압 조정기 ···················· 1대
(3) 각종 저항 ···················· 각 1개
(4) 각종 콘덴서 ···················· 각 1개
(5) 각종 다이오드 ···················· 각 1개
(6) 각종 트랜지스터 ···················· 각 1개
(7) 회로 시험기 ···················· 1대
(8) 만능 기판(bread board) ···················· 1개

(9) 리드선 ·· 다수

4. 실험 방법

(저항 측정)

(1) 회로 시험기의 전환 선택 스위치를 예상 저항값이 눈금판의 중간 부분에서 읽힐 수 있도록 놓는다.

(2) 적색과 흑색의 리드 단자를 접속시켜 영점 조정을 한다.

(3) 주어진 각종 저항을 만능 기판에 취부하고 회로 시험기로 측정하여 기록한다. (단, 저항은 100 [Ω] 이상을 사용한다.)

$R_1 =$, $R_2 =$, $R_3 =$

$R_4 =$, $R_5 =$, $R_6 =$

(직류 전류 측정)

(4) 저항 측정 실험에서 사용한 저항을 이용하여 그림 3.3과 같이 회로를 결선한다.

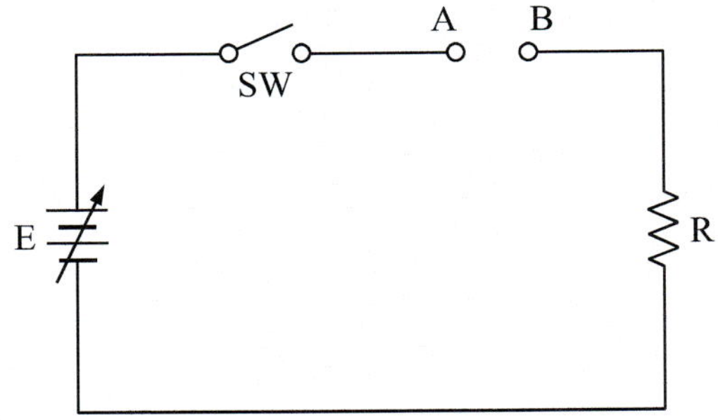

그림 3.3 **직류 전류 측정**

(5) 회로 시험기의 전환 선택 스위치를 DC mA에 놓고, 적색 리드 단자를 A, 흑색 리드 단자를 B에 접속하여 회로에 직렬이 되도록 한다.

(6) 전원 전압을 5[V]로 인가하고 스위치를 투입한 다음, 회로 시험기로 이 회로에 흐르는 전류를 측정하여 표 3.1에 기록한다.

(7) 저항을 바꾸어 가면서 전류를 측정하여 표 3.1에 기록한다.

(8) 전원 전압을 10[V]로 인가하고 실험 방법 (6)항과 (7)항을 반복하여 실험한다.

표 3.1 직류 전류 측정 실험

전원 전압 [V]	직류 전류 I[mA]					
	R_1 :	R_2 :	R_3 :	R_4 :	R_5 :	R_6 :
5						
10						

(직류 전압 측정)

(9) 회로 시험기의 전환 선택 스위치를 DCV에 놓고, 그림 3.4와 같이 결선한다.

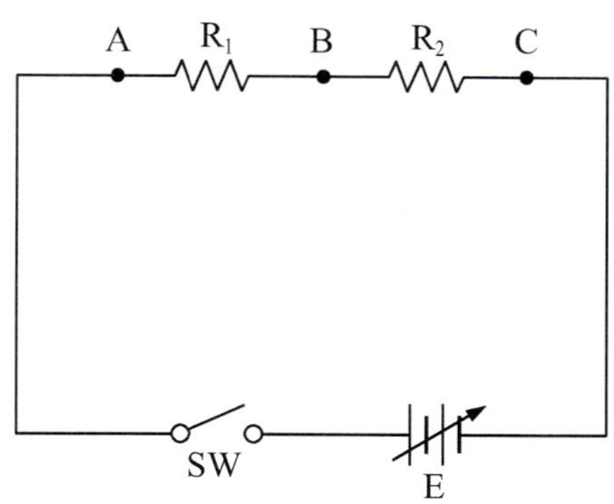

그림 3.4 직류 전압 측정

(10) 스위치를 넣고 전원 전압 5[V]를 인가한 다음, 저항 R_1과 R_2의 양단에 회로 시험기의 리드 단자를 접속하여 각각 전압 강하를 측정하여 표 3.2에 기록한다. 단, 전압이 높은 쪽에 적색 리드 단자를, 낮은 쪽에 흑색 리드 단자를 접속하여야 한다.

(11) 저항 R_1과 R_2 대신에 다른 저항으로 바꾸어 실험 방법 (10)항을 반복한다.

(12) 전원 전압 10[V]에 대하여도 실험 방법 (10)항과 (11)항을 반복하여 실험 결과를 표 3.2에 기록한다.

표 3.2 직류 전압 측정 실험

전원 전압 [V]	직류 전압 V[V]					
	R_1 :	R_2 :	R_3 :	R_4 :	R_5 :	R_6 :
5						
10						

(교류 전압 측정)

(13) 회로 시험기의 전환 선택 스위치를 예상 측정 전압보다 크게 하여 ACV의 위치에 놓는다.

(14) 회로 시험기의 두 리드 단자를 콘센트 또는 교류 전압 조정기의 출력 단자에 접속시켜 교류 전압을 측정하여 표 3.3에 기록한다. 여기서 측정한 교류 전압은 무엇을 의미하는지 표 3.3의 비고란에 기록한다. 단, 교류 전압을 측정할 때에는 리드 단자를 바꾸어도 관계가 없다.

(15) 측정값으로부터 최대값과 첨두값을 계산하여 표 3.3에 기록한다.

표 3.3 교류 전압 측정 실험

번 호	측정값[V]	최대값[V]	첨두값[V]	비 고
1				
2				

(콘덴서 양부 측정)

(16) 회로 시험기의 전환 선택 스위치를 저항의 위치에 놓는다. 이 때 콘덴서의 정전 용량 1[㎌] 이하는 $R \times 10K$, 1[㎌] 이상은 $R \times 1K$, $R \times 100$, $R \times 10$, $R \times 1$에 놓는다.

(17) 주어진 콘덴서의 두 단자에 회로 시험기의 리드 단자를 접속한 다음, 잠시 후에 회로 시험기의 두 리드 단자를 바꾸어 접속한다. 이 때 지침의 움직임을 관찰하여 기록한다.

(다이오드의 양부 판정)

(18) 전환 선택 스위치를 $R \times 1K$로 놓고, 회로 시험기의 흑색 리드 단자를 애노드에, 적색 리드 단자를 캐소드에 접속하여 순방향 저항을 측정하여 표 3.4에 기록한다.
(다이오드의 캐소드는 원형띠 또는 뾰족한 모양으로 표시가 되어 있다.)

(19) 회로 시험기의 두 리드 단자를 바꾸어 역방향 저항을 측정하여 기록한다.

(20) 순방향과 역방향의 측정 저항값을 비교하여 다이오드의 양부 판정을 표 3.4에 기록한다.

표 3.4 다이오드의 양부 판정

소 자 명		저항 측정값		양부 판정
		순방향	역방향	
다이오드	실리콘형			
	게르마늄형			

(트랜지스터의 극성)

(21) 회로 시험기의 전환 선택 스위치를 저항의 $R\times 1K$ 위치에 놓고, 두 리드 단자를 트랜지스터의 두 단자에 접속하거나 리드 단자를 바꾸어 본다. 이 때 저항값이 큰 변화 없이 크게 나타날 때 접속되지 않은 나머지 단자는 베이스 단자가 된다.(굵은 점이 표시되어 있는 부분의 단자는 컬렉터를 나타낸다.) 주어진 트랜지스터를 그리고 이미터, 베이스, 컬렉터 단자를 구분하여 나타낸다.

(22) 실험 방법 (21)항에서 알아낸 베이스 단자에 흑색 리드 단자를 대고 적색 리드 단자를 이미터나 컬렉터에 대서 순방향이 되면 NPN형이고, 역방향이 되면 PNP형이 된다. 주어진 트랜지스터의 형명을 각각 기록하고, 형(type)을 구분하여 나타낸다.

(23) 주어진 트랜지스터 단자 E−B, B−C 사이의 순방향과 역방향의 저항값을 각각 측정하여 표 3.5에 기록한다. NPN형에서 순방향 측정은 베이스 단자에 흑색 리드 단자, 역방향 측정은 적색 리드 단자에 접속한다. 단, PNP형에서는 회로 시험기의 리드 단자를 반대로 접속해야 한다.

(24) 트랜지스터의 컬렉터와 이미터 사이의 저항을 측정하여 표 3.5에 기록한다. 여기서 회로 시험기는 $R\times 10K$의 위치에 두고, NPN형은 이미터에 흑색, PNP형은 적색 리드 단자를 접속하여 측정한 것을 E−C란에, 반대로 접속하여 측정한 저항값을 C−E란에 기록한다.

표 3.5 트랜지스터의 단자 간 저항

트랜지스터	$E-B$ 사이		$B-C$ 사이		$C-E$ 사이	
	순방향	역방향	순방향	역방향	$E-C$	$C-E$
NPN 형						
PNP 형						

(25) 저항값을 측정한 결과, 각각의 NPN형과 PNP형에서 저항값이 가장 작은 단자와 가장 큰 경우의 단자간과 그 때의 저항값을 기록한다.

NPN형 :

PNP형 :

5. 고찰 및 평가

(1) 회로 시험기로 저항 측정을 할 때에 가장 주의해야 할 점에 대하여 설명하라.

(2) 회로에 연결된 저항을 측정하는 방법과 그 이유에 대하여 설명하라.

(3) 콘덴서 양부 측정에서 지침이 움직이지 않았을 때, 이 콘덴서의 상태를 말하라.

(4) 콘덴서 양부 측정에서 지침이 움직였다면 그 이유를 설명하라.

(5) 다이오드의 순방향과 역방향 저항을 측정할 때 회로 시험기의 리드 단자의 극성을 반대로 접속하여 측정하는 이유를 설명하라.

(6) 다이오드의 순방향과 역방향의 저항값이 같다면 이 다이오드는 어떤 상태인지 설명하라.

(7) NPN형 트랜지스터에서 베이스 단자에 회로 시험기의 어떤 리드 단자를 접속해야 순방향 저항을 측정할 수 있는지 설명하라.

실험 04 전압계 및 전류계 사용법

1. 목적

1) 회로의 전압과 전류를 측정하기 위한 전압계 및 전류계의 사용 방법과 취급 방법을 익힌다.

2. 이론

직류 전압계 및 직류 전류계는 주로 가동 코일형 계기가 많이 사용되고 있다.

가동 코일형은 영구 자석에 의한 자계 속에 놓인 가동 코일에 전류가 흐를 때, 자계 및 전류 사이에 생기는 플레밍 왼손 법칙의 전자력에 의한 지침의 회전력을 이용한 계측기이다.

(1) 전압계

전압계는 가동 코일형 계측기이며, 눈금판은 균등 눈금을 가지고 있는 두 점 사이의 전위차, 즉 전압을 측정하는 계측기이다. 전압계는 직류 전압계와 교류 전압계가 있고, 내부 저항이 큰 것일수록 측정 오차가 적다.

전압을 측정할 때에는 측정하고자하는 전압보다 큰 것을 사용해야 하고, 그림 4.1과 같이 부하 또는 전원과 병렬로 접속하여야 한다.

특히 교류 전압계에서는 극성에 관계없이 접속해도 측정이 가능하지만, 직류 전압계에서는 반드시 전위가 높은 쪽에 (+) 단자를, 전위가 낮은 쪽에 (−) 단자를 접속하여 측정한다.

(2) 전류계

전류계는 가동 코일형 계측기이며, 눈금판은 균등 눈금을 가지고 있다. 또한 직류 전류를 측정하는 직류 전류계와 교류 전류를 측정하는 교류 전류계가 있다.

전류를 측정하려면 그림 4.2와 같이 전류계는 회로의 중간에 직렬로 접속해야 한다.

전압계에서와 마찬가지로 교류 전류계에서는 극성에 관계없이 접속해도 측정이 가능하지만, 직류 전류계에서는 반드시 전위가 높은 쪽에 (+) 단자를, 전위가 낮은 쪽에 (−) 단자를 접속하여 측정한다.

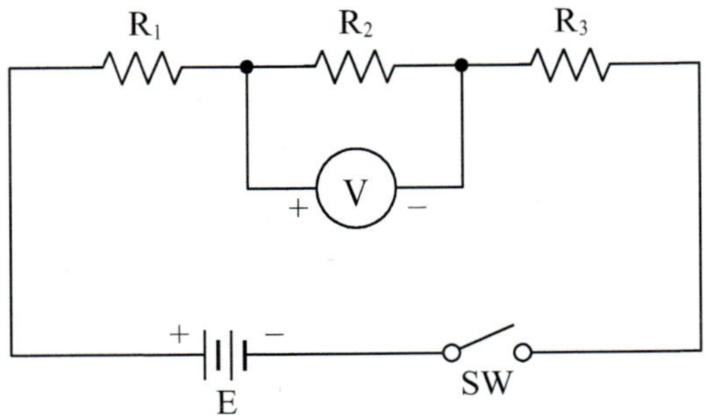

그림 4.1 **전압계의 접속**

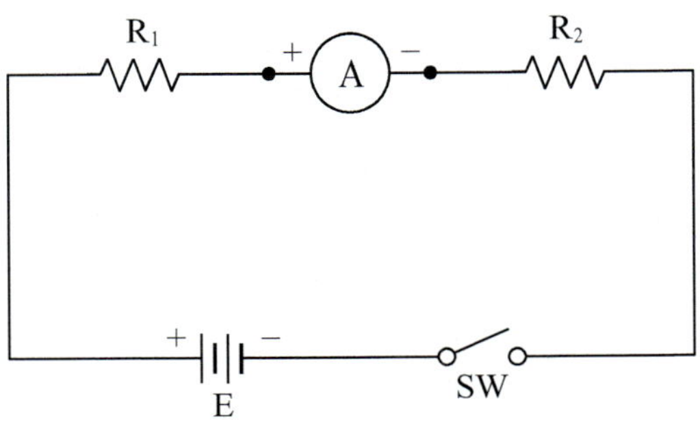

그림 4.2 **전류계의 접속**

3. 사용기기 및 재료

(1) 직류 전원 공급 장치(DC Power Supply) ··········· 1대
(2) 직류 전압계(10/50 [V]) ··········· 1대
(3) 직류 전류계(10/50 [mA]) ··········· 1대
(4) 저항(1 [kΩ]) ··········· 3개
(5) 회로 시험기 ··········· 1대
(6) 만능 기판(bread board) ··········· 1개
(7) 리드선 ··········· 다수

4. 실험 방법

(전압계 사용법)

(1) 저항 1 [kΩ] 3개를 직렬로 하여 그림 4.3과 같이 회로를 결선한다.

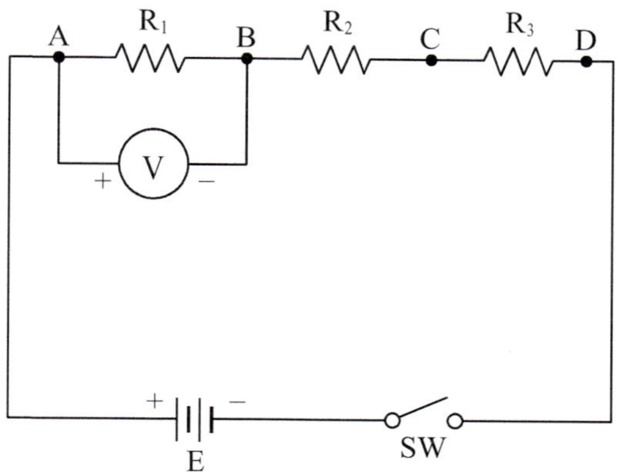

그림 4.3 **전압 측정 회로**

(2) 회로 시험기를 사용하여 표 4.1의 각 단자간의 저항값을 측정하여 기록한다.

(3) 표 4.1에서 각 저항 R_1, R_2, R_3의 합과 $R_1 + R_2 + R_3$의 합성 저항값을 비교하여 검토한다.

$$\begin{cases} R_1,\ R_2,\ R_3\text{의 합} = \\ R_1 + R_2 + R_3 = \end{cases}$$

(4) 스위치를 넣고 전원 직류 전압 12 [V]를 인가한 후, 각 단자간의 전압을 전압계로 측정하여 표 4.1에 기록한다.

(5) 표 4.1에서 각 저항에 걸리는 전압 V_{AB}, V_{BC}, V_{CD}의 합과 전 저항에 걸리는 V_{AD}의 전압을 비교하여 검토한다.

$$\begin{cases} V_{AB},\ V_{BC},\ V_{CD}\text{의 합} = \\ V_{AD} = \end{cases}$$

표 4.1 전압 측정 실험

번호	단자	저항[Ω]	전압[V]
1	A−B		V_{AB} :
2	B−C		V_{BC} :
3	C−D		V_{CD} :
4	A−C		V_{AC} :
5	A−D		V_{AD} :

(전류계 사용법)

(6) 저항 1 [kΩ]의 3개를 이용하여 그림 4.4와 같이 회로를 결선한다.

(7) 회로 시험기를 사용하여 그림 4.4(a, b, c)의 각 합성 저항을 측정하여 표 4.2에 기록한다.

(8) 전원 직류 전압 12 [V]를 인가한다면 실험 방법 (7)항의 결과로부터 옴의 법칙$\left(I=\dfrac{E}{R}\right)$을 이용하여 그림 4.4(a, b, c) 회로에서 흐르는 전류 I_a, I_b, I_c를 계산하여 표 4.2에 기록한다.

(9) 스위치를 넣고 전원 직류 전압 12 [V]를 인가한 후, 그림 4.4(a, b, c) 회로에서 흐르는 전류 I_a, I_b, I_c를 전류계로 측정하여 표 4.2에 기록한다.

(10) 실험 방법 (8)과 (9)항의 값이 일치하는지 확인하고, 일치하지 않는다면 그 이유를 설명하라.

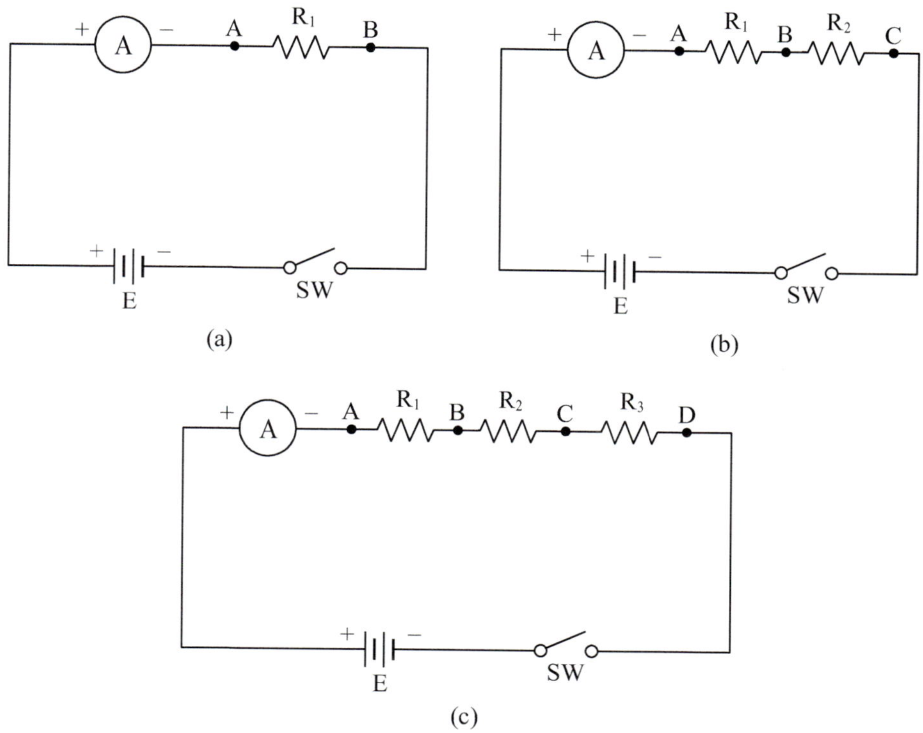

그림 4.4 **전류 측정 회로**

표 4.2 **전류 측정 실험**

회 로 (그림 4.4)	저항[Ω]	전류[mA]	
		계산값	측정값
(a)		I_a :	I_a :
(b)		I_b :	I_b :
(c)		I_c :	I_c :

5. 고찰 및 평가

(1) 표 4.1의 결과에서 저항의 변화에 따라 전압은 어떻게 변화하는지 설명하라.

(2) 표 4.2의 결과에서 저항의 변화에 따라 전류는 어떻게 변화하는지 설명하라.

(3) 직류 전압계 및 직류 전류계를 할 때에 주의할 점에 대하여 기술하라.

(4) 전압계 및 전류계의 동작 원리를 간단히 설명하라.

실험 05 옴의 법칙

1. 목적

1) 회로에서 저항, 전압 및 전류의 상호 관계를 실험을 통하여 익힌다.
2) 저항과 전압을 알 때 옴의 법칙을 이용하여 전류를 계산하고, 실험을 통하여 측정한 전류값과 비교 검토한다.

2. 이론

전기 회로에서 전원과 부하 간에 서로 연결되어 한 개 이상의 폐회로를 구성하게 되면 이 회로에는 전류가 흐르게 된다. 이 때 흐르는 전류는 부하 양단에 걸리는 전압 강하에 비례한다.

전압 E와 전류 I의 관계에서 비례상수를 저항이라 하고 R로 표시한다. 따라서 이들의 상호 관계식은 다음과 같다.

$$\begin{cases} E = RI \\ I = \dfrac{E}{R} \\ R = \dfrac{E}{I} \end{cases} \tag{5.1}$$

이 식을 옴의 법칙이라 하고, 이는 전기 회로에서 기본적으로 적용되는 법칙이다. 또한 이 법칙은 직류 회로에서뿐만 아니라 교류 회로에서도 모두 적용된다.

전원 전압이 10[V]일 때 흐르는 전류가 1[A]이면 비례 상수는 10이 되고, 또 전원 전압이 5[V]일 때 흐르는 전류가 1[A]이면 비례 상수는 5가 된다. 따라서 옴의 법칙 식 (5.1)에 의해 비례 상수는 저항과 동일한 값이 된다.

그림 5.1은 전원으로부터 부하 저항 양단에 걸리는 전압, 또 R에 흐르는 전류 회로를

기본적으로 나타내는 회로이다.

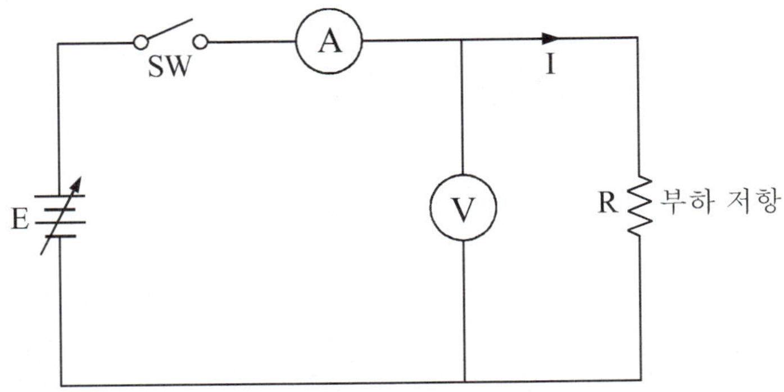

그림 5.1 **옴의 법칙 회로**

3. 사용기기 및 재료

(1) 직류 전원 공급 장치(DC Power Supply) ··········· 1대
(2) 직류 전압계(10/50 [V]) ··········· 1대
(3) 직류 전류계(10/50 [mA]) ··········· 1대
(4) 저항(500 [Ω], 1 [kΩ]) ··········· 각 1개
(5) 회로 시험기 ··········· 1대
(6) 만능 기판(bread board) ··········· 1개
(7) 리드선 ··········· 다수

4. 실험 방법

(1) 그림 5.2와 같이 회로를 결선한다.

(2) 저항 $R = 500\,[\Omega]$을 연결하고, 직류 전원 공급 장치(DC Power Supply)를 표 5.1과 같이 조정하면서 그 때 저항에 흐르는 전류를 측정하여 기록한다. 또 옴의 법칙에 의한 전류를 계산하여 기록한다.

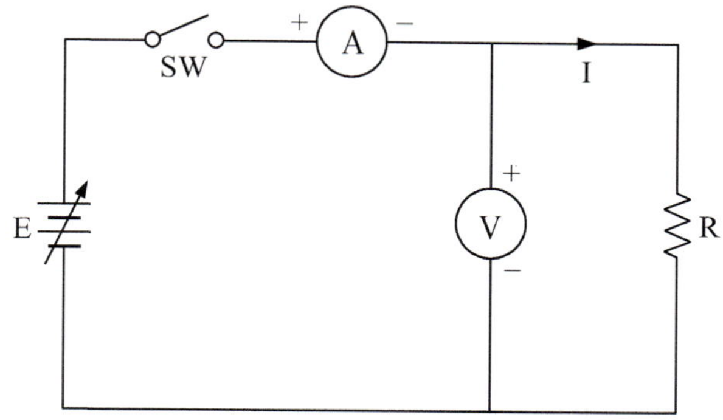

그림 5.2 옴의 법칙 측정 회로

(3) 저항 $R = 1000\,[\Omega]$을 연결하고, 실험 방법 (2)항을 반복하여 표 5.2에 기록한다.

표 5.1 전압과 전류 ($R = 500\,[\Omega]$)

전원 전압[V]	1	2	3	4	5	6	7	8	9	10
측정 전류[mA]										
계산 전류[mA]										

표 5.2 전압과 전류 ($R = 1000\,[\Omega]$)

전원 전압[V]	1	2	3	4	5	6	7	8	9	10
측정 전류[mA]										
계산 전류[mA]										

(4) 실험 방법 (2), (3)항에서 구한 결과로부터 전압과 전류 변화를 그림 5.3에 각각 나타낸다.

그림 5.3 **전압–전류 그래프**

(5) 실험 방법 (4)항에서 나타낸 그래프로부터 각각 기울기를 구하고, 전류 I에 대한 전압 V의 함수로 표현하여 나타낸다.

(6) 실험 방법 (5)항에서 구한 기울기와 함수로부터 옴의 법칙이 성립하는지 설명한다. (특히 기울기가 의미하는 것을 전압, 전류, 저항 중에서 나타낸다.)

5. 고찰 및 평가

(1) 전압, 전류 및 저항의 상호 관계를 나타낸 옴의 법칙에 관하여 설명하라.

실험 06 전압 강하법에 의한 저항 측정

1. 목적

1) 회로 시험기에 의한 직접적인 저항 측정이 어려운 경우 전압 강하법을 이용하여 미지 저항을 측정하는 방법에 관해 익힌다.
2) 옴의 법칙을 이용하는 전압 강하법에 의한 저항 측정 회로를 습득한다.

2. 이론

저항에 전압이 인가되어 전류가 흐르고 있는 상태에서 회로 시험기를 이용하여 저항값을 직접적으로 측정할 수는 없지만, 간접적으로 측정하는 방법 중 전압 강하법에 의한 저항의 측정 방법은 매우 유용한 방법이 된다.

전압 강하법에 의한 미지 저항의 측정 방법은 옴의 법칙을 이용한 것으로 그림 6.1(a), (b)와 같이 두 가지 방법이 있다.

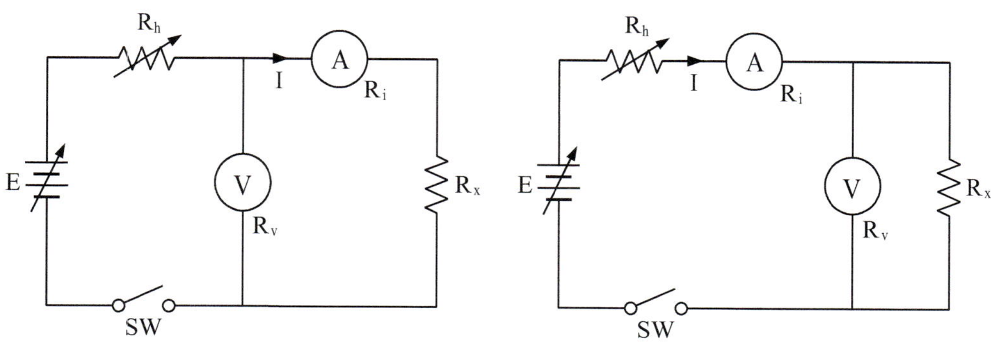

(a) 고저항 측정 (b) 저저항 측정

그림 6.1 **전압 강하법에 의한 저항 측정**

이들 회로에서 미지 저항 R_x에 전류 I가 흘렀을 때 이 저항 양단에 걸리는 전압 강하 V는 $V = IR_x$가 된다. 따라서 미지 저항 R_x는

$$R_x = \frac{V}{I} \tag{6.1}$$

의 관계가 성립하므로 전압계와 전류계를 사용하여 저항을 측정할 수 있다.

그림 6.1(a) 회로에서 전압계가 가리키는 전압 V는 전류계의 내부 저항 R_i와 미지 저항 R_x의 양단에 걸리는 전압 강하와 같기 때문에 미지 저항 R_x는 다음과 같이 구할 수 있다.

$$V = I(R_i + R_x) \tag{6.2}$$

$$\therefore \quad R_x = \frac{V}{I} - R_i$$

이 회로는 미지 저항과 전류계의 내부 저항이 직렬로 연결되어 있기 때문에 미지 저항이 고저항으로 되면 전류계의 내부 저항은 상대적으로 매우 작은 저항이 된다. 따라서 전류계의 내부 저항은 무시할 수 있을 정도가 되기 때문에 고저항 측정에 이용된다.

그림 6.1(b) 회로에서 전류계가 가리키는 전류 I는 전압계의 내부 저항 R_v와 미지 저항 R_x로 분류되는 전류의 합이 된다. 따라서 미지 저항 R_x는 다음과 같이 구할 수 있다.

$$I = \frac{V}{R_v} + \frac{V}{R_x} \qquad \therefore \quad R_x = \frac{V}{I - \dfrac{V}{R_v}} \tag{6.3}$$

이 회로는 미지 저항과 전압계의 내부 저항이 병렬로 연결되어 있기 때문에 미지 저항이 저저항으로 되면 전압계의 내부 저항은 상대적으로 매우 큰 저항이 된다. 따라서 전압계의 내부 저항에 흐르는 전류는 무시할 수 있기 때문에 저저항 측정에 이용된다.

한편 그림 6.1(a)에서 미지 저항을 고저항으로 하면 전류계의 내부 저항을, 그림 6.1(b)에서 미지 저항을 저저항으로 하면 전압계에 흐르는 전류를 무시할 수 있기 때문에 식 (6.2)와 식 (6.3)은 다음과 같이 되어 간단히 저항을 구할 수 있다.

$$R_x = \frac{V}{I} \tag{6.4}$$

전기기기의 권선 저항 또는 백열전구의 필라멘트와 같이 전류가 흐르는 상태에서의 저항값은 도체의 성질에서와 같이 발열 작용에 의해 매우 크게 변화하는 성질이 있다.

이와 같이 줄열에 의한 저항값이 변화하는 경우의 저항 측정 방법은 전압 강하법에 의한 간접적인 측정 방법이 적합하다.

저항을 측정하는 방법에는 표 6.1과 같이 여러 가지가 있다.

표 6.1 여러 가지 저항 측정 방법

번호	저항 측정법	적용 대상
1	전압 강하법	① 백열전구의 필라멘트 ② 전기기기의 권선 저항
2	휘스톤 브리지법	① 가는 전선 ② 검류계의 내부 저항 ③ 0.1 ~ 100,000 [Ω] 범위의 저항
3	캘빈 더블 브리지법	① 굵은 나전선
4	코올라시 브리지법	① 전해액

3. 사용기기 및 재료

(1) 직류 전원 공급 장치 ········ 1대
(2) 직류 전압계(10/50 [V]) ········ 1대
(3) 직류 전류계(5/10/50 [mA]) ········ 1대
(4) 저항(50, 100, 200 [Ω], 1 [kΩ], 2 [kΩ]) ········ 각 1개
(5) 가변 저항(1 [kΩ]) ········ 1개
(6) 회로 시험기 ········ 1대
(7) 만능 기판(bread board) ········ 1개
(8) 리드선 ········ 다수

4. 실험 방법

(전압 강하법에 의한 고저항 측정 회로)

(1) 색코드에 의해 주어진 색저항의 저항값을 회로 시험기에 의해 정확히 측정하여 표 6.2에 기록한다.

(2) 그림 6.2와 같이 회로를 결선한다. 여기서 가변 저항기 R_h는 최대 1[kΩ]을 사용한다.

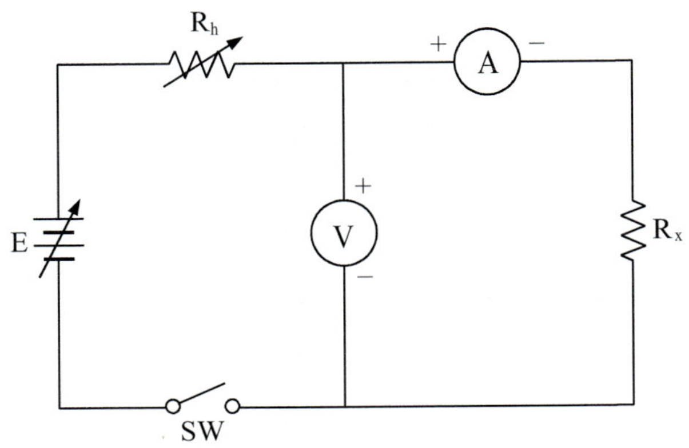

그림 6.2 **전압 강하법에 의한 고저항 측정**

(3) 우선 가변 저항은 500[Ω]으로 조절하고, 미지 저항 50[Ω]을 연결한다.

(4) 전원 전압은 6[V]를 인가하고 다음 스위치를 닫는다. 전류계의 지침은 눈금판의 중앙 부근에 오도록 설정하여 그 때의 전압계와 전류계의 지시값을 읽고 표 6.2에 기록한다.

(5) 미지 저항을 바꾸어 가면서 실험 방법 (3)~(4)항을 반복 실험한다.

(6) 전압 강하법에 의해 미지 저항 $R_x \left(= \frac{V}{I}\right)$를 계산하고, 또한 편차와 오차도 계산하여 표 6.2에 기록한다.

표 6.2 고저항 측정 회로 결과

색저항 $[\Omega]$	측정저항 $R_t\ [\Omega]$	전압계 $V[V]$	전류계 $I[A]$	미지저항 $R_x\left(=\frac{V}{I}\right)$	편차 $\lvert R_x - R_t \rvert$	오차 $\frac{\lvert R_x - R_t \rvert}{R_t} \times 100[\%]$
50						
100						
200						
1000						
2000						

(전압 강하법에 의한 저저항 측정 회로)

(7) 그림 6.3과 같이 회로를 결선한다. 여기서 가변 저항기 R_h는 최대 $1\,[\mathrm{k\Omega}]$을 사용한다.

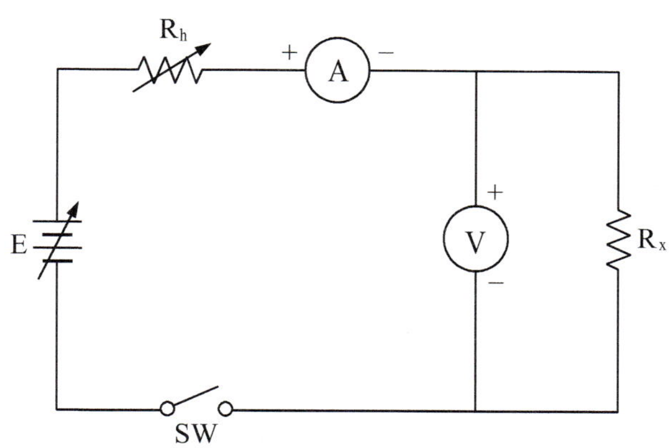

그림 6.3 전압 강하법에 의한 저저항 측정

(8) 우선 가변 저항은 500[Ω]으로 조절하고, 미지 저항 50[Ω]을 연결한다.

(9) 전원 전압은 6[V]를 인가한 다음 스위치를 닫는다. 전류계의 지침은 눈금판의 중앙 부근에 오도록 설정하여 그 때의 전압계와 전류계의 지시값을 읽고 표 6.3에 기록한다.

(10) 미지 저항을 바꾸어 가면서 실험 방법 (3)~(6)항을 반복 실험한다.

(11) 전압 강하법에 의해 미지 저항 $R_x\left(=\dfrac{V}{I}\right)$를 계산하고, 또한 편차와 오차도 계산하여 표 6.3에 기록한다.

표 6.3 저저항 측정 회로 결과

색저항 [Ω]	측정저항 R_t [Ω]	전압계 V[V]	전류계 I[A]	미지저항 $R_x\left(=\dfrac{V}{I}\right)$	편차 $\lvert R_x - R_t\rvert$	오차 $\dfrac{\lvert R_x - R_t\rvert}{R_t}\times 100[\%]$
50						
100						
200						
1000						
2000						

(12) 표 6.2와 표 6.3의 실험 결과로부터 각 저항마다 어떠한 측정 회로가 적합한지 판단하여 설명한다.

5. 고찰 및 평가

(1) 고저항 측정 회로와 저저항 측정 회로 실험에서 저항값의 증가에 따라 오차는 어떠한 변화가 있는지 표 6.2와 표 6.3의 실험 결과로부터 설명하라.

(2) 그림 6.1(a), (b)의 회로에서 각각 전압계의 내부 저항에 흐르는 전류와 전류계의 내부 저항을 무시할 수 있다. 무시할 수 있는 조건과 이유에 대하여 설명하라.

(3) 백열전구의 필라멘트 저항 측정은 회로 시험기에 의한 직접적인 저항 측정은 올바른 방법이 되지 않는다. 그 이유와 어떤 방법으로 측정하는지 설명하라.

(4) 저항을 측정하는 방법은 여러 가지가 있다. 저항 측정 방법과 적용 대상에 대하여 서술하라.

실험 07 배율기를 사용한 전압 측정

1. 목적

1) 직류 전압계의 측정 범위를 넓히기 위하여 사용하는 배율기의 이론과 원리를 이해한다.
2) 측정하고자하는 전압의 배율에 따른 배율기의 선정 방법을 익힌다.

2. 이론

직류회로에서 전압계의 측정 범위를 확대하기 위하여 온도계수가 작은 저항을 전압계와 직렬로 접속한다. 이 저항을 배율기(multiplier)라고 한다.

배율기는 전압계의 내부저항을 알고 있는 상태에서 임의의 저항, 즉 배율기를 전압계에 직렬로 접속하여 전압의 분배를 이용한 장치이다.

그림 7.1과 같이 측정 전압계의 내부저항 R_v, 배율기의 저항 R_m, 확대할 전압(인가 전압) E, 전압계의 지시전압 V라고 하면, 이 지시전압 V는 전압 분배 법칙에 의하여 다음과 같이 된다.

$$V = \frac{R_v}{R_v + R_m} E \qquad (7.1)$$

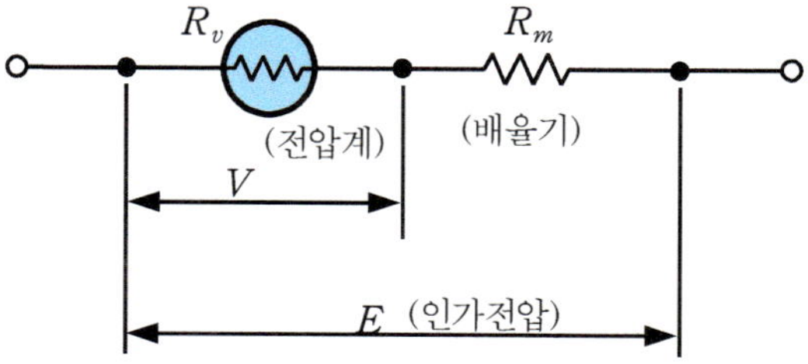

그림 7.1 **배율기**

$$\frac{E}{V}=\frac{R_v+R_m}{R_v}=1+\frac{R_m}{R_v} \tag{7.2}$$

$$E=\left(1+\frac{R_m}{R_v}\right)V=mV \tag{7.3}$$

식 (7.3)에 의하여 인가전압은 전압계의 지시값 V의 m배가 되므로 이 m을 배율기의 배율이라고 한다. 즉,

$$m=1+\frac{R_m}{R_v} \tag{7.4}$$

이 된다. 따라서 전압계를 배율 m으로 측정 범위를 확대하기 위한 배율기의 저항 R_m은 식 (7.4)에 의하여 다음과 같이 얻어지고 전압계의 내부저항보다 큰 것을 직렬접속해야 한다.

$$\therefore\ R_m=(m-1)R_v \begin{cases} m=2\,(\text{배}) & : \ R_m=R_v \\ m=3\,(\text{배}) & : \ R_m=2R_v \\ m=4\,(\text{배}) & : \ R_m=3R_v \end{cases} \tag{7.5}$$

교류회로에서는 고전압을 측정하기 위하여 2차측을 110 [V]의 저전압으로 변성한 계기용 변압기(Potential Transformer, P.T)에 전압계를 결선하여 측정한다.

예제

전압계의 측정 범위를 5배로 하려고 할 때, 배율기 저항은 전압계 내부저항의 몇 배로 해야 하는지 결정하라.

풀이

배율기의 배율 $m=5$이고, 배율기의 저항 R_m, 전압계의 내부저항 R_v라 할 때 식 (7.5)에 의하여 배율기의 저항은 다음과 같이 구해지며 전압계 내부저항의 4배가 된다.

$$R_m=(m-1)R_v=(5-1)R_v=4R_v$$

$$\therefore\ R_m=4R_v$$

예제

배율기의 저항 45[kΩ], 전압계의 내부저항 25[kΩ]으로 전압계는 200[V]를 지시하였다. 측정한 전압[V]을 구하라.

풀이

배율기의 저항 $R_m = 45$[kΩ], 내부저항 $R_v = 25$[kΩ]인 전압계의 지시전압이 $V = 200$[V]일 때, 배율기의 배율 m은 식 (7.4)에 의하여 다음과 같이 구한다.

$$m = 1 + \frac{R_m}{R_v} = 1 + \frac{45}{25} = 2.8 \text{ [배]}$$

따라서 실제 측정한 전압 E는 다음과 같이 구해진다.

$$\therefore \quad E = mV = 2.8 \times 200 = 560 \text{ [V]}$$

3. 사용기기 및 재료

(1) 직류 전원 공급 장치 ······ 1대
(2) 직류 전압계(5/10/30[V]) ······ 1대
(3) 저항 ······ 다수
(4) 가변 저항(50[kΩ]) ······ 1개
(5) 회로 시험기 ······ 1대
(6) 만능 기판(bread board) ······ 1개
(7) 리드선 ······ 다수

4. 실험 방법

(1) 최대 눈금 5[V]인 직류 전압계의 내부 저항 R_v를 측정한다.

5[V] 전압계의 내부 저항 R_v :

(2) 0 ~ 10[V] 범위의 전압을 측정하기 위한 배율 m과 배율기의 저항 R_m을 계산한다.

배율 m :

배율기의 저항 R_m :

(3) 그림 7.2의 회로에서 실험 방법 (2)항에서 계산한 배율기 저항을 적용하여 결선한다.

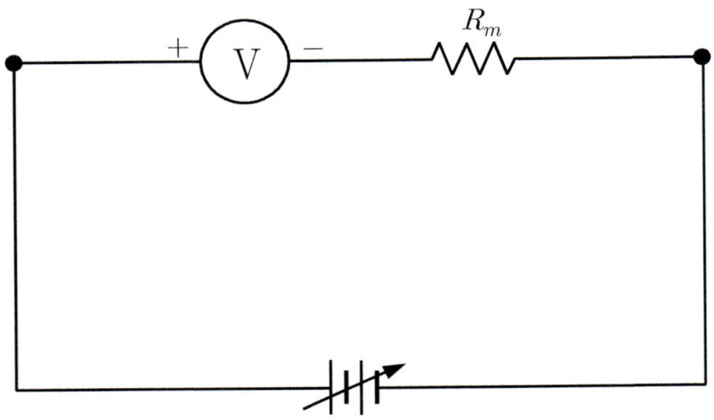

그림 7.2 **배율기 실험 회로**

(4) 직류 전원 2[V]를 인가하고 이 때 전압계의 지시값 V를 측정하여 표 7.1에 기록한다.

(5) 직류 전원 E를 표 7.1의 값에 맞추면서 실험 방법 (4)항을 반복 실험하여 기록한다.

표 7.1 **배율기 회로의 측정값(1)**

인가전압 E[V]	전압계 V[V]	측정 전압 V[V]	배율과 배율기 저항 실험 (2)항
2			(배율) $m=$ (배율기 저항) $R_m=$
4			
6			
8			
10			

(6) 0 ~ 15[V] 범위의 전압을 측정하기 위한 배율 m과 배율기의 저항 R_m을 계산한다.

배율 m :

배율기의 저항 R_m :

(7) 그림 7.2의 회로에서 실험 방법 (6)항에서 계산한 배율기 저항으로 교체하여 결선한다.

(8) 직류 전원 3[V]를 인가하고 이 때 전압계의 지시값 V를 측정하여 표 7.2에 기록한다.

(9) 직류 전원 E를 표 7.2의 값에 맞추면서 실험 방법 (8)항을 반복 실험하여 기록한다.

표 7.2 배율기 회로의 측정값(2)

인가전압 E[V]	전압계 V[V]	측정 전압 V[V]	배율과 배율기 저항 실험 (6)항
3			(배율) $m =$ (배율기 저항) $R_m =$
6			
9			
12			
15			

(10) 0 ~ 20[V] 범위의 전압을 측정하기 위한 배율 m과 배율기의 저항 R_m을 계산한다.

배율 m :

배율기의 저항 R_m :

(11) 그림 7.2의 회로에서 실험 방법 (10)항에서 계산한 배율기 저항으로 교체하여 결선한다.

(12) 직류 전원 5[V]를 인가하고 이 때 전압계의 지시값 V를 측정하여 표 7.3에 기록한다.

(13) 직류 전원 E를 표 7.3의 값에 맞추면서 실험 방법 (12)항을 반복 실험하여 기록한다.

표 7.3 배율기 회로의 측정값(3)

인가전압 E[V]	전압계 V[V]	측정 전압 V[V]	배율과 배율기 저항 실험 (10)항
5			(배율) $m =$ (배율기 저항) $R_m =$
10			
15			
20			

5. 고찰 및 평가

(1) 어떤 전압계의 측정범위를 10배로 하려고 할 때, 배율기의 저항은 내부저항의 몇 배로 해야 하는지 결정하라.

(2) 100[V] 전압계의 내부 저항이 20[kΩ]이다. 이 전압계에 직렬로 100[kΩ]의 배율기를 접속하였을 때 측정할 수 있는 최대 전압을 구하라.

실험 08 저항의 직•병렬접속 회로

1. 목적

1) 저항의 직렬접속 회로에서 합성 저항과 단자 전압과의 관계를 이해한다.
2) 저항의 병렬접속 회로에서 합성 저항과 각 분기 회로에 흐르는 전류와의 관계를 이해한다.

2. 이론

(1) 저항의 직렬접속

그림 8.1과 같이 저항 R_1, R_2, R_3를 직렬로 연결하고 그 양단 a, d에 전압 E를 가하면, 회로에 흐르는 전류 I는 각 저항에 흐르는 전류와 서로 같고 일정하다.

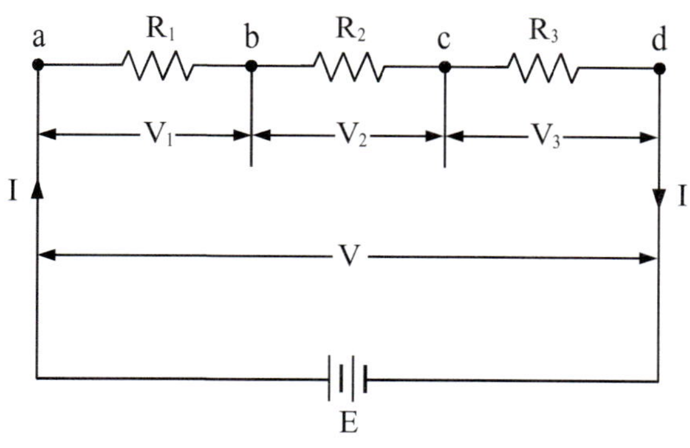

① 전류 I : 일정

② $V = V_1 + V_2 + V_3$

③ $V = IR$에서 $V \propto R$

④ $R = R_1 + R_2 + R_3$

그림 8.1 **저항의 직렬접속**

이 때 각 저항에 걸리는 전압 강하를 V_1, V_2, V_3라 하면 각 전압은 저항에 비례하므로 옴의 법칙에 의해

$$V_1 = IR_1, \quad V_2 = IR_2, \quad V_3 = IR_3 \tag{8.1}$$

이 된다. 또 각 저항에서의 전압의 합은 전체 전압 V와 같으므로

$$V = V_1 + V_2 + V_3 = I(R_1 + R_2 + R_3) \tag{8.2}$$

가 되고, 옴의 법칙 $V = IR$에 의해 전체 합성 저항 R은 다음과 같다.

$$R = \frac{V}{I} = (R_1 + R_2 + R_3) \tag{8.3}$$

즉, 저항이 직렬로 접속된 회로에서 합성 저항은 각 저항의 합과 같다.

(2) 저항의 병렬접속

그림 8.2와 같이 저항 R_1, R_2, R_3를 병렬로 연결하고 그 양단 a, b에 전압 E를 가하면, 각 저항에 걸리는 전압은 V이고 일정하다.

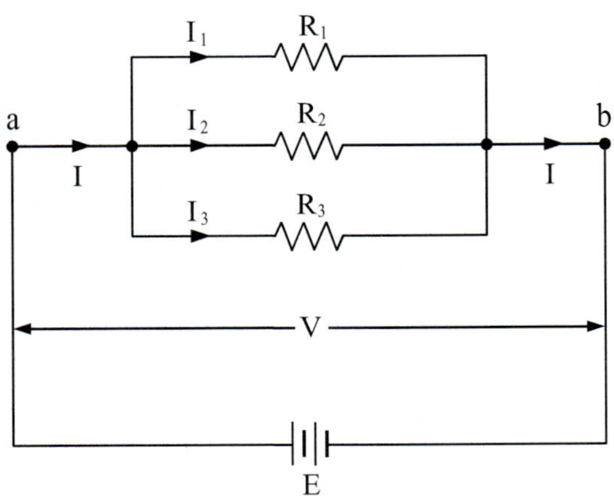

① 전압 V : 일정

② $I = I_1 + I_2 + I_3$

③ $V = IR$ 에서 $I \propto \frac{1}{R}$

④ $\frac{1}{R} = \frac{1}{R_1} + \frac{1}{R_2} + \frac{1}{R_3}$

그림 8.2 **저항의 병렬접속**

각 분기 회로에 흐르는 전류 I_1, I_2, I_3는 각 저항에 반비례하므로 옴의 법칙에 의해 다음과 같이 된다.

$$I_1 = \frac{V}{R_1}, \quad I_2 = \frac{V}{R_2}, \quad I_3 = \frac{V}{R_3} \tag{8.4}$$

또 합성 전류 I는 각 저항에 분류되어 흐르는 전류의 합과 같으므로

$$I = I_1 + I_2 + I_3 = V\left(\frac{1}{R_1} + \frac{1}{R_2} + \frac{1}{R_3}\right) \tag{8.5}$$

가 되고, 옴의 법칙 $I = \frac{V}{R}$와 식 (8.5)의 두 식을 비교하면

$$\frac{1}{R} = \frac{1}{R_1} + \frac{1}{R_2} + \frac{1}{R_3} \tag{8.6}$$

이 된다. 즉, 저항이 병렬로 접속된 회로에서 합성 저항의 역수는 각 저항의 역수의 합과 같다.

3. 사용기기 및 재료

(1) 직류 전원 공급 장치 ······ 1대
(2) 직류 전압계(5/10[V]) ······ 2대
(3) 직류 전류계(50/100/300[mA]) ······ 4대
(4) 저항(100[Ω], 200[Ω], 300[Ω]) ······ 각 1개
(5) 회로 시험기 ······ 1대
(6) 만능 기판(bread board) ······ 1개
(7) 리드선 ······ 다수

4. 실험 방법

(저항의 직렬접속 회로)

(1) 그림 8.3과 같이 회로를 결선한다. 각 저항은 100[Ω], 200[Ω], 300[Ω]을 사용한다. 단, 전압계 V_1, V_2, V_3는 결선하지 않고 실험 과정에서 한 대의 직류 전압계 또는 회로 시험기를 이용하여 각 저항의 전압강하를 측정하기로 한다.

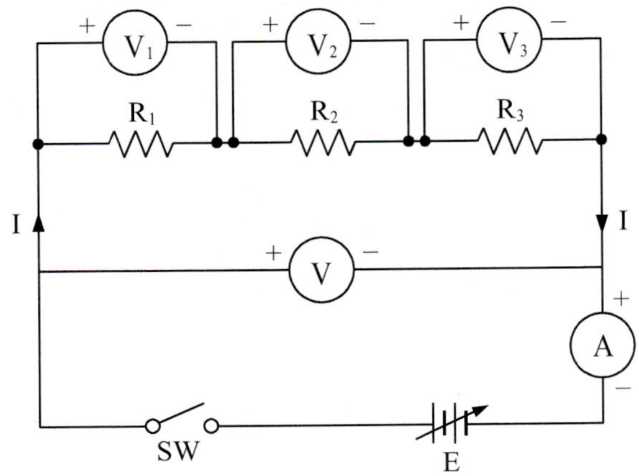

그림 8.3 **저항의 직렬접속 회로**

(2) 직류 전원이 6[V]일 때 다음을 계산하여 표 8.1에 기록한다.

① 주어진 각 저항의 저항값은 색코드에 의해 판독하여 기록한다. 또 각 저항의 직렬접속에 의한 합성 저항을 구하는 식 및 계산값을 구하여 기록한다.

$R_1 =$ [Ω], $R_2 =$ [Ω], $R_3 =$ [Ω]

$R =$ $=$ [Ω]

② 회로에 흐르는 전류(전 전류)를 구하는 식과 계산값을 기록한다.

$I =$ $=$ [mA]

③ 각 저항에 걸리는 단자 전압과 전체 전압을 구하는 식을 쓰고 각각에 대하여 계산을 한다.

$V_1 =$ $=$ [V]

$V_2 =$ $=$ [V]

$V_3 =$ $=$ [V]

$V =$ $=$ [V]

(3) 각 저항의 저항값을 회로 시험기를 이용하여 측정하고, 또 세 개의 저항을 직렬접속한 합성 저항도 측정하여 표 8.1에 기록한다.

(4) 스위치 SW를 닫고 직류 전원 6[V]를 인가한 상태에서 전압계 V와 전류계 I의 측정값을 표 8.1에 기록한다.

(5) 직류 전압계 또는 회로 시험기 한 대를 사용하여 각 저항에 걸리는 단자 전압 V_1, V_2, V_3을 측정하고 표 8.1에 기록한다.

(6) 직류 가변 전원 9[V]로 조정하고 실험 방법 (2)~(5)항을 반복하여 실험한다.

표 8.1 저항의 직렬접속 실험 결과

직류 전원 [V]		전 류 [mA]	전 압[V]				저 항[Ω]			
			V_1	V_2	V_3	V	R_1	R_2	R_3	R
6	계산값									
	측정값									
9	계산값									
	측정값									

(7) 계산값과 측정값이 일치하는지 확인하고 일치하지 않는다면 그 이유를 설명한다.

(8) 표 8.1의 측정값으로부터 각 저항의 저항값의 합과 합성 저항값, 또 각 저항의 단자 전압의 합과 전체 전압이 일치하는지 비교 검토한다.

(저항의 병렬접속 회로)

(9) 그림 8.4와 같이 회로를 결선한다. 단, 각 저항은 100[Ω], 200[Ω], 300[Ω]을 사용한다.

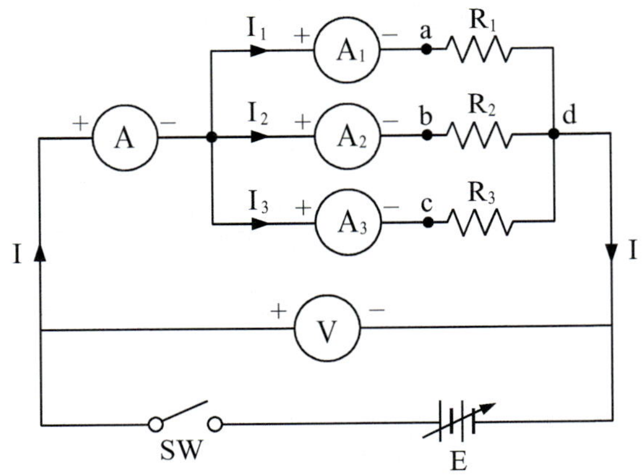

그림 8.4 **저항의 병렬접속 회로**

(10) 직류 전원이 6[V]일 때 다음을 계산하여 표 8.2에 기록한다.

① 주어진 각 저항의 저항값은 색코드에 의해 판독하여 기록한다. 또 각 저항의 병렬접속에 의한 합성 저항을 구하는 식 및 계산값을 구하여 기록한다.

$R_1 =$ [Ω], $R_2 =$ [Ω], $R_3 =$ [Ω]

$R =$ $=$ [Ω]

② 각 저항에 걸리는 단자 전압을 기록하고 이 단자 전압과 전체 전압과의 관계를 나타낸다. 단, 표 8.2에는 전체 전압만을 기록한다.

$V_1 =$ [V], $V_2 =$ [V], $V_3 =$ [V]

$V =$

③ 회로의 분기 전류를 계산하고, 전 전류는 분기전류와의 관계식과 계산값을 기록한다.

$I_1 =$ [mA], $I_2 =$ [mA], $I_3 =$ [mA]

$I =$ $=$ [mA]

④ 위 ②, ③항의 전압과 전류만을 가지고 다음의 각 저항을 다시 계산하여 ①항과 비교하여 본다.

$R_1 =$ [Ω], $R_2 =$ [Ω], $R_3 =$ [Ω]

$R =$ $=$ [Ω]

(11) 각 저항의 저항값을 회로 시험기를 이용하여 측정하고, 또 세 개의 저항을 병렬접속한 합성 저항도 측정하여 표 8.2에 기록한다.

(12) 스위치 SW를 닫고 직류 전원 6[V]를 인가한 상태에서 전체 전압을 나타내는 전압계, 전 전류 및 분기전류를 나타내는 전류계의 측정값을 표 8.2에 기록한다.

(13) 직류 전압계 또는 회로 시험기 한 대를 사용하여 각 저항에 걸리는 단자(a-d, b-d, c-d)간의 전압 V_1, V_2, V_3을 측정하여 전체 전압(실험 방법 (12))과 비교하여 설명한다.

표 8.2 **저항의 병렬접속 실험 결과**

직류 전원 [V]		전 압 [V]	전 류[mA]				저 항[Ω]			
			I_1	I_2	I_3	I	R_1	R_2	R_3	R
6	계산값									
	측정값									
9	계산값									
	측정값									

(14) 실험 방법 (12)항의 측정 결과로부터 각 저항을 계산하여 실험 방법 (11)항의 저항 측정값과 비교해 본다.

$R_1 =$ [Ω], $R_2 =$ [Ω], $R_3 =$ [Ω]

$R =$ [Ω]

(15) 계산값과 측정값이 일치하는지 확인하고 일치하지 않는다면 그 이유를 설명한다.

(16) 표 8.2의 측정값으로부터 각 저항에 흐르는 분기 전류의 합과 전 전류가 일치하는지 비교 검토한다.

5. 고찰 및 평가

(1) 서로 다른 세 개의 저항을 각각 직렬과 병렬 회로를 구성하여 같은 전압을 인가하였다. 이 때 회로에 흐르는 전 전류는 어느 쪽의 회로에 많이 흐르는지 비교하라.

(2) 저항 $R[\Omega]$인 저항 소자 n개를 직렬과 병렬 회로로 접속하였을 때의 합성 저항을 각각 구하라.

직렬 회로 : [Ω]

병렬 회로 : [Ω]

(3) 그림 8.5의 직·병렬접속 회로에 전원 전압 12[V]를 인가하였다. 다음의 물음에 답하라.

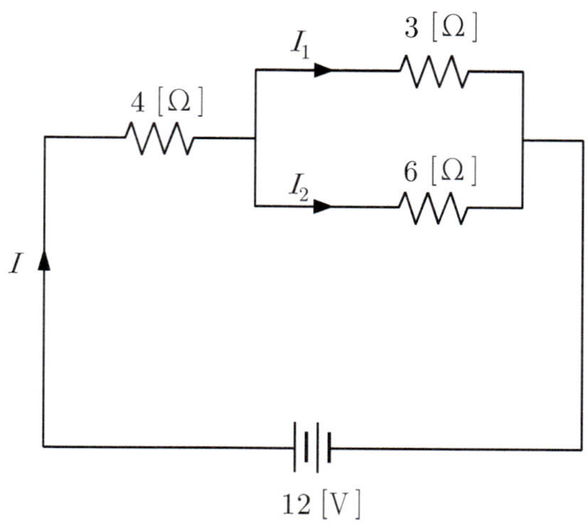

그림 8.5 **저항의 직·병렬접속 회로**

① 합성 저항을 구하라.

② 각 저항에 흐르는 전류 I, I_1, I_2를 구하라.

③ 각 저항에 걸리는 단자 전압을 구하라.

실험 09 키르히호프의 법칙

1. 목적

1) 회로의 해석에 기본이 되는 키르히호프(Kirchhoff)의 전류 법칙과 전압 법칙을 익힌다.
2) 키르히호프의 법칙을 실험을 통하여 증명하고 이해한다.

2. 이론

복잡한 회로의 경우 각 회로에 흐르는 전류와 전압 사이의 관계를 옴의 법칙으로 해석하기는 어렵다. 따라서 이러한 경우 회로 해석의 기본이 되는 키르히호프의 법칙을 이용하며 두 가지 법칙이 있다. 제 1 법칙을 전류 법칙(KCL), 제 2 법칙을 전압 법칙(KVL)이라 한다.

(1) 키르히호프의 전류 법칙(KCL)

그림 9.1과 같이 여러 개의 회로가 임의의 한 접속점에서 만날 때, 이 점에 흘러 들어오는 전류(유입 전류)와 그 점에서 흘러 나가는 전류(유출 전류)의 대수합은 0 이다.

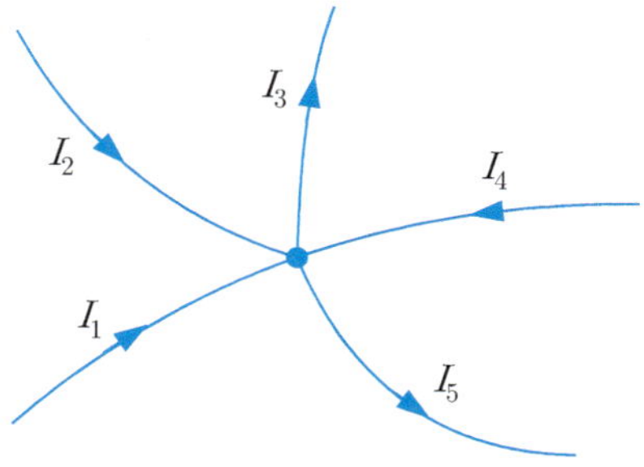

그림 9.1 키르히호프의 전류 법칙

그림 9.1에서 한 점에 흘러 들어오는 전류를 (+), 흘러 나가는 전류를 (−)라고 하면

$$I_1 + I_2 + (-I_3) + I_4 + (-I_5) = 0 \tag{9.1}$$

이 된다. 즉 키르히호프의 전류 법칙(KCL)은 다음과 같이 간단히 표현된다.

$$\sum I_n = 0 \tag{9.2}$$

(2) 키르히호프의 전압 법칙(KVL)

임의의 폐회로를 따라 일정한 방향으로 일주하면서 취한 기전력의 대수합은 그 폐회로의 저항에 생기는 전압 강하의 대수합과 같다.

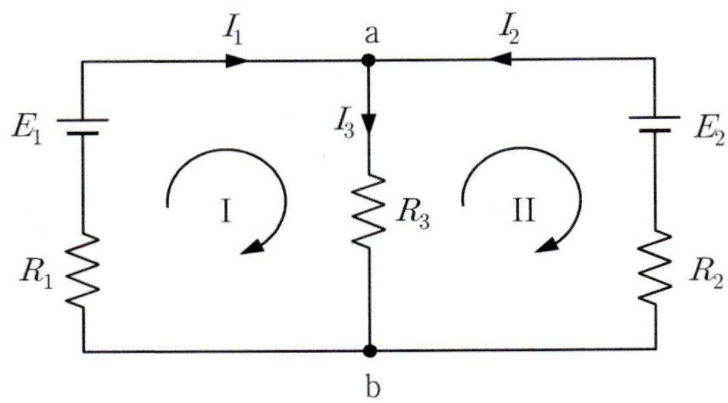

그림 9.2 **키르히호프의 전압 법칙**

그림 9.2와 같이 각 분기 전류 I_1, I_2, I_3의 방향을 정하면 전류 법칙에 의해

$$I_1 + I_2 = I_3 \tag{9.3}$$

이 된다. 또 각 폐회로에 전압 법칙을 적용하면 폐회로 I에서

$$E_1 = I_1 R_1 + I_3 R_3 \tag{9.4}$$

이 되고, 폐회로 II에서는

$$E_2 = I_3 R_3 + I_2 R_2 \tag{9.5}$$

가 된다. 즉 키르히호프의 전압 법칙(KVL)은 다음과 같이 간단히 표현된다.

$$\sum E_n = \sum I_n R_n \tag{9.6}$$

키르히호프의 법칙은 옴의 법칙과 마찬가지로 직류 및 교류 회로에서 성립하는 중요한 법칙이다.

3. 사용기기 및 재료

(1) 직류 전원 공급 장치 ········ 1대
(2) 직류 전압계(5/10[V]) ········ 1대
(3) 직류 전류계(50/100[mA]) ········ 3대
(4) 가변 저항(100[Ω]) ········ 3개
(5) 회로 시험기 ········ 1대
(6) 건전지(1.5[V]) ········ 1개
(7) 만능 기판(bread board) ········ 1개
(8) 리드선 ········ 다수

4. 실험 방법

(키르히호프의 전류 법칙)

【저항의 직렬회로】

(1) 그림 9.3과 같이 회로를 결선한다. 가변 저항 R_1, R_2, R_3는 최대 100[Ω], 가변 직류 전원 E_1은 6[V]로 한다.

(2) 가변 저항 R_1, R_2를 최대로 한 다음, 스위치 SW_1, SW_2를 닫고, 전류계 A_1, A_2의 지시값 I_1, I_2를 측정하여 표 9.1에 기록한다.

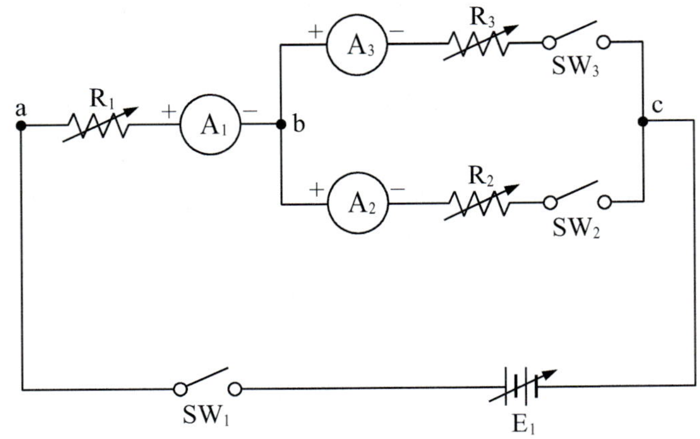

그림 9.3 **키르히호프의 전류 법칙 회로**

(3) 가변 저항 R_1, R_2를 임의로 변화시켰을 때 I_1, I_2를 측정하여 표 9.1에 기록한다.

(4) 실험 방법 (2)와 (3)항에서 측정한 전류 I_1, I_2의 값은 어떤 관계가 있는지 설명한다.

【저항의 직·병렬회로】

(5) 가변 직류 전원 E_1은 6[V]로 하고, 가변 저항 R_1, R_2, R_3을 최대로 한 다음, 스위치 SW_1, SW_2, SW_3를 닫고, 전류계 A_1, A_2, A_3의 지시값 I_1, I_2, I_3을 측정하여 표 9.1에 기록한다.

(6) 가변 저항 R_2, R_3를 임의로 변화시켰을 때 I_1, I_2, I_3을 측정하여 표 9.1에 기록한다.

표 9.1 **키르히호프의 전류 법칙**

		【저항의 직렬】				【저항의 직·병렬】						
전원 E_1[V]	가변 저항 설정 위치	저항[Ω]		전류[mA]		저항[Ω]			전류[mA]			
		R_1	R_2	I_1	I_2	R_1	R_2	R_3	I_1	I_2	I_3	I_2+I_3
6[V]	최대											
	임의 위치											

(7) 실험 방법 (5)와 (6)항에서 측정한 전류 I_1, I_2, I_3에서 $I_1 = I_2 + I_3$의 관계가 성립하는지 확인한다.

(키르히호프의 전압 법칙)

(8) 그림 9.4와 같이 회로를 결선한다. 단, 가변 저항 R_1, R_2, R_3는 최대 100[Ω], 가변 직류 전원 E_1은 6[V], 건전지 E_2는 1.5[V]로 한다.

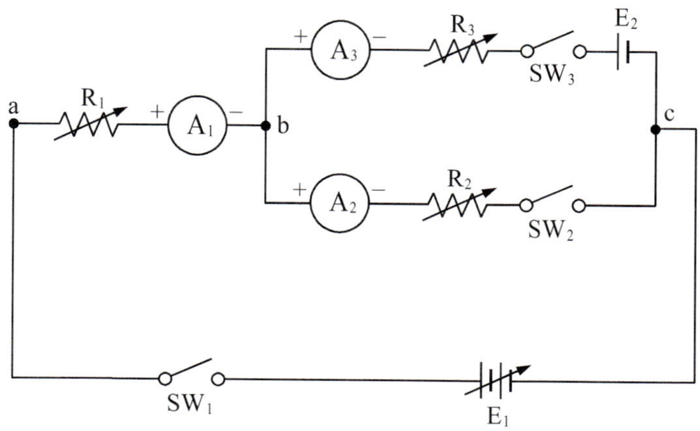

그림 9.4 키르히호프의 전압 법칙 회로

(9) 가변 저항 R_1, R_2, R_3를 최대로 한 후, 스위치 SW_1, SW_2, SW_3를 닫고, 전류계 A_1, A_2, A_3의 지시값 I_1, I_2, I_3과 최대의 저항값을 표 9.2에 기록한다.

(10) 전압계 또는 회로 시험기로 저항 R_1, R_2, R_3의 단자 전압 V_1, V_2, V_3 및 E_1, E_2의 단자 전압을 측정하여 표 9.2에 기록한다.

(11) 가변 저항 R_2, R_3를 임의로 변화시켰을 때의 저항값과 그 때의 I_1, I_2, I_3를 측정하여 표 9.2에 기록한다.

(12) 전압계 또는 회로 시험기로 저항 R_1, R_2, R_3의 단자 전압 V_1, V_2, V_3 및 E_1, E_2의 단자 전압을 측정하여 표 9.2에 기록한다.

표 9.2 키르히호프의 전압 법칙

전원[V]		가변 저항 설정 위치	저항[Ω]			전류[mA]			전압[V]				
E_1	E_2		R_1	R_2	R_3	I_1	I_2	I_3	E_1	E_2	V_1	V_2	V_3
6	1.5	최 대											
		임의 위치											

(13) 스위치 SW_1, SW_2, SW_3를 모두 열고 가변 저항 R_1, R_2, R_3를 최대로 한다.

(14) 그림 9.4에서 건전지 E_2의 극성을 반대로 하고, 실험 방법 (9)~(12)항을 반복하여 실험한다. 각각의 측정값은 표 9.3에 기록한다.

표 9.3 키르히호프의 전압 법칙(E_2 극성 반대)

전원[V]		가변 저항 설정 위치	저항[Ω]			전류[mA]			전압[V]				
E_1	E_2		R_1	R_2	R_3	I_1	I_2	I_3	E_1	E_2	V_1	V_2	V_3
6	-1.5	최대											
		임의 위치											

5. 고찰 및 평가

(1) 키르히호프 전류 법칙 실험 조건에서 키르히호프 법칙을 이용하여 각 전류를 계산하고 측정 결과와 비교, 검토하라.(저항은 실험에서 설정한 값을 이용한다.)

표 9.4 키르히호프의 전류 법칙

		【저항의 직렬】				【저항의 직·병렬】						
전원 E_1[V]	가변 저항 설정 위치	저항[Ω]		전류[mA]		저항[Ω]			전류[mA]			
		R_1	R_2	I_1	I_2	R_1	R_2	R_3	I_1	I_2	I_3	I_2+I_3
6	최대											
	임의 위치											

(2) 키르히호프 전압 법칙 실험 조건에서 키르히호프 법칙을 이용하여 각 전류를 계산하고 측정 결과와 비교, 검토하라.(저항은 실험에서 설정한 값을 이용한다.)

표 9.5 키르히호프의 전압 법칙

전원[V]		가변 저항 설정 위치	저항[Ω]			전류[mA]			전압[V]				
E_1	E_2		R_1	R_2	R_3	I_1	I_2	I_3	E_1	E_2	V_1	V_2	V_3
6	1.5	최 대											
		임의 위치											

(3) E_2의 극성을 반대로 한 키르히호프 전압 법칙 실험 조건에서 키르히호프 법칙을 이용하여 각 전류를 계산하고 측정 결과와 비교, 검토하라.(저항은 실험에서 설정한 값을 이용한다.)

표 9.6 키르히호프의 전압 법칙(E_2 극성 반대)

전원[V]		가변 저항 설정 위치	저항[Ω]			전류[mA]			전압[V]				
E_1	E_2		R_1	R_2	R_3	I_1	I_2	I_3	E_1	E_2	V_1	V_2	V_3
6	-1.5	최대											
		임의 위치											

실험 10

테브난의 정리

1. 목적

1) 복잡한 회로 해석에 유용한 테브난 정리(Thevenin's theorem)의 적용 방법과 등가 회로를 구하는 방법에 관하여 익힌다.
2) 테브난 정리를 실험을 통하여 증명하고 이해한다.

2. 이론

테브난 정리(Thevenin's theorem)는 복잡한 선형 회로의 해석에 중첩의 정리와 더불어 매우 유용한 것으로, 직류 회로 및 교류 회로에 모두 적용된다. 본 실험은 직류 전압원에서 저항 소자만으로 구성된 회로의 해석에 대하여 다루기로 한다.

테브난 정리는 회로의 부분 해석에서 해석이 요구되는 부분을 제외한 회로의 나머지 부분을 단일 전압원과 단일 저항의 직렬접속으로 등가시킨 간단한 회로로 변환하여 이용하는 것이다. 테브난의 정리를 요약하면 다음과 같다.

그림 10.1은 테브난 정리에 의해 능동 회로부[그림 10.1(a)]를 임의의 두 단자 a, b 외측에서 바라보면 단일 전압원에 단일 저항이 직렬로 접속된 등가 회로[그림 10.1(b)]로 대체할 수 있다는 것을 나타내고 있다.

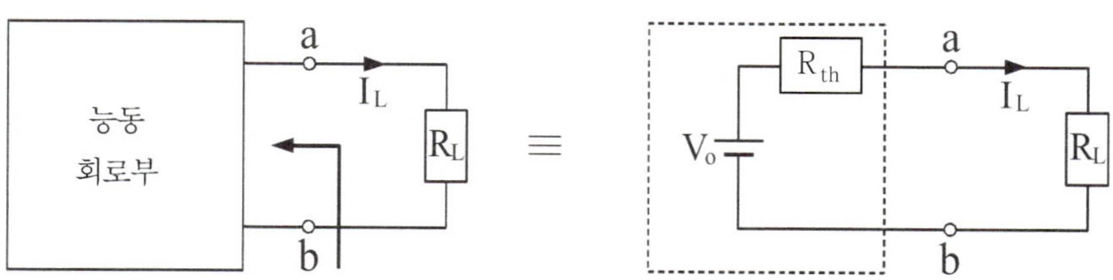

(a) 선형 회로 (b) 테브난의 등가 회로

그림 10.1 테브난의 정리

여기서 등가 전압원 V_o는 원 회로(능동 회로부)에서 두 단자 a, b를 개방하였을 때의 개방 전압 V_{ab}와 같고, 테브난 등가 저항은 원 회로 내의 모든 전원을 제거한 상태에서 두 단자 a, b에서 회로 측을 바라본 저항 $R_{ab}(R_{th})$와 같다.

따라서 그림 10.1(b)와 같이 등가 전압원 V_o와 등가 저항 R_{th}를 구하였다면, 가지 저항에 흐르는 가지 전류 I_L은 옴의 법칙에 의해 다음과 같이 간단히 구할 수 있다.

$$I_L = \frac{V_o}{R_{ab} + R_L} \tag{10.1}$$

(1) 테브난 정리에 의한 회로 해석 방법

위의 테브난 정리의 요약을 적용하여 그림 10.2(a)의 회로에서 등가 전압원 및 등가 저항을 구하는 방법에 대하여 알아보기로 한다.

① 등가 전압원 V_o는 그림 10.2(b)에서와 같이 가지 저항 R_L을 제거한 상태에서 두 단자 a, b 사이에 나타나는 개방 전압 V_{ab}를 구하면 된다. 따라서 V_o는 다음과 같이 된다.

$$\text{개방 전압 : } V_o(V_{ab}) = \frac{R_2}{R_1 + R_2} V \tag{10.2}$$

② 테브난 등가 저항 R_{th}는 그림 10.2(c)에서와 같이 원 회로 내의 모든 전원을 제거(단락)한 후, 두 단자 a, b에서 회로 측을 바라본 저항이다. 따라서 R_{th}는 다음과 같이 구할 수 있다.

$$\text{등가 저항 : } R_{th}(R_{ab}) = (R_1 // R_2) + R_3 = \frac{R_1 R_2}{R_1 + R_2} + R_3 \tag{10.3}$$

③ 위에서 구한 개방 전압 V_{ab}와 테브난 등가 저항 R_{th}를 두 단자 a, b 사이에 직렬로 연결하면 그림 10.2(d)와 같은 테브난 등가 회로가 구해진다. 따라서 저항 R_L에 흐르는 가지 전류 I_L은 다음과 같이 간단히 구할 수 있다.

$$\text{가지 전류 : } I_L = \frac{V_o}{R_{ab} + R_L} \tag{10.4}$$

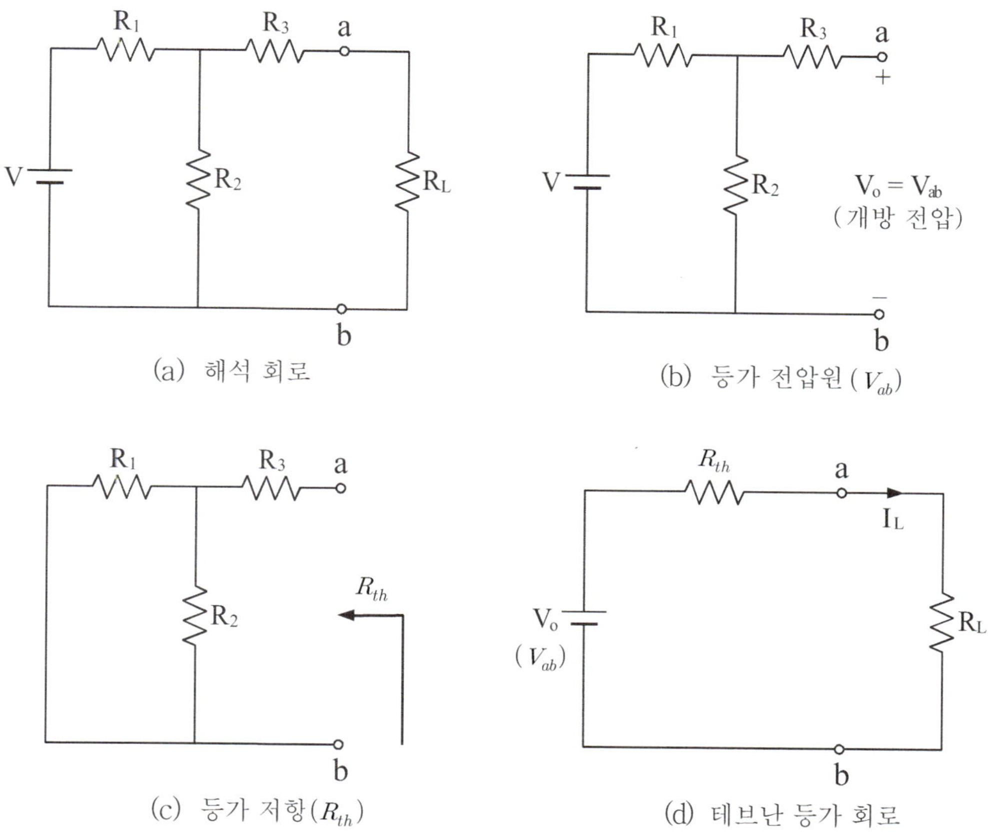

그림 10.2 테브난 정리를 이용한 회로 해석 방법

테브난 정리에 의한 회로 해석은 옴의 법칙 또는 키르히호프 법칙에 의한 회로 해석과 비교하면 어려운 것 같은 느낌이 들지만 위의 회로는 간단한 회로이기 때문이다.

그러나 폐회로가 많은 복잡한 회로에서 옴의 법칙 또는 키르히호프 법칙의 적용은 여러 번 반복하는 과정이 필요하게 되지만, 테브난 정리에 의한 회로 해석을 하게 되면 훨씬 효율적이 된다.

다음에는 좀 더 복잡한 브리지 회로에 대한 테브난 정리의 적용 방법에 대하여 알아본다.

(2) 테브난 정리에 의한 브리지 회로 해석 방법

그림 10.3(a)는 브리지 회로이다. 여기서 R_L의 저항에 흐르는 가지 전류 I_L을 구해 본다. 회로내의 한 지로에 흐르는 가지 전류를 구하는 것이므로 테브난 정리를 적용한다.

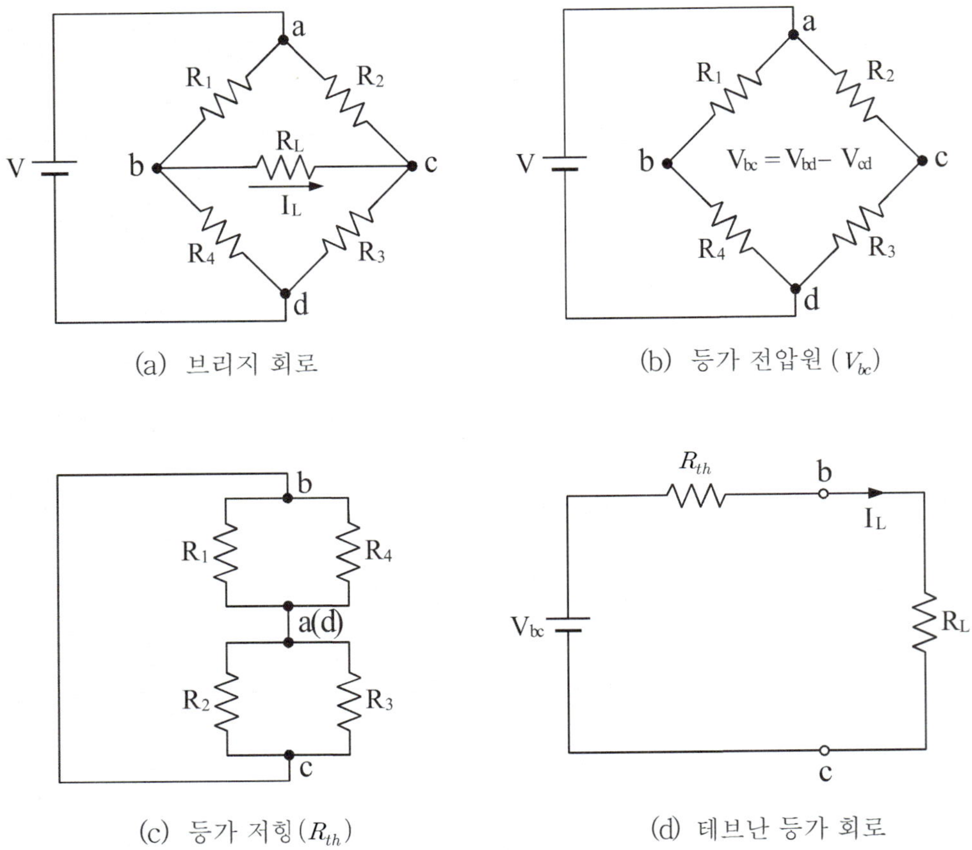

그림 10.3 브리지 회로의 해석

(1) 등가 전압원은 그림 10.3(b)에서와 같이 저항 R_L을 제거한 상태에서 두 단자 b, c 사이에 나타나는 개방 전압 V_{bc}를 구한다. 여기서 V_{bc}는 다음의 관계가 있다.

$$V_{bc} = V_{bd} - V_{cd} \qquad \begin{cases} V_{bd} = \dfrac{R_4}{R_1 + R_4} V \\ V_{cd} = \dfrac{R_3}{R_2 + R_3} V \end{cases} \tag{10.5}$$

$$\therefore \quad V_{bc} = \left(\frac{R_4}{R_1 + R_4} - \frac{R_3}{R_2 + R_3} \right) V \tag{10.6}$$

(2) 테브난 등가 저항 $R_{bc}(R_{th})$는 그림 10.3(c)에서와 같이 원 회로 내의 모든 전원을 제거(단락)한 후, 두 단자 b, c에서 회로 측을 바라본 저항이다. 따라서 R_{th}는 다음과 같이 구할 수 있다.

$$\begin{aligned} R_{th} &= (R_1 // R_4) + (R_2 // R_3) \\ &= \frac{R_1 R_4}{R_1 + R_4} + \frac{R_2 R_3}{R_2 + R_3} \end{aligned} \tag{10.7}$$

(3) 위에서 구한 등가 전압원(개방 전압) V_{bc}와 테브난 등가 저항 R_{th}를 두 단자 b, c 사이에 직렬로 연결하면 그림 10.3(d)와 같은 테브난 등가 회로가 구해진다. 따라서 저항 R_L에 흐르는 가지 전류 I_L은 다음과 같이 된다.

$$I_L = \frac{V_{bc}}{R_{th} + R_L} \tag{10.8}$$

그림 10.3(a)의 브리지 회로는 저항 R_L에 가지 전류 I_L이 흐르는 불평형 브리지 회로와 전류가 흐르지 않는 평형 브리지 회로로 구분하고, 이들의 조건은 다음을 만족해야 한다.

$$\begin{cases} \text{불평형 브리지 회로} \ (I \neq 0) \ : \ R_1 R_3 \neq R_2 R_4 \\ \text{평형 브리지 회로} \ (I = 0) \ : \ R_1 R_3 = R_2 R_4 \end{cases}$$

3. 사용기기 및 재료

(1) 직류 전원 공급 장치 ········· 1대
(2) 직류 전압계(10/50[V]) ········· 1대
(3) 직류 전류계(10/50[mA]) ········· 1대
(4) 저항(100[Ω]) ········· 2개
(5) 저항(50[Ω], 200[Ω], 300[Ω], 500[Ω]) ········· 각 1개
(6) 회로 시험기 ········· 1대
(7) 만능 기판(bread board) ········· 1개
(8) 리드선 ········· 다수

4. 실험 방법

(실험 1 일반 회로)

(1) 그림 10.4와 같은 일반 회로가 있다. 단, 저항 R_1, R_2는 100[Ω], R_3는 200[Ω]이고, 가지 저항 R_L은 50[Ω]으로 한다.

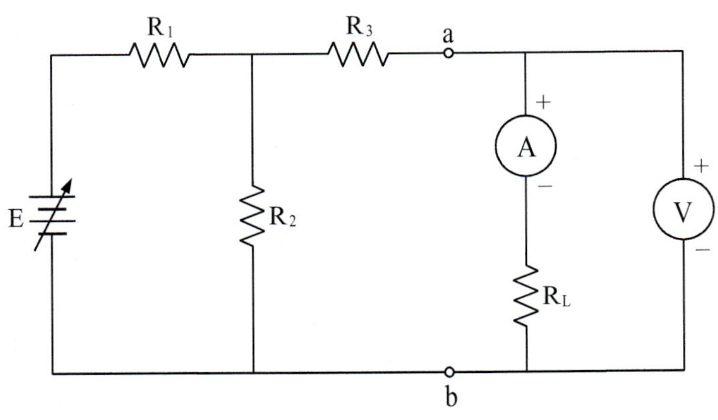

그림 10.4 **일반 회로의 테브난 정리 실험**

(2) 직류 전원 E는 3[V]로 하였을 때 테브난 정리에 의한 등가 전압(개방 전압) V_o와 테브난 등가 저항 R_{th}를 계산하고 표 10.1에 기록한다.

(3) 저항 R_L에 흐르는 가지 전류 I_L과 저항 R_L의 단자 전압 V_L을 구하고 표 10.1에 기록한다.

(4) 저항 R_L에서 소비되는 전력을 계산하여 표 10.1에 기록한다.

(5) 그림 10.4와 같이 회로를 결선한다. 단, 두 단자 a, b를 개방 상태로 한다.

(6) 직류 가변 전원 E는 3[V]로 조정한 후 회로 시험기를 이용하여 두 단자 a, b 사이의 개방 전압을 측정하여 표 10.1에 기록한다. 여기서 개방 전압 V_{ab}는 테브난 정리에서의 등가 전압 V_o가 된다.

(7) 직류 가변 전원을 0으로 하고 전원을 끈 다음, 전원 장치를 제거하여 전원의 연결 리드선을 단락시킨다.

(8) 회로 시험기를 이용하여 두 단자 a, b 사이의 저항을 측정하여 표 10.1에 기록한다. 여기서 측정한 저항 R_{ab}는 테브난 등가 저항 R_{th}가 된다.

(9) 리드선으로 단락시켰던 전원부에 다시 전원 장치를 접속한 후 전원 전압 3[V]로 조정한다. 또 두 단자 a, b의 부하측을 그림 10.4와 같이 접속한다.

(10) 저항 R_L에 흐르는 가지 전류 I_L과 저항 R_L의 단자 전압 V_L을 측정하고, 실험 결과로부터 저항 R_L에서 소비되는 전력도 계산하여 표 10.1에 기록한다.

(11) 표 10.1의 값을 이용하여 그림 10.4 회로의 테브난 등가 회로를 계산값과 측정값에 대하여 각각 그린다.

표 10.1 일반 회로의 테브난 등가 회로 실험

	등가 전압 V_o[V]	등가 저항 R_{th}[Ω]	가지 전류 I_L[mA]	단자 전압 V_L[V]	소비 전력 P[mW]
이론값					
측정값					

(실험 2 브리지 회로)

(12) 그림 10.5와 같은 불평형 브리지 회로가 있다. 단, 저항 R_1은 100[Ω] R_2, R_3는 300[Ω], R_4는 500[Ω]이고, 가지 저항 R_L은 100[Ω]으로 한다.

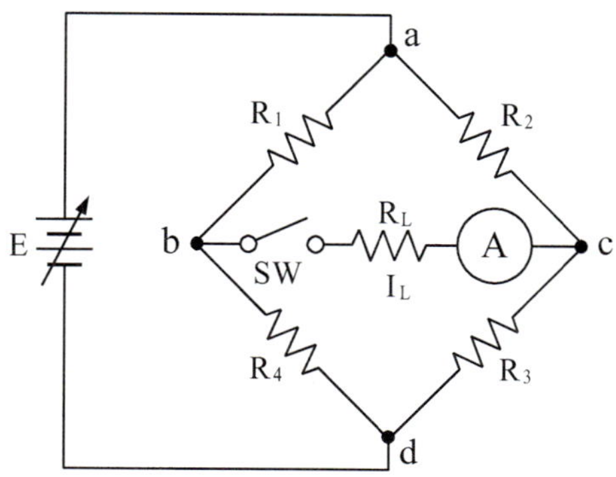

그림 10.5 브리지 회로의 테브난 정리 실험

(13) 직류 전원 E는 12[V]로 하고, 전류계와 스위치가 없는 상태(R_L만 접속된 상태)의 회로에 대하여 테브난 정리에 의한 등가 전압 $V_o = V_{bc}$와 등가 저항 $R_{bc}(R_{th})$를 계산하고 표 10.2에 기록한다.

(14) 두 단자 b와 c 중 높은 전위의 단자와 전류의 방향을 표 10.2에 기록한다.

(15) 두 단자 b와 c 사이의 저항 R_L에 흐르는 가지 전류 I_L과 저항 R_L의 단자 전압 V_L을 구하고, 표 10.2에 기록한다.

(16) 저항 R_L에서 소비되는 전력을 계산하여 표 10.2에 기록한다.

(17) 그림 10.5와 같이 회로를 결선한다. 단, 단자 b, c를 개방 상태로 한다.

(18) 직류 가변 전원 E는 12[V]로 조정한 후 스위치를 연 상태에서 회로 시험기를 이용하여 두 단자 b, c 사이의 개방 전압을 측정하고, 표 10.2에 기록한다.
개방 전압 V_{bc}는 테브난 정리에서의 등가 전압 V_o가 된다.

(19) 가지 저항을 개방한 상태에서 회로 시험기의 리드 단자 접속에 의해 바늘의 움직임으로 두 단자 b와 c 중 높은 전위의 단자를 확인하여 표 10.2에 기록한다.

(20) 직류 가변 전원을 0으로 하고 전원을 끈 다음, 전원 장치를 제거하여 전원의 연결 리드선을 단락시킨다.

(21) 회로 시험기를 이용하여 두 단자 b, c 사이의 저항을 측정하여 표 10.2에 기록한다.
여기서 측정한 저항 R_{bc}는 테브난 등가 저항 R_{th}가 된다.

(22) 리드선으로 단락시켰던 전원부에 다시 전원 장치를 접속한 후 스위치를 닫고 전원 전압 12[V]로 조정한다.

(23) 저항 R_L에 흐르는 가지 전류 I_L과 저항 R_L의 단자 전압 V_L을 측정하고, 실험 결과로부터 저항 R_L에서 소비되는 전력도 계산하여 표 10.2에 기록한다. 또 두 단자 b, c 사이에서 전류가 흐르는 방향도 기록한다.

표 10.2 브리지 회로의 테브난 등가 회로 실험

	등가 전압 V_o [V]	등가 저항 R_{th} [Ω]	가지 전류 I_L [mA]	단자 전압 V_L [V]	고전위점	전류 방향	소비 전력 P [mW]
이론값							
측정값							

(24) 표 10.2의 값을 이용하여 그림 10.5 회로의 테브난 등가 회로를 계산값과 측정값에 대하여 각각 그린다.

5. 고찰 및 평가

(1) 그림 10.5의 브리지 회로에 전원 전압은 24[V]를 인가한다. 이 때 가지 저항 $R_L = 3[\Omega]$에 흐르는 가지 전류와 이 저항 R_L에 걸리는 전압을 각각 구하라.

① 저항 $R_1 = 1[\Omega]$, $R_2 = 2[\Omega]$, $R_3 = 6[\Omega]$, $R_4 = 3[\Omega]$으로 하는 경우

② 저항 $R_1 = R_3 = 1[\Omega]$, $R_2 = R_4 = 2[\Omega]$으로 하는 경우
(계산 과정과 결과에서 구한 등가 전압, 등가 저항 및 가지 저항 R_L로부터 테브난 등가 회로로 변환하여 그려본다.)

실험 11 노튼의 정리

1. 목적

1) 복잡한 회로 해석에 유용한 노튼의 정리(Norton's theorem)의 적용 방법과 등가 회로를 구하는 방법에 관하여 익힌다.
2) 노튼의 정리를 실험을 통하여 증명하고 이해한다.

2. 이론

노튼의 정리(Norton's theorem)는 복잡한 선형 회로의 해석에 테브난의 정리와 더불어 매우 유용한 것으로 직류 회로 및 교류 회로에 모두 적용된다. 본 실험은 직류 전원에서 저항 소자만으로 구성된 회로의 해석에 대하여 다루기로 한다.

회로의 부분 해석에 있어서 테브난 정리는 단일 전압원에 단일 저항을 직렬로 접속한 등가 회로로 복잡한 회로를 단순화하지만, 노튼 정리는 단일 전류원에 단일 저항을 병렬로 접속한 등가 회로로 변환하여 해석을 간략화한다.

그림 11.1은 노튼 정리에 의해 능동 회로부[그림 11.1(a)]를 임의의 두 단자 a, b 외측에서 바라보면 단일 전류원에 단일 저항이 병렬로 접속된 등가 회로[그림 11.1(b)]로 대체할 수 있는 것을 나타내고 있다.

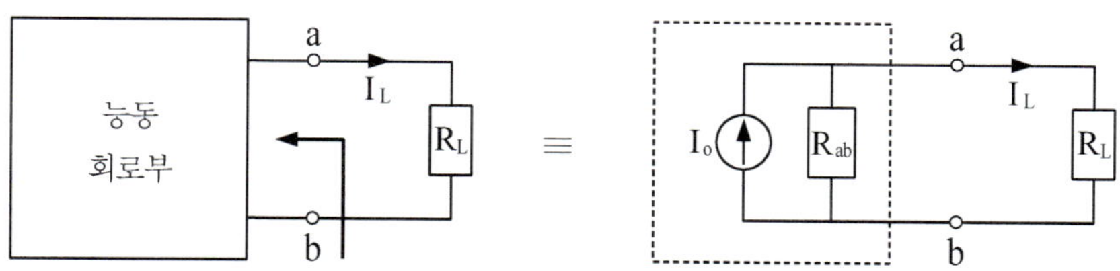

(a) 선형 회로 (b) 노튼의 등가 회로

그림 11.1 노튼의 정리

여기서 등가 전류원 I_o는 원 회로(능동 회로부)에서 두 단자 a, b를 단락하였을 때 흐르는 단락 전류 I_s와 같고, 등가 저항은 테브난 정리에서와 마찬가지로 원 회로 내의 모든 전원을 제거한 상태에서 두 단자 a, b에서 회로 측을 바라본 저항 R_{ab}와 같다.

따라서 그림 11.1(b)와 같이 등가 전류원 I_o와 등가 저항 R_{ab}를 구하였다면, 부하 저항에 흐르는 전류 I_L은 다음과 같이 간단히 구할 수 있다.

$$I_L = \frac{R_{ab} I_o}{R_{ab} + R_L} \tag{11.1}$$

위의 노튼 정리의 요약을 적용하여 그림 11.2(a)의 회로에서 등가 전류원 및 등가 저항을 구하는 과정과 방법에 대하여 알아보기로 한다.

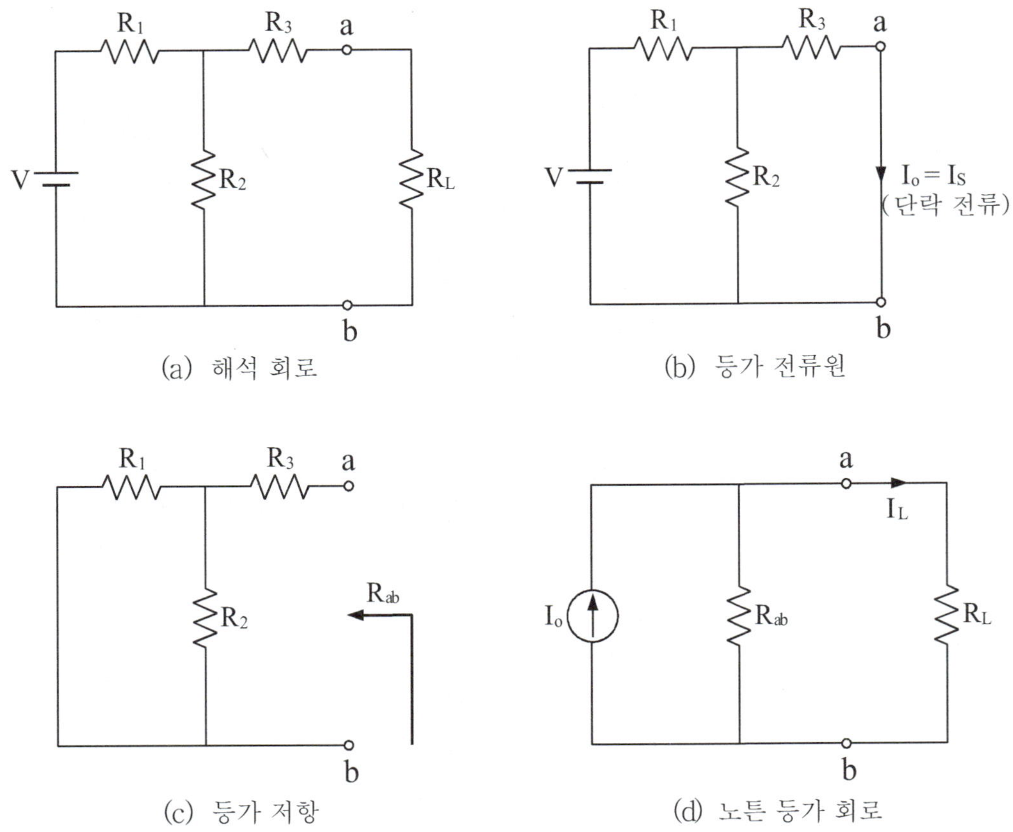

그림 11.2 노튼 정리를 이용한 회로 해석 방법

(1) 등가 전류원 I_o는 그림 11.2(b)에서와 같이 저항 R_L을 제거한 상태에서 두 단자 a, b 사이를 단락하여 단락 전류 I_s를 구하면 된다. 따라서 $I_o(I_s)$는 다음과 같이 된다.

$$I_o(=I_S)=\frac{(R_2//R_3)V}{R_1+(R_2//R_3)}\cdot\frac{1}{R_3}$$

$$=\frac{R_2V}{R_1R_2+R_2R_3+R_3R_1} \tag{11.2}$$

(2) 등가 저항 R_{ab}는 그림 11.2(c)에서와 같이 원 회로 내의 모든 전원을 제거(단락)한 후, 두 단자 a, b에서 회로 측을 바라본 저항이다. 따라서 R_{ab}는 다음과 같다. 등가 저항을 구하는 방법은 테브난 정리에서와 같다.

$$R_{ab}=(R_1//R_2)+R_3=\frac{R_1R_2}{R_1+R_2}+R_3 \tag{11.3}$$

(3) 위에서 구한 등가 전류원과 등가 저항을 두 단자 a, b 사이에 병렬로 연결하면 그림 11.2(d)와 같은 노튼 등가 회로가 구해진다. 따라서 저항 R_L에 흐르는 가지 전류 I_L은 다음과 같이 간단히 구할 수 있다.

$$I_L=\frac{R_{ab}}{R_{ab}+R_L}\cdot I_o \tag{11.4}$$

테브난 등가 회로를 가지고 노튼의 등가 회로로 변환하여 전압원과 전류원, 직렬 저항과 병렬 저항의 상호 관계를 알아본다.

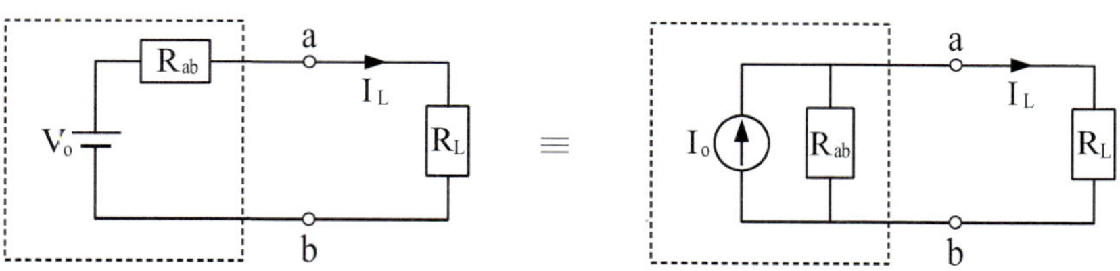

(a) 테브난의 등가 회로 (b) 노튼의 등가 회로

그림 11.3 테브난 등가 회로의 노튼 등가 회로로의 변환

그림 11.3(a)는 능동 회로망을 전압원과 저항이 직렬로 접속된 테브난 등가 회로로 대치한 것이다. 또한 이 테브난 등가 회로는 노튼의 정리에 의해 하나의 전류원과 하나의 저항이 병렬로 접속된 등가 회로로 그림 11.3(b)와 같이 바꿀 수 있다.

따라서 전류원 I_o는 테브난 등가 회로의 전압원 V_o를 직렬접속 저항 R_{ab}로 나눈 값과 같고, 전류원의 병렬 저항은 테브난 등가 회로의 직렬 저항과 같게 된다.

테브난 등가 회로의 노튼 등가 회로로의 변환에 의한 그림 11.3(a), (b)의 두 등가 회로에서 표 11.1과 같은 상호 관계가 성립한다.

표 11.1 테브난과 노튼 등가 회로의 상호 관계

테브난 정리		노튼 정리		상호 관계
등가 전압원	V_o	등가 전류원	I_o	$I_o = \dfrac{V_o}{R_{ab}}$
직렬 저항	R_{ab}	병렬 저항	R_{ab}	등가 저항은 서로 동일

노튼 정리는 부하 저항에 전달되는 전압, 전류, 전력 등을 간단히 구할 수 있으며, 부하 저항의 가장 적합한 값을 선택할 때에도 편리하게 이용할 수 있다.

3. 사용기기 및 재료

(1) 직류 전원 공급 장치 ………………………… 1대
(2) 직류 전압계(10/50[V]) ………………………… 1대
(3) 직류 전류계(10/50[mA]) ………………………… 1대
(4) 저항(50[Ω], 100[Ω], 300[Ω]) ………………………… 각 1개
(5) 저항(200[Ω]) ………………………… 2개
(6) 회로 시험기 ………………………… 1대
(7) 만능 기판(bread board) ………………………… 1개
(8) 리드선 ………………………… 다수

4. 실험 방법

(1) 그림 11.4와 같이 회로를 결선한다. 단, 저항 R_1, R_2는 200 [Ω], R_3는 100 [Ω], R_4는 300 [Ω]이고, 가지 저항 R_L은 50 [Ω]으로 한다.

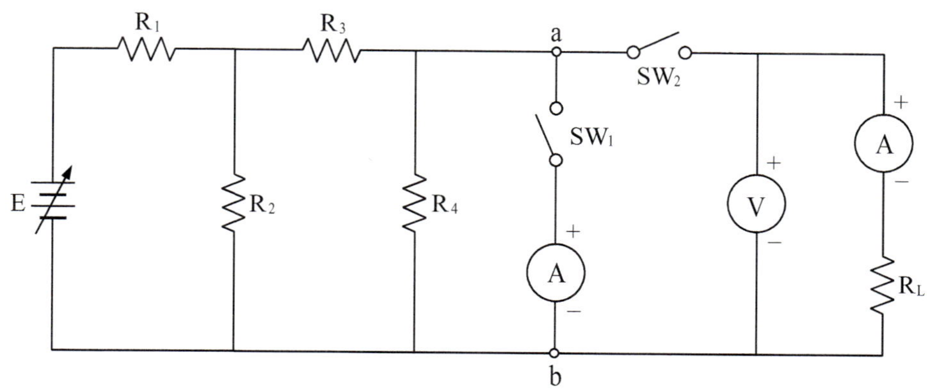

그림 11.4 **노튼의 정리 실험**

(2) 직류 가변 전원 E를 6 [V]로 조정한 후 스위치 SW_1만을 닫고, 단락 전류 I_s를 측정하여 표 11.2에 기록한다. 여기서 단락 전류 I_s는 노튼 정리에서 등가 전류 I_o가 된다. 측정 후 스위치 SW_1을 열어 놓는다.

(3) 직류 가변 전원을 0 으로 하고 전원을 끈 다음, 전원 장치를 제거하여 전원의 연결 리드선을 단락시킨다.

(4) 회로 시험기를 이용하여 두 단자 a, b 사이의 저항을 측정하여 표 11.2에 기록한다. 여기서 측정한 저항 R_{ab}는 노튼 정리에서의 등가 저항이 된다.

(5) 리드선으로 단락시켰던 전원부에 다시 전원 장치를 접속한 후 전원 전압 6 [V]로 조정한다.

(6) 스위치 SW_1을 열어 놓은 상태에서 스위치 SW_2를 닫고, 저항 R_L에 흐르는 가지 전류 I_L과 R_L의 단자 전압 V_L을 측정한다. 또 실험 결과로부터 저항 R_L에서 소비되는 전력도 계산하여 표 11.2에 기록한다.

(7) 그림 11.4 회로의 실험 조건과 동일한 상태에서 전압계와 전류계의 위치를 단락시키고, 스위치 SW_2만을 닫은 회로에서 노튼 정리에 의한 등가 전류 I_o와 등가 저항 R_{ab}를 계산하고 표 11.2에 기록한다.

(8) 저항 R_L에 흐르는 가지 전류 I_L과 저항 R_L의 단자 전압 V_L을 구하고 표 11.2에 기록한다.

(9) 저항 R_L에서 소비되는 전력을 계산하여 표 11.2에 기록한다.

표 11.2 노튼 등가 회로 실험

	등가 전류 I_o[mA]	등가 저항 R_{ab}[Ω]	부하 전류 I_L[mA]	부하 전압 V_L[V]	소비 전력 P[mW]
이론값					
측정값					

(10) 측정값과 계산값을 비교하여 고찰하고, 표 11.2의 값을 이용하여 그림 11.4 회로의 노튼 등가 회로를 그린다.

5. 고찰 및 평가

(1) 표 11.1의 테브난과 노튼의 등가회로 상호 관계를 적용하여 실험 방법 (10)항에서 구한 노튼의 등가 회로를 테브난 등가 회로로 대치하여 그려라.

(2) 그림 11.5의 회로에서 전원 전압 E는 5 [V], 저항 R_1, R_2는 500 [Ω], R_3는 100 [Ω]이다. 다음에 대하여 답하라.

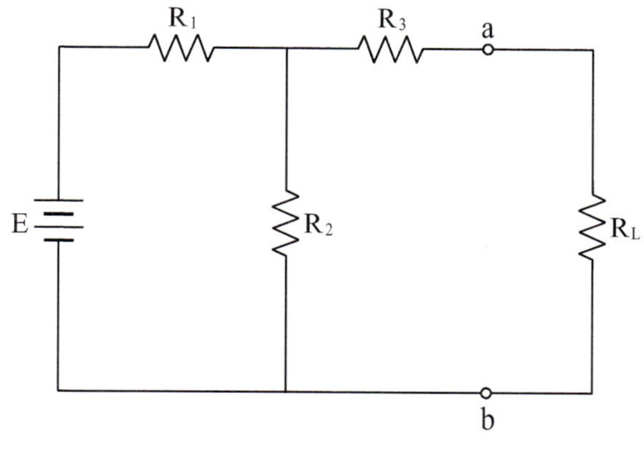

그림 11.5 **회로 해석**

① 두 단자 a, b에서 전원 측에 대한 테브난 등가 회로와 노튼 등가 회로를 그려라.

② 부하 저항 R_L이 50[Ω]일 때, 테브난 정리와 노튼 정리에 의해 부하 전류를 각각 구하라.

$$\begin{cases} \text{테브난 정리에 의한 부하 전류 :} \qquad\qquad\qquad [\text{mA}] \\ \text{노튼 정리에 의한 부하 전류 :} \qquad\qquad\qquad [\text{mA}] \end{cases}$$

③ 부하 저항 R_L이 50[Ω]일 때, 옴의 법칙에 의한 방법에 대해서도 구하라.

실험 12 전력과 최대 전력 전달

1. 목적

1) 직류 전원으로부터 전력을 측정하는 방법에 관하여 익힌다.
2) 부하에 최대 전력을 전달할 수 있는 조건을 실험을 통하여 확인한다.

2. 이론

(1) 직류 전원에 의한 전력 측정

전력은 단위 시간당 소비되는 일로 정의되며, 물리량으로는 일률과 같다. 즉 일률의 단위는 [J/s]이고, 이것을 전력의 단위인 와트[Watt, W]로 표현한다.

부하 저항 R에 소비되는 전력 P는 저항에 걸리는 전압 V와 저항에 흐르는 전류 I 사이에 옴의 법칙을 적용하면 다음의 관계식이 주어진다.

$$P = VI = I^2 R = \frac{V^2}{R} \tag{12.1}$$

여기서 전력 P는 와트[W], 전류 I는 암페어[A], 전압 V는 볼트[V], R은 옴[Ω]의 단위이다.

저항에서 소비되는 전력은 직접 전력계를 이용하면 간단히 측정할 수 있지만, 본 장에서는 전압계, 전류계 및 회로 시험기를 사용하여 식 (12.1)에서와 같이 전압, 전류 및 저항을 측정하여 구하는 방법에 대해 설명한다.

만약 임의의 회로에서 부하 저항에 전압 강하가 10[V]이고, 전류가 0.25[A] 흐른다면 소비 전력 P는 다음과 같이 구할 수 있다.

$$P = VI = 10 \times 0.25 = 2.5[\mathrm{W}]$$

이 회로에서 부하 저항은 옴의 법칙에 의해 40 [Ω]이 된다. 따라서 전압과 전류 중 한 가지만 측정하여 알게 되면 식 (12.1)에 의해 소비 전력을 구할 수 있다.

(2) 최대 전력 전달

그림 12.1과 같이 능동 회로부를 포함한 임의의 회로에서 부하에 최대의 전력을 전달하기 위한 조건에 대해 알아본다.

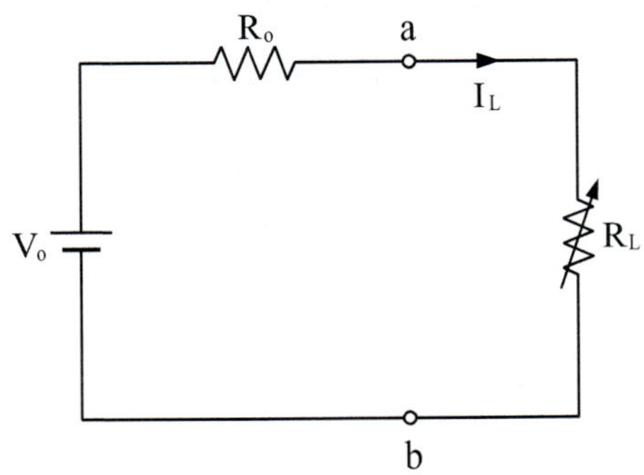

그림 12.1 **최대 전력 전달 회로**

그림 12.1의 회로에서 전원 전압이 V_o, 전원 측의 내부 저항이 R_o일 때, 부하 저항 R_L에 흐르는 전류 I_L은 다음과 같다.

$$I_L = \frac{V_o}{R_o + R_L} \tag{12.2}$$

따라서 부하 저항 R_L에서의 부하 전력 P는 식 (12.1)과 식 (12.2)에 의해

$$P = I_L^{\,2} R_L = \frac{V_o^{\,2} R_L}{(R_o + R_L)^2} \tag{12.3}$$

이 된다. 여기서 부하 저항 R_L을 변화시켜 전력이 최대로 되는 조건은 식 (12.3)의 $R_L/(R_o + R_L)^2$가 최대로 되는 조건을 구하면 된다.

즉, $R_L/(R_o + R_L)^2$은 $R_L = 0,\ \infty$일 때 각각 0이 되므로 극대값을 갖게 되어 이 식을 R_L에

대해 미분하여 그 결과를 0으로 놓으면 구할 수 있다. 따라서 다음과 같은 최대 전력 전달 조건이 얻어진다.

$$\frac{d\left\{\dfrac{R_L}{(R_o+R_L)^2}\right\}}{dR_L}=\frac{R_o-R_L}{(R_o+R_L)^3}=0$$

$$\therefore \quad R_o=R_L \tag{12.4}$$

즉, 부하 저항과 내부 저항이 같을 때, 부하는 전원으로부터 최대 전력을 공급받게 된다. 이 때 부하의 최대 전력 P_{max}는 식 (12.3)으로부터 다음과 같다.

$$P_{max}=\frac{V_o^{\ 2}}{4R_o} \tag{12.5}$$

부하에서 최대 전력을 공급받게 되면 전원부 자체에서 소비되는 전력도 마찬가지가 되어 최대 전력 전송 시의 전송 효율은 50 [%]가 된다.

그림 12.2는 부하 저항 R_L의 변화에 따른 부하 전력 P의 변화를 나타낸다.

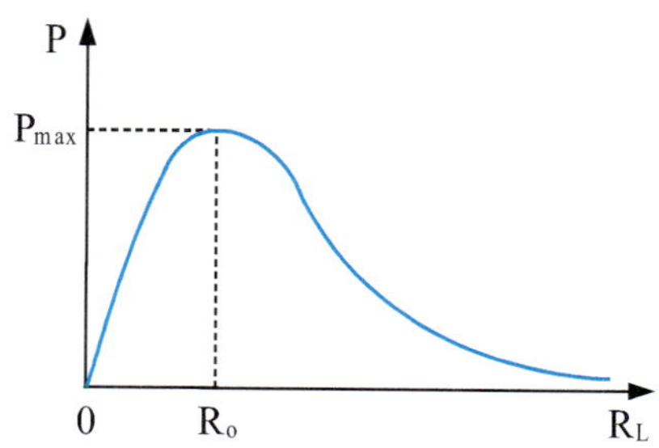

그림 12.2 R_L에 따른 부하 전력의 변화

일반적으로 부하 저항이 연결된 능동 회로망은 등가 전압원과 등가 저항이 직렬로 접속된 테브난 등가 회로로 바꿀 수 있기 때문에 등가 저항과 같은 부하 저항의 값을 조절하면 부하에 최대 전력을 공급할 수 있다.

또한 전원과 부하가 고정되어 있을 때 그 사이에 적당한 회로망을 삽입하여 부하에 최대 전력이 공급될 수 있도록 회로의 내부 임피던스와 외부 임피던스와 일치시키는 것을 임피던스 정합이라 한다. 이것은 저전력을 취급하는 전자 및 통신 회로에 많이 이용된다.

3. 사용기기 및 재료

(1) 직류 전원 공급 장치 ································· 1대
(2) 직류 전압계(10/50[V]) ································· 1대
(3) 직류 전류계(10/50[mA]) ································· 1대
(4) 저항(500[Ω], 1[kΩ] ································· 각 1개
(5) 가변 저항(10[kΩ]) ································· 1개
(6) 회로 시험기 ································· 1대
(7) 만능 기판(bread board) ································· 1개
(8) 리드선 ································· 다수

4. 실험 방법

(직류 전력 실험)

(1) 그림 12.3과 같이 회로를 결선한다. 단, 저항 R은 500[Ω], R_L은 1[kΩ]으로 구성한다.

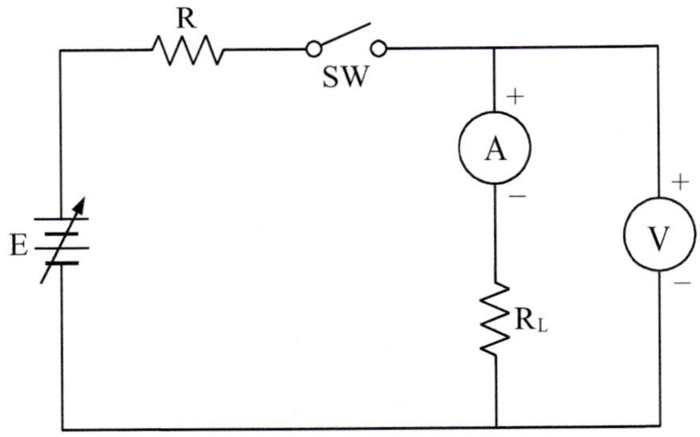

그림 12.3 **직류 전력 실험 회로**

(2) 전원 전압을 9[V]로 하였을 때 부하에 흐르는 전류 I_L과 부하에 걸리는 전압 V_L을 회로 해석에 의해 계산하고, 전력을 구하는 식 (12.1)를 모두 이용하여 부하에서 소비되는 전력 P를 각각 계산하여 표 12.1에 기록한다.

(3) 주어진 저항기의 저항값을 회로 시험기로 측정하여 표 12.1에 기록한다.

(4) 직류 가변 전원 E는 9[V]로 하고 스위치 SW를 닫은 후, 부하 저항 R_L에 걸리는 전압 V_L과 흐르는 전류 I_L을 측정하여 표 12.1에 기록한다.

(5) 전력을 구하는 세 가지의 식 (12.1)를 이용하여 측정값으로부터 부하에서 소비되는 전력 P를 각각 구하여 표 12.1에 기록한다.

표 12.1 직류 회로의 전력 측정 실험

	전원전압 E[V]	저 항		부하 전류 I_L[mA]	부하 전압 V_L[V]	관계식 P	소비 전력 P[mW]
		R[Ω]	R_L[kΩ]				
이론값	9	500	1			$V_L I_L$	
						$I_L^2 R_L$	
						V_L^2/R_L	
측정값						$V_L I_L$	
						$I_L^2 R_L$	
						V_L^2/R_L	

(최대 전력 전달 실험)

(6) 그림 12.4와 같이 회로를 결선한다. 단, 능동 회로부의 저항 R_o는 1[kΩ], 부하의 가변 저항 R_L은 10[kΩ]으로 구성한다.

(7) 가변 부하 저항 R_L을 0으로 하고 직류 가변 전원 V_o는 10[V]로 한 다음 스위치 SW를 닫는다. 이 때 부하 저항 R_L의 양단에 걸리는 전압 V_L을 측정하여 표 12.2에 기록한다. 측정 후 스위치 SW를 열어 놓는다.

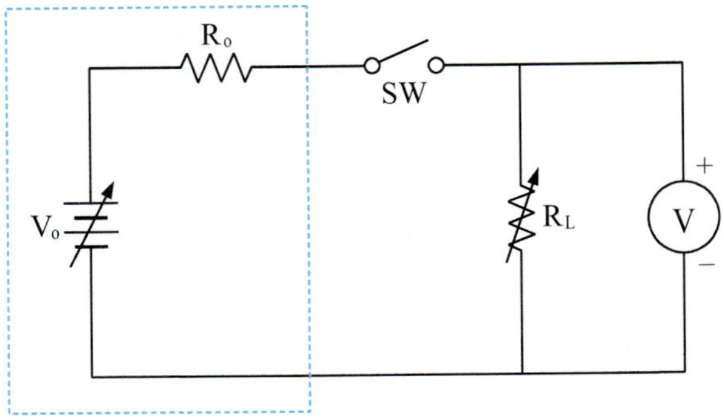

그림 12.4 최대 전력 전달 실험 회로

(8) 가변 부하 저항 R_L을 200 [Ω]으로 맞춘 다음 다시 스위치 SW를 닫고, 부하 저항 양단의 전압 V_L을 측정하여 표 12.2에 기록한다.

(9) 표 12.2의 부하 저항의 값을 가변시켜 맞추면서 실험 방법 (7), (8)항을 반복, 실험한다. 이 때 측정한 부하 양단 전압을 표 12.2에 기록한다.

(10) 실험 결과로부터 부하 저항 R_L에서의 부하 전류 I_L, 부하 전력 P와 회로 전체에서 소비되는 전력 P_t를 구하고, 또한 전송 효율 η도 다음의 계산식에 대입하여 계산한다. 이 계산 값들을 표 12.2에 기록한다.

$$\begin{cases} \text{부하에서의 소비 전력} : P = \dfrac{{V_L}^2}{R_L} \\ \text{전체 회로에서의 소비 전력} : P_t = \dfrac{{V_o}^2}{(R_o + R_L)} \\ \text{전송 효율 [\%]} : \eta = \dfrac{P}{P_t} \times 100 \ [\%] \end{cases}$$

(11) 실험 결과 표 12.2로부터 다음 사항들을 기록한다.

① 부하에 전류가 가장 많이 흐를 때의 저항값을 기록한다.

R_L : [Ω]

② 부하 양단에 전압이 가장 많이 걸리는 저항값을 기록한다.

R_L : [Ω]

③ 최대 전력 전달이 되는 부하 저항값을 기록한다.

R_L : [Ω]

④ 최대 전력 전달이 될 때 전송 효율을 기록한다.

η : [%]

(12) 그림 12.4의 실험 회로에서 최대 전력 전달이 되기 위한 부하 저항값 R_L의 조건과 이 때의 부하 전력 P를 식 (12.5)에 의해 계산하여 기록한다. 또한 측정값과 일치하는지 비교하고 일치하지 않는다면 이유를 설명한다.

이론값 $\begin{cases} R_L\,[\Omega] : \\ P\,[\text{mW}] : \end{cases}$

(13) 표 12.2의 측정 결과를 이용하여 부하 저항 R_L의 변화에 따른 부하 전력 P의 변화를 그림 12.5에 그린다.

그림 12.5 **부하 저항에 따른 부하 전력의 변화**

표 12.2 **최대 전력 전달 측정 실험**($V_0 = 10$ [V], $R_0 = 1000$ [Ω])

부하저항 R_L[Ω]	$(R_o + R_L)$ [kΩ]	부하 전압 V_L[V]	부하 전류 I_L[mA]	부하 전력 P[mW]	회로 전력 P_t[mW]	전송 효율 η[%]
0						
200						
400						
600						
800						
900						
1000						
1100						
1200						
1500						
2000						
4000						
6000						
8000						
10000						

5. 고찰 및 평가

(1) 그림 12.1의 회로에서 최대 전력 전달 조건과 최대 전력의 관계식을 설명하라.

실험 13 오실로스코프와 신호발생기 사용법

1. 목적

1) 계측 및 분석 장치인 오실로스코프의 동작 원리를 이해하여 파형 관측, 전압, 위상, 주파수 등을 측정할 수 있는 능력을 개발한다.
2) 오실로스코프 동작을 위한 필수 장비인 신호 발생기의 동작법을 익힌다.

2. 이론

오실로스코프(Oscilloscope)는 눈으로 볼 수 없는 각종 전기 현상을 파형으로 변환시켜 눈으로 볼 수 있게 해 주는 장비로 '전기의 진동(Oscillation)을 파형(Scope)으로 본다'에서 유래했다.

오실로스코프는 물리 현상을 전압 또는 전류로 바꾸어 브라운관(CRT) 위에 파형으로 나타나게 하여 전압과 시간을 측정하는 계측 장비의 총칭을 말하며, 전기·전자 공학도는 물론 이 분야에 종사하는 사람들에게는 필수적인 장비이다.

(1) 오실로스코프의 기본 구성

1) CRT의 구성

오실로스코프는 여러 가지 전기 현상을 CRT의 형광면에 전자빔을 주사해서 빛나게 하여 눈으로 볼 수 있게 해 주는 것이다. 파형의 기본은 CRT 위에 광점을 만들고 전기적인 변화에 의해 그 교점이 움직이며, 광점이 빠른 속도로 움직이면 눈의 잔상 현상 때문에 움직이는 궤적은 선으로 보이게 되는 것이다.

이와 같이 광점을 만들고 그 광점의 궤적을 파형으로 표시하는 것은 CRT의 작용에 의한 것이다.

그림 13.1과 같이 CRT의 형광면에는 X, Y, Z 축의 좌표로 되어 있다.

X축은 시간을 나타내고, 오실로스코프 내부의 트리거 및 시간축 발생 회로에 의해 입력

신호와 동기를 취해 안정한 파형으로 표시한다. Y축은 전압의 크기를 나타내고 직선적으로 표시된다. 또한 Z축은 휘점을 비추는 강도(intensity)를 나타내는 휘도로 대응시키고 있다. 이와 같이 오실로스코프는 시간, 전압, 휘도의 3가지 요소를 조합하여 CRT 위에 파형을 표시하고 있다.

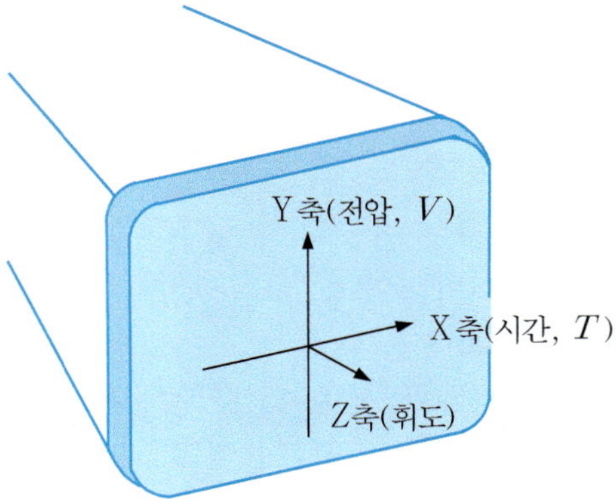

그림 13.1 CRT의 3요소

CRT는 일종의 진공관으로 그림 13.2의 CRT 구성과 같이 기본 구성은 전자총, 포커스부, 편향부, 형광면으로 이루어져 있다.

전자총은 열전자가 방사하는 캐소드가 있고 그 내부에 히터가 있다. 또한 제어 그리드인 전극과 캐소드 사이의 전압을 제어함으로써 휘도를 변화시킬 수 있다.

전자총에서 방사된 열전자는 제 1 애노드와 제 2 애노드에 집중하여 하나의 전자빔을 만들고 스크린 상에 점이 맺히도록 제어된다. 이것이 포커스부의 동작으로 광학 렌즈가 빛을 집중시키는 것과 같은 동작을 하므로 전자 렌즈라고도 한다.

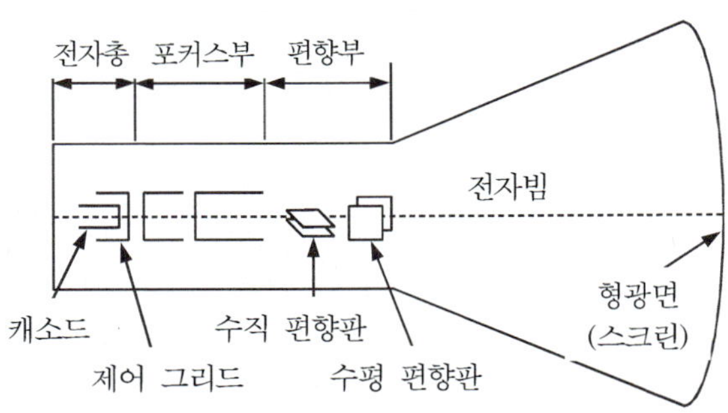

그림 13.2 CRT의 구성

파형의 전기 변화에 따라 전자빔을 움직이는 것을 편향이라 하고, 이 전자빔을 편향하는 방법은 자계를 이용하는 방법(전자 편향)과 전계를 이용하는 방법(정전 편향)의 두 종류가 있다.

TV 수상기는 편향 각도가 큰 전자 편향의 CRT가 사용되지만, 오실로스코프에서는 상당히 빠른 변화로 편향해야 하므로 정전 편향형의 CRT가 주로 사용되고 있다.

편향판은 수평(X축) 방향과 수직(Y축) 방향으로 두 쌍의 편향판이 있고 모두 전자빔을 중심으로 대향하는 두 매의 금속판 구조로 되어 있다. 이 금속판에 전압을 인가하여 전자빔의 변화를 조절하여 스크린에 부딪치게 하는 것이다.

편향 감도는 스크린 위에서 1 [cm] 또는 1눈금의 빔 변화를 얻기 위해 편향판에 인가하는 전압을 의미한다.

형광면은 전자빔을 형광체에 충돌시켜 빛으로 변환시키는 부분이다. 형광체에는 여러 가지 종류가 있으며 용도에 따라 선택하여 사용하고 있다. 오실로스코프는 잔광 시간이 90 [μs] 정도이고, 녹색 및 청록색의 발광색을 많이 사용한다.

2) 오실로스코프의 내부 구성

그림 13.3은 오실로스코프의 내부 구성도를 나타낸 것이고, 오실로스코프를 이해하려면 그 내부의 회로 구성도를 알면 쉬우므로 그 구성에 대해 간단히 설명한다.

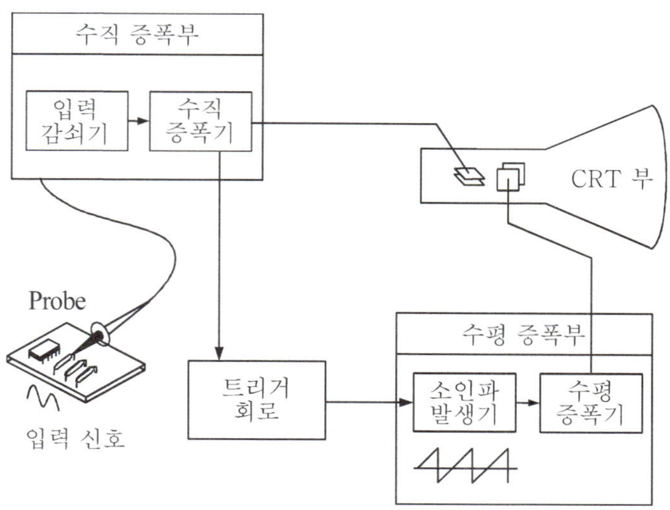

그림 13.3 **오실로스코프의 내부 구성도**

① 수직 증폭기

수직축 입력 단자에 입력된 신호는 보기 쉬운 파형의 크기로 하기 위해 입력 감쇠기를 거친다. 감쇠기를 거친 입력 신호는 최종의 증폭기를 거쳐 편향판에 이르고 CRT의 형광면에 수직축 진폭의 크기로 나타난다.

② 트리거 회로

입력 신호의 임의의 점에서 파형을 정지시켜 표시하기 위한 트리거 회로가 있다.

③ 수평 증폭기

트리거 회로를 거친 트리거 신호는 소인파 발생기(sweep generator)에 입력되어 소인을 위한 톱니파의 속도는 TIME/DIV 로터리 스위치로 전환할 수 있다.

톱니파는 수평 증폭기로 입력되고 CRT의 수평 편향판에 가해져 수평 방향으로 진폭이 변화하게 된다.

④ 교정 신호 발생기

오실로스코프의 수직축 감도의 교정용 신호 발생용으로 교정 신호 발생기 CAL이 있다. 이 회로는 다른 회로와 관계없이 독립적인 회로로 존재한다. CAL 신호는 1[kHz]의 구형파로 출력 전압은 첨두치 0.5[V]이다.

3) 오실로스코프의 단자기능

오실로스코프의 전면에 있는 조정단자들의 형태, 위치, 기능 등은 생산회사에 따라 약간 다르지만, 근본적인 기능은 거의 같다. 그림 13.4는 40[MHz]용 2현상 오실로스코프의 단자 기능에 대해서 설명한다.

① POWER SWITCH ON / OFF

110~220 전원은 연결하는 AC INLET 단자이다.

② POWER LAMP

전원이 ON일 때 점등된다.

③ INTENSITY KNOB

시계 방향으로 돌려서 휘선 및 휘점의 밝기를 조정한다.

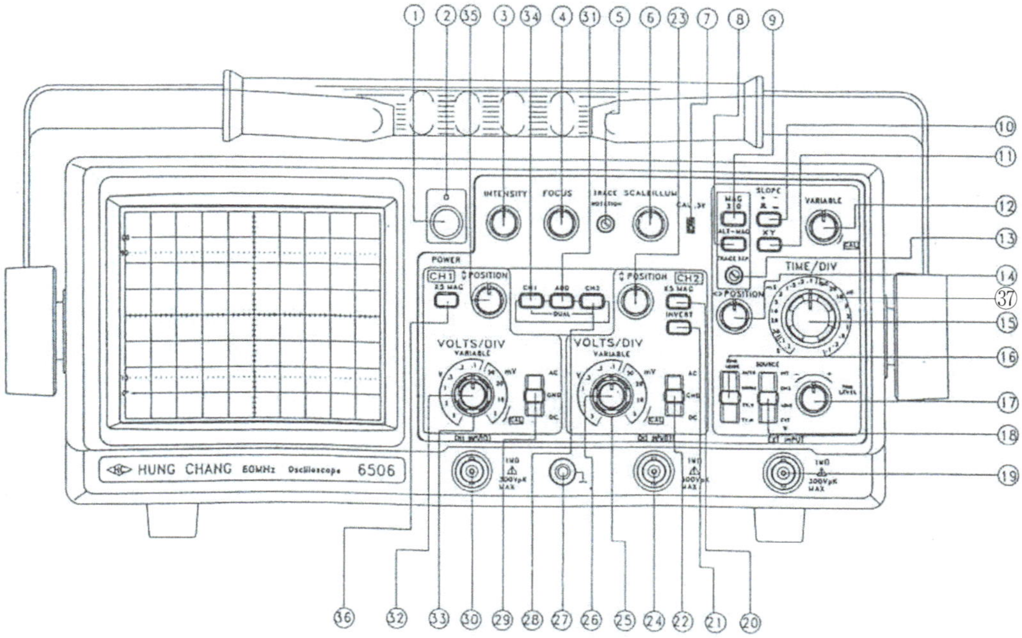

그림 13.4 **오실로스코프 구조**

④ FOCUS KNOB

CRT에 나타나는 파형을 선명하게 조정한다.

⑤ TRACE ROTATION VOLUME

수평 휘선이 지자기의 영향으로 수평눈금이 기울어지는 것을 보정하기 위한 것으로 드라이브로 조정한다.

⑥ SCALE ILLUM KNOB

CRT면의 눈금을 비추어 주어 눈금의 밝기를 조정한다. 시계 방향으로 돌리면 밝아지며 어두운 장소에서 사용할 때나 사진 촬영 시 사용된다.

⑦ CAL 0.5V (교정) 단자

오실로스코프의 전압과 주기를 조정하는 교정용 단자로 구형파의 출력 단자이다. probe의 ⊕를 연결하여 고정한다.

⑧ ALT MAG KNOB

CH1, CH2에 인가된 입력 신호의 SWEEP을 ×1[NORM]과 ×10(MAG) (×5MAG)를 한 번 SWEEP할 때마다 전환해서 관면에 ×1의 파형과 ×10(5)의 파형을 동시에 관측할 수 있는 단자이다.

⑨ PUSH×10MAG (PUSH×5MAG)

수평방향으로 휘선을 확대할 수 있는 단자이다.

⑩ SLOPE KNOB

입력 신호가 정의 펄스인 경우에는 스위치를 (+), 부의 펄스인 경우 (−)로 한다. 손잡이를 +(−)에서 −(+)로 이동하면 형광면의 파형은 반전된다.

⑪ X-Y KNOB

channel I, channel II의 두 신호에 대한 위상차를 리사주 도형으로 보는 단자로 수직위치는 ㉓으로, 수평위치는 ⑭로 조절한다.

⑫ VARIABLE KNOB

소인시간(주기 T의 교정)을 설정하는 단자이다.

시계 방향으로 돌리면 CAL 위치의 교정치가 되고, 반시계 방향으로 돌리면 2.5배 이상 지연된다.

⑬ TRACE.SEP

⑧에 의해 확대된 파형×10(5)를 ×1파형의 약 2div 이상 가변된다.

⑭ POSITION KNOB

휘선을 좌우로 이동시킨다.(CH1, CH2 공통)

⑮ 교정 시 $0.5m^3$를 맞추기 위해 오른쪽 끝까지 돌린다.

㊲ Time/DIV 절환스위치

소인시간을 설정하는 스위치로 SWEEP TIME 0.1 [μs/div] ~ 0.2 [s/div](20단)으로 전환할 수 있다.

⑯ TRIG MODE 절환 SWITCH

AUTO : 자동 동기 SWEEP이 되어 계속적으로 SWEEP한다. 동기 신호가 있을 때는 통상의 SWEEP으로 되고 파형은 정지하게 되지만 무신호 또는 동기가 맞지 않을 경우 자동적으로 휘선이 나타나며, 통상 이 MODE로 설정해 주면 편리하다.

NORM : 동기 SWEEP으로 되어 동기가 걸렸을 때만 SWEEP한다. 무신호 또는 동기가 맞지 않을 경우 휘선은 나타나지 않는다. 저주파 신호(25Hz)로 동기를 맞출 때도 사용한다.

TV-H : TRIG MODE가 TV로 설정할 때만 사용한다.(H 동기)

TV-V : TRIG MODE를 TV로 설정했을 때만 유효하고 TV 신호의 수직신호에 동기를 걸어서 관측할 때 사용한다.

⑰ TRIG LEVEL KNOB

TRIG LEVEL을 설정해서 파형의 어느 부분에서 SWEEP을 시작하느냐를 결정하는 단자이다.

⑱ SOURCE 절환 SWITCH

SWEEP 동기 신호원을 선택합니다.

INT : CH1 또는 CH2에 인가된 입력 신호가 동기신호원이 된다.

CH2 : CH2에 인가된 입력신호가 동기 신호원이 된다.

LINE : 전원주파수가 동기 신호원이 된다.

EXT : TRIG에 인가된 외부 동기신호가 동기신호로 된다.
수직축 신호와는 별개로 특정신호로 동기 시킬 때 사용한다.

⑲ EXT INPUT CONNECTOR

SWEEP의 부동기신호용 입력단자이다.

⑳ ㊱ PUSH S/W ×5 MAG GAIN KNOB를 눌렀을 경우

수직축의 이득이 5배로 확대되고 최대감도는 1mV/DIV로 된다.

㉑ PUSH S/W INVERT KNOB

KNOB을 눌룬 상태에로 CH2에 인가된 입력 신호의 극성이 반전된다. 극성이 다른 2개의 파형을 비교할 때나, ADD을 사용해서 CH1과 CH2의 차 신호 (CH1)-(CH2)의 파형 관측에 편리하다. 통상 관측 시에는 KNOB는 뺀 상태로 해준다.

㉒ ㉙ AC-GND-DC SWITCH

입력신호와 수직축 증폭기의 결합방식을 선택한다.

AC : 콘덴서를 통해 접속된다. 입력신호의 직류성분은 차단되고, 교류성분만이 표시된다.

GND : 수직축증폭기의 입력이 접지된다.

DC : 직접 접속된다. 입력 신호는 직류도 포함하여 그대로 표시된다.

㉓ ㉟POSITION

관면상의 휘선을 상하로 이동할 수 있는 단자이다.

㉔ CH2 INPUT CONNECTOR

CH1과 같지만 X-Y OSCILLOSCOPE로 사용할 때 이 단자로 입력된 신호는 Y축 신호로 된다.

㉔ ㉚

· ㉚은 CH1 INPUT CONNECTOR 단자로 수직입력용 CONNECTOR이다. 이 단자로 입력된 신호는 X-Y OSCILLOSCOPE로 사용할 때 X축 신호가 됨
· ㉔는 CH2 INPUT CONNECTOR 단자로 이 단자로 입력된 신호는 Y축 신호가 된다.

㉕ ㉝ VOLTS/DIV 절환 스위치

수직축 편향 감도를 절환하는 STEP 감쇄기이다. 입력신호의 크기에 따라 관측하기 쉬운 RANGE로 5[mV]~5[V] 사이를 10의 범위로 절환시킨다.

㉖ ㉜ VAR KNOB

소인시간의 미세조절기로서, 입력신호의 크기를 조정하는 단자로 시계 방향으로 돌리면 CAL 위치의 교정값이 되고, 반시계 방향으로 돌리면 2.5배 이상 지연된다.

㉗ GND 단자

접지용 단자이다.

㉘ ㉛ ㉞

MODE 절환 KNOB로 ㉘은 CH2에 가해진 신호만 화면에 나타나고 ㉛은 ADD로서 CH1과 CH2 동시에 동작시킨다. CH1, CH2의 입력신호의 대수합 및 차의 신호를 표시한다. 또한 ㉞는 가해진 신호만 화면에 나타낸다.

4) 프로브의 사용 방법

그림 13.5에 프로브의 각 구성을 나타내었다. 1 : 1, 1 : 10의 절환 스위치가 있고 좌우로 슬라이드하여 사용한다.

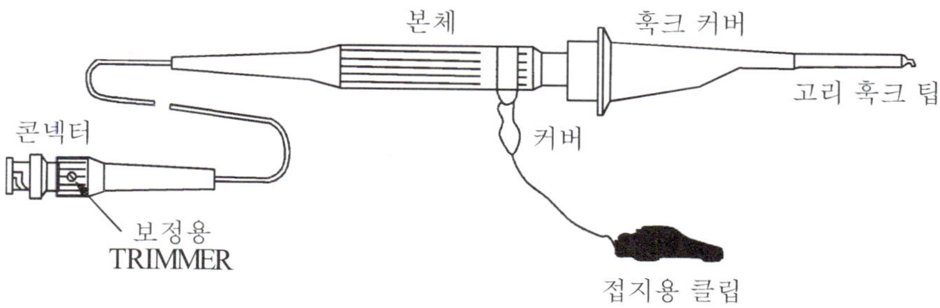

그림 13.5 **프로브의 구성**

1 : 10에서의 주파수 특성 보상용 트리머는 본체 쪽에 있고, 그림 13.5에서와 같이 작은 구멍에서 드라이버로 트리머를 돌려 맞춘다.

트리머를 보정하는 방법은 프로브 선단을 CAL 단자에 접속하고 1[kHz]의 구형파가 그림 13.6(a)와 같이 올바른 모양이 되도록 한다. 그림 13.6(b)는 보정이 부족한 상태의 파형이고, 그림 13.6(c)는 과보정을 나타낸 것이다.

또한 오실로스코프의 접지용은 흑색의 클립을 사용한다.

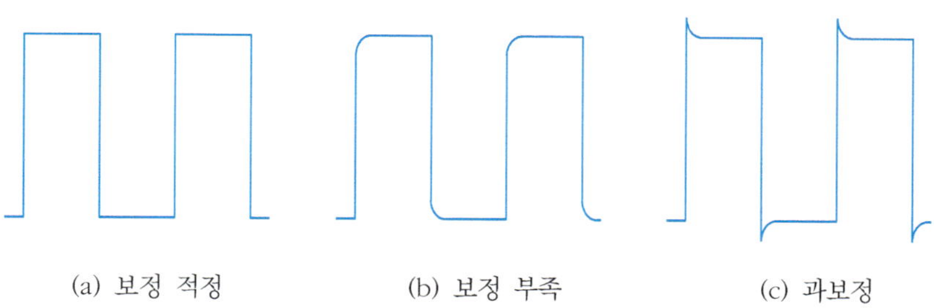

그림 13.6 **구형파에 의한 프로브의 보정**

(2) 오실로스코프에 의한 측정

POWER 스위치를 ON한 후 약 20~30초 지나서 INTENSITY 단자로 원하는 휘도를 조절하고, FOCUS로 휘선을 선명하게 조절한다. 그 다음 CH1의 POSITION 단자를 조정하여 CH1의 휘선을 CRT 화면 눈금의 수평 중앙 눈금에 일치시키면 측정할 수 있는 준비가 된 것이다.

1) 교류 전압 측정

입력 결합 선택기를 AC로 하여 일반적인 소인이 얻어지도록 각 조정기의 손잡이를 설정한 다음 파형이 측정되기 쉽도록 수직 감쇠기(VOLTS/DIV)와 소인 시간 선택기(SWEEP TIME /DIV)의 손잡이를 조정한다.

그 다음에 수직 위치 조정기(POSITION)로 측정하려고 하는 전압 파형의 하단을 수평 눈금선의 하나에 일치시키고 또한 파형이 CRT 상에서 최대가 되도록 수직 입력(VOLTS/DIV)을 조정한다.

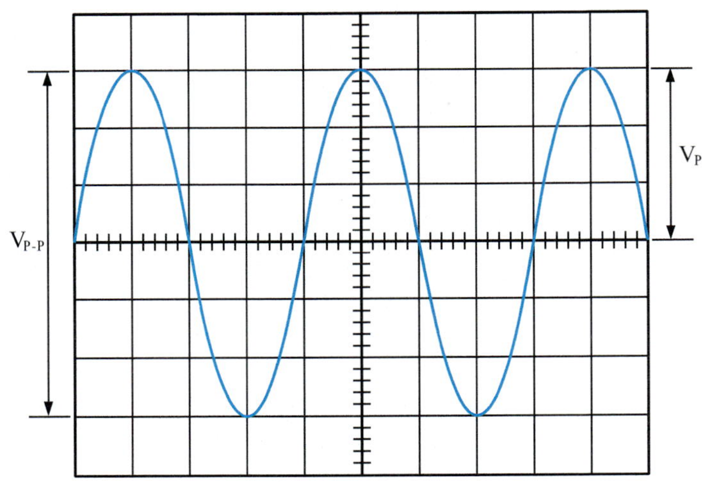

그림 13.7 **교류 전압 파형**

오실로스코프의 전압 측정은 그림 13.7에서와 같이 교류 파형의 최고값과 최저값의 폭, 즉 두 점간의 peak to peak로 나타내고 그 기호는 V_{P-P}로 표시하며 첨두 전압이라 한다.

1배의 프로브를 사용하여 측정하는 경우에 교류 전압의 V_{P-P}값은 다음과 같이 구한다.

$$첨두\ 전압(V_{P-P}) = \text{VOLTS/DIV} \times 파형의\ 높이(\text{DIV}) \times 프로브\ 감쇠비(1)$$

10배의 프로브를 사용하여 측정하는 경우에는 다음과 같이 구한다.

$$첨두\ 전압(V_{P-P}) = \text{VOLTS/DIV} \times 파형의\ 높이(\text{DIV}) \times 프로브\ 감쇠비(10)$$

첨두 전압, 최대 전압, 실효 전압과의 관계는 다음과 같다.

$$최대\ 전압(V_P) = \frac{V_{P-P}}{2}$$

$$실효\ 전압(V_{rms}) = \frac{V_{P-P}}{2\sqrt{2}} = \frac{V_P}{\sqrt{2}}$$

만약 수직 감쇠기(VOLTS/DIV)의 눈금이 0.5 [V/DIV]이고 그림 13.7과 같이 파형의 높이가 6 [DIV]일 때, 1배 프로브를 사용하였을 경우의 파형의 전압 V_{P-P}는

$$V_{P-P} = 0.5\ [\text{V/DIV}] \times 6\ [\text{DIV}] \times 1 = 3\ [\text{V}]$$

가 된다.

2) 직류 전압 측정

입력 신호를 수직 입력단에 접속한 다음 입력 결합 선택기를 GND로 하고 휘선은 임의의 위치에 기준을 맞춘다. 입력 신호의 극성이 (+)이면 CRT 화면상의 아래에서 1 DIV의 위치, 즉 0%로 표시된 곳에 맞추고, (−) 극성이면 100%로 표시된 곳에 1 DIV를 맞춘다. 그리고 나서 입력 결합 선택기를 DC로 전환시키고 측정한다.

이 때 소인은 기준점으로부터 상승 혹은 하강하게 되는데 변화한 높이의 폭이 직류 전압을 나타내며 파형을 갖지 않으므로 일직선으로 보이게 된다.

직류 전압을 오실로스코프 화면상에서 읽는 방법은 다음과 같다.

$$직류\ 전압(V_{dc}) = \text{VOLTS/DIV} \times 기준점에서의\ 높이(\text{DIV}) \times 프로브\ 감쇠비$$

만약 수직 감쇠기(VOLTS/DIV)의 눈금이 2[V/DIV]이고 변화한 높이가 3[DIV]일 때, 직류 전압 V_{dc}는 다음과 같다.

$$V_{dc} = 2\,[\mathrm{V/DIV}] \times 3\,[\mathrm{DIV}] \times 1 = 6\,[\mathrm{V}]\ (1배\ 프로브\ 사용)$$

$$V_{dc} = 2\,[\mathrm{V/DIV}] \times 3\,[\mathrm{DIV}] \times 10 = 60\,[\mathrm{V}]\ (10배\ 프로브\ 사용)$$

3) 주기 및 주파수 측정

오실로스코프는 전압을 시간적 변화에 대하여 표시하는 측정 장비로 시간축은 정확히 교정되어 있으므로 파형의 시간은 높은 정확도로 측정할 수 있다.

소인 시간 선택기(TIME/DIV)의 미세 조정기(VARIABLE)를 CAL 상태로 고정시킨 다음, 입력 신호를 수직 입력 단자에 접속하여 CRT의 화면상에 적절한 파형이 나오도록 수평 위치 조정기를 조절한다.

다음에 시간축의 시간을 정확히 측정하기 위하여 그림 13.8과 같이 CRT 화면상에 가능한 1주기의 파형이 보이도록 소인 시간 선택기를 조절하고, 수평 위치 조정기로 측정 파형의 시작점을 수평 눈금 좌측에서 1DIV에 맞춘다.

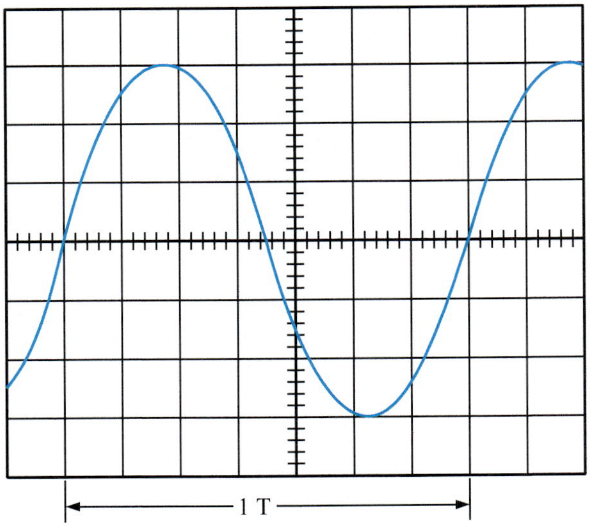

그림 13.8 **주기 및 주파수 측정**

신호 파형의 주기(T)를 구하는 방법은 다음과 같다.

$$주기(T) = \text{TIME/DIV} \times 한\ 주기의\ 수평\ 거리(\text{DIV}) \times 수평\ 확대비의\ 역수$$

그림 13.8에서 정현파의 한 주기의 수평 거리는 7[DIV]이다. 소인 시간(TIME/DIV)은 0.5[ms/DIV]이고 수평 확대비를 1로 하였을 때, 주기(T)의 계산은 다음과 같이 된다.

$$주기(T) = 0.5[\text{ms/DIV}] \times 7[\text{DIV}] \times 1 = 3.5\ [\text{ms}]$$

따라서 주파수는 주기의 역수 관계이므로

$$주파수(f) = \frac{1}{T} = \frac{1}{3.5[\text{ms}]} = \frac{1}{3.5 \times 10^{-3}[\text{s}]} = 285.7[\text{Hz}]$$

가 된다.

4) 두 신호의 시간차 측정

2 현상 이상의 오실로스코프가 있으면 동기 관계가 있는 두 신호의 시간차를 측정할 수 있다.

두 개의 신호를 CH1, CH2에 각각 접속하여 수직축 동작 모드를 DUAL로 하고 ALT나 CHOP 중 하나를 선택한다. 일반적으로 주파수가 높은 신호는 ALT, 낮은 경우에는 CHOP를 사용한다.

시간차를 측정하는 경우에 CRT 화면에 나타나는 파형은 그림 13.9와 같이 신호 진폭의 1/2 정도를 중앙 수평 눈금선에 맞춘다.

그 다음에 수평 위치 조정기로 빠른 신호의 입상 부분의 중앙을 CRT 화면상의 좌측에서 1 DIV에 맞춘다.

두 신호의 시간차는 두 개 신호의 수평 거리를 측정하여 다음 식으로 구한다.

$$시간차(T) = \text{TIME/DIV} \times 수평\ 거리(\text{DIV}) \times 수평\ 확대비의\ 역수$$

그림 13.9에서 수평 거리는 6[DIV]이며, 소인 시간이 50[μs/DIV]이고 수평 확대비가 1이라면 시간차는 다음과 같다.

$$\text{시간차}(T) = 50[\mu s/\text{DIV}] \times 6[\text{DIV}] \times 1 = 300[\mu s]$$

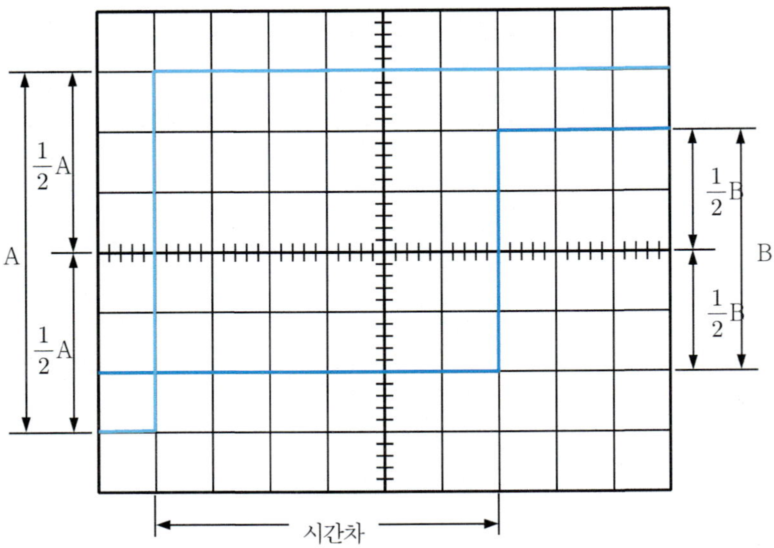

그림 13.9 **두 신호의 시간차 측정**

4) 두 신호의 위상차 측정

주파수가 같은 두 정현파 신호의 위상차는 2 현상 오실로스코프로 간단히 측정할 수 있다. 두 개의 신호를 CH1, CH2에 각각 접속하여 수직축 동작 모드를 DUAL로 하고 ALT나 CHOP 중 하나를 선택한다. 일반적으로 주파수가 높은 신호는 ALT, 낮은 경우에는 CHOP를 사용한다.

다음에 그림 13.10과 같이 위상이 빠른 신호를 기준 신호로 취하여 TRIGGER SOURCE 선택기로 한 주기가 시작하는 점을 좌측에서 1 DIV에 맞추고, 신호 진폭의 1/2되는 부분을 중앙 수평 눈금선에 맞춘다. 또 신호 파형의 한 주기가 8 DIV가 되도록 소인 시간 선택기(TIME/DIV)와 미세 조정기(VARIABLE)를 조정하여 맞춘다.

기준 신호에서 8 DIV인 한 주기는 360°이므로 1 DIV는 45°의 위상이 된다. 따라서 위상차 θ는 다음의 식으로 계산된다.

$$\text{위상차}(\theta) = \text{두 점 사이의 수평 거리}[\text{DIV}] \times 45°[\text{DIV}]$$

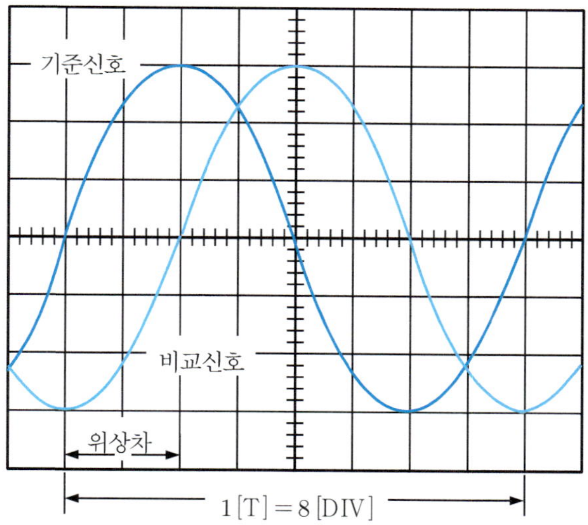

그림 13.10 두 신호의 위상차 측정

(3) 리사주 도형에 의한 측정

1) 리사주 도형에 의한 주파수 측정

리사주 도형(Lissajous' figure)에 의한 방법은 입력 신호가 정현파일 경우에만 가능하고 수평 증폭부의 대역폭에 따라 주파수 2[MHz]까지 측정할 수 있다.

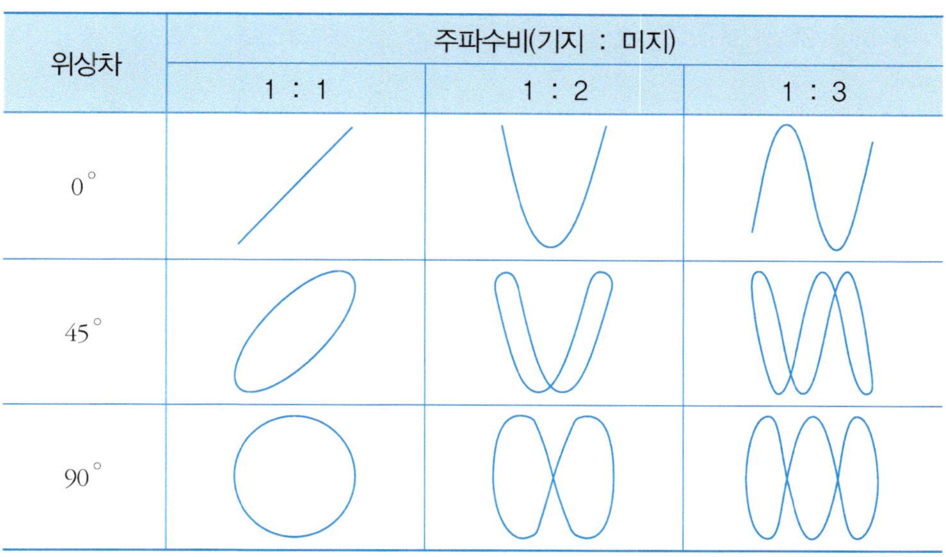

그림 13.11 리사주 도형

오실로스코프의 수직축 입력과 수평축 입력, 즉 X-Y 모드에서 동작하며, 한 쪽에는 미지 주파수의 신호, 다른 한 쪽에는 주파수를 알 수 있는 신호 발생기로부터 출력 신호를 입력시킨다. 신호 발생기의 주파수를 변화시켜 두 신호의 주파수의 비가 정수비가 되도록 하면 그림 13.11과 같이 두 신호 사이의 주파수 및 위상차에 따른 리사주 도형이 얻어진다.

이와 같은 리사주 도형에 의해 두 신호간의 주파수비 및 위상차를 구할 수 있다.

주파수가 다른 두 입력 신호의 주파수는 도형이 수직축에 접하는 교점수와 수평축에 접하는 교점수의 비에 반비례한다. 따라서 미지 신호의 주파수는 다음의 관계식으로부터 구할 수 있다.

$$\frac{\text{미지 주파수 }(f_V)}{\text{기지 주파수 }(f_H)} = \frac{\text{수평입력 주파수}}{\text{수직입력 주파수}} = \frac{\text{수직축과의 교점수}}{\text{수평축과의 교점수}}$$

2) 리사주 도형에 의한 위상차 측정

그림 13.12와 같은 리사주 도형이 오실로스코프에 나타났을 때 위상차를 구하는 방법에 대하여 알아본다.

리사주 도형이 나타내는 두 입력 신호의 위상차는 도형의 경사도에 의해 표시되며, 그림 13.12에서와 같은 도형상의 A, B에 대해 다음의 위상차가 된다.

$$\sin\theta = \frac{B}{A} \qquad \therefore \ \text{위상차}(\theta) = \sin^{-1}\left(\frac{B}{A}\right)$$

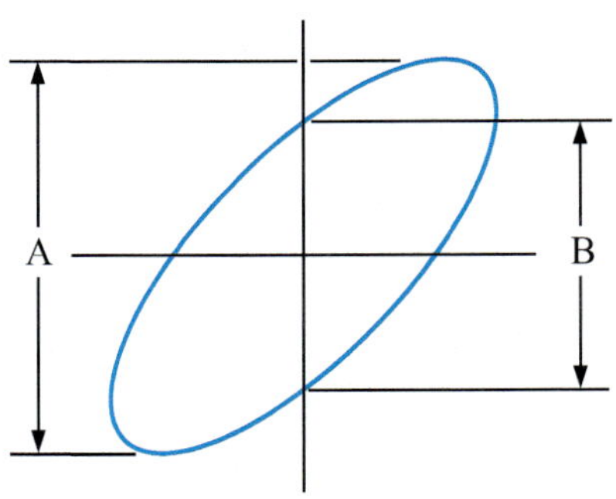

그림 13.12 위상차 측정

(4) 신호 발생기(함수 발생기)

신호 발생기(signal generator)는 선택된 주파수 범위 내에서 교류 전압을 발생하고 여러 가지 형태의 파형을 만들 수 있는 장비이다.

신호 발생기는 낮은 출력 전압을 발생하는데 이것은 전원을 공급받아 사용하려는 데 목적이 있는 것이 아니라 실험 및 측정을 하기 위한 신호를 발생시키는 데 주목적이 있기 때문이다. 신호 발생기에서 발생하는 파형은 사인파, 구형파, 톱니파 등이 있다.

신호 발생기는 일반적으로 발생 주파수의 범위에 따라 구분되며, 신호 발생기의 일반적인 기능은 다음과 같다.

① 신호 발생기는 출력 설정을 위하여 외부에 전압계 및 오실로스코프와 연결하여 사용하여야 한다.

② 가청 주파수 신호 발생기(audio frequency generator)는 수 [Hz]에서 20[kHz]의 가청 주파수 범위 내에서 약 20[V] 정도까지의 출력 전압을 발생시키지만, 상용 가청 주파수 신호 발생기는 500[kHz]에서 1[MHz]의 주파수 범위도 있다.

③ 가청 주파수 신호 발생기의 출력 신호는 대표적으로 사인파이지만, 상용 가청 주파수 신호 발생기는 구형파도 발생시킨다.

④ 함수 발생기는 주로 무선 회로를 시험하거나 고장 진단을 위하여 사용된다.

⑤ 함수 발생기 또는 파형 발생기는 사인파, 구형파, 톱니파 등의 여러 종류의 파형으로 가변 주파수의 신호를 발생시킨다.

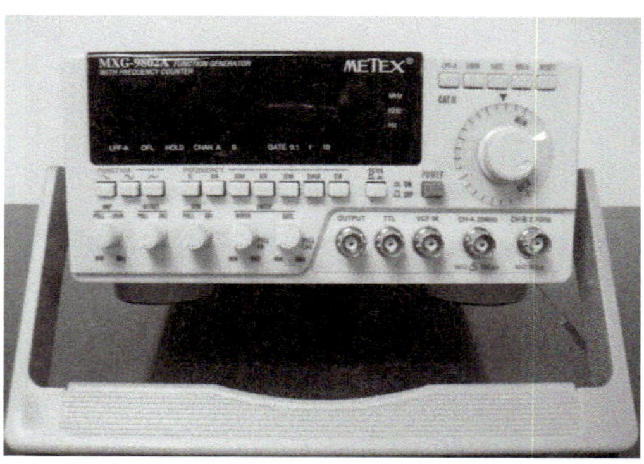

그림 13.13 **함수 발생기**

3. 사용기기 및 재료

(1) 함수 발생기(신호 발생기) ··· 1대
(2) 직류 전원 공급 장치 ··· 1대
(3) 오실로스코프 ··· 1대
(4) 회로 시험기 ··· 1대
(5) 저항(100 [Ω]) ··· 1개
(6) 가변 저항(1 [kΩ]) ··· 1개
(7) 만능 기판(bread board) ··· 1개
(8) 리드선 ··· 다수

4. 실험 방법

(교류 전압 측정 실험)

(1) 오실로스코프의 전원 스위치를 넣고 잠시 기다리면 CRT 화면상에 광점이 나타난다. 초기 동작을 위한 작업을 한다.

(2) INTENSITY와 FOCUS를 조절하여 휘선의 밝기와 선명도를 알맞게 조정한다.

(3) 그림 13.14와 같이 결선하고 전압계의 지시가 10 [V]가 되도록 전원 전압을 맞춘다.

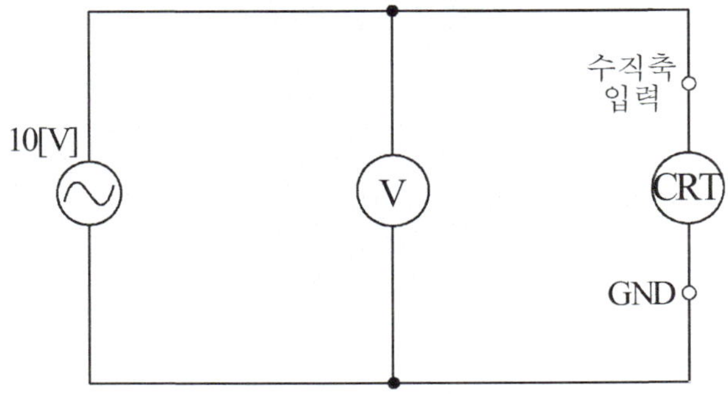

그림 13.14 **교류 전압 측정 회로**

(4) 그림 13.15와 같이 오실로스코프에 파형이 나타나도록 조정한다.

(5) 오실로스코프에 나타난 파형으로부터 첨두 전압 V_{P-P}를 읽는다.

첨두 전압(V_{P-P}) : [V]

(6) 회로 시험기로 전원 전압을 측정하여 기록한다.

회로 시험기 측정값 : [V]

(7) 실험 방법 (5)와 (6)항에서 오실로스코프와 회로 시험기로 측정한 값의 차이의 이유에 대하여 말하고, 이들 값의 관계를 설명한다.

(8) 교류 전압 조정기로 오실로스코프의 파형이 표 13.1과 같이 되도록 첨두 전압을 조정하여 맞추고, 그 때 회로 시험기로 전원 전압을 측정하여 표 13.1에 기록한다. 또 첨두 전압 V_{P-P}로부터 실효 전압을 계산하여 기록한다.

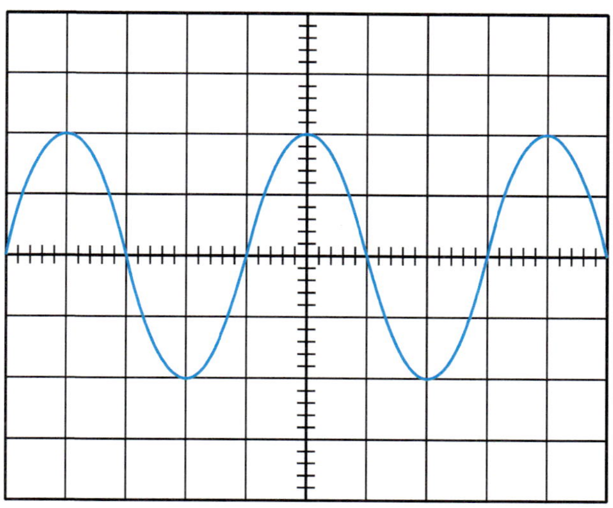

그림 13.15 **교류 전압 파형**

(직류 전압 측정 실험)

(9) 그림 13.16과 같이 직류 전원 공급 장치, 직류 전압계 및 오실로스코프를 연결한다.

(10) 오실로스코프를 실험 방법 (1)과 (2)항과 같이 한 다음 입력 결합 선택기를 DC로 전환시킨다.

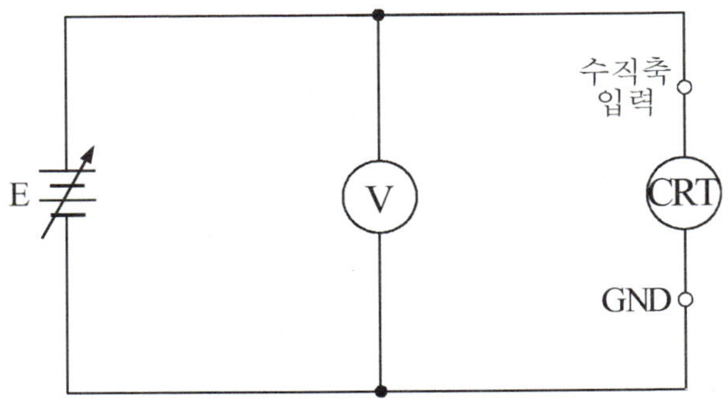

그림 13.16 **직류 전압 측정 회로**

(11) 직류 전원 공급 장치로 오실로스코프의 CRT 화면상에 전압 2, 4, 6, 8, 10[V]가 나타나도록 조정하고, 각각의 전압에 대하여 전압계 또는 회로 시험기로 측정한 값과 비교하고 설명한다.

표 13.1 **교류 전압 측정**

오실로스코프 V_{P-P}[V]	V_{rms}[V]	
	회로 시험기 측정값	계산값
5		
10		
15		
20		
25		
30		

(신호 발생기의 사용법 실험)

(13) 주파수 발생기를 이용하여 주파수 500 [Hz]에서 정현파가 발생되도록 한 다음 진폭의 크기를 20, 40, 60, 80% 정도가 되도록 변화시키면서 CRT 화면상에 나타난 파형으로부터 각각의 첨두 전압 V_{P-P}를 측정한다. 또한 화면상에서 측정한 값에서 실효 전압을 계산하여 표 13.2에 기록한다.

(14) 실험 방법 (13)항에서 주파수 발생기의 출력 전압을 각각 전압계 또는 회로 시험기로 측정하여 표 13.2에 기록한다.

표 13.2 주파수 발생기에 의한 전압 측정

크기(%) (화면 대비)	측정 전압과 계산 전압 [V]		
	측정값 V_{P-P}	계산값 (V_{rms})	회로 시험기 측정값
20			
40			
60			
80			

(15) 오실로스코프와 회로 시험기로 측정한 값의 차이에 관하여 설명한다.

(16) 주파수 발생기를 이용하여 그림 13.17과 같이 주파수 측정을 위한 회로를 결선한다. 단, 저항은 $R = 100\,[\Omega]$, 가변 저항은 $VR = 1\,[\mathrm{k\Omega}]$으로 한다.

(17) 주파수 발생기로부터 주파수 500 [Hz], 출력 전압 6 [V]가 되도록 하고 가변 저항을 표 13.3과 같이 변화시킬 때 가변 저항 양단 a, b에서 각각 오실로스코프와 회로 시험기로 측정하여 기록한다.

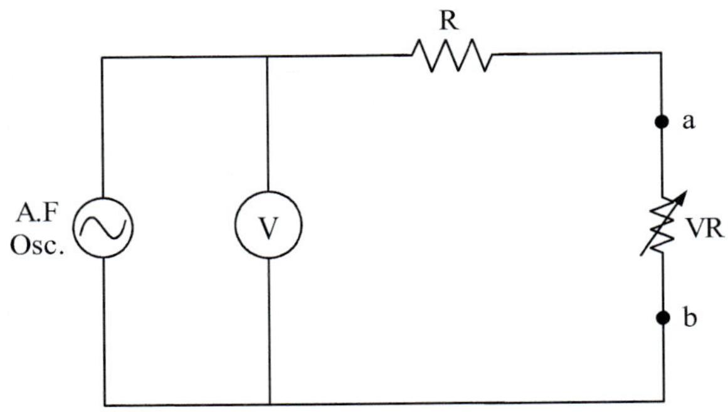

그림 13.17 주파수 발생기에 의한 전압 측정 회로

표 13.3 저항 변화에 따른 전압 측정

가변 저항 $VR[\Omega]$	측정 및 계산 전압[V]		
	V_{P-P}	계산값 (V_{rms})	회로 시험기 측정값
50			
100			
150			
200			

(주파수 측정 실험)

(18) 그림 13.18과 같이 결선하고 저항 양단의 a, b에 오실로스코프를 접속한다. 단, 저항은 $R = 100\,[\Omega]$으로 한다.

(19) 오실로스코프의 수직 감쇠기(VOLTS/DIV)를 0.5 [V/DIV]으로 조정하고, 주파수 발생기로부터 전압과 주파수를 임의로 변화시켜 고정시킨 다음, CRT 화면상에서 출력된 파형을 동기시킨다.

(20) 소인 시간 선택기(SWEEP TIME/DIV)를 이용하여 한 주기의 파형만 출력되도록 한다.

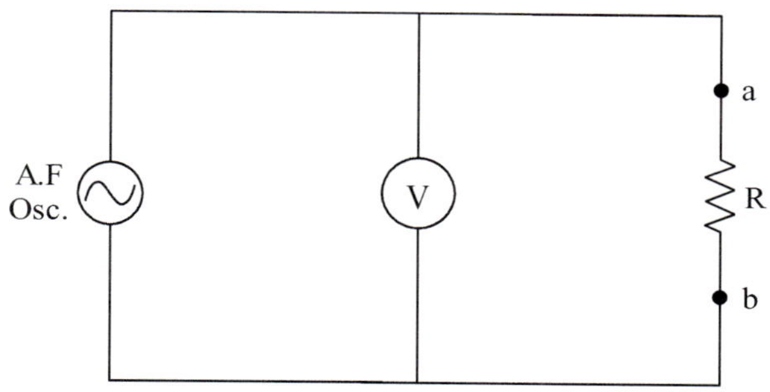

그림 13.18 **주파수 측정 실험 회로**

(21) CRT 화면상의 파형으로부터 임의로 선정한 출력 전압을 표 13.4에 기록한다. 또한 이 파형에서 주기를 구하고, 주기로부터 주파수를 계산하여 표 13.4에 기록한다.

(22) 주파수 발생기의 전압과 주파수를 다시 임의로 변화시켜 실험 방법 (19)~(21)항을 반복하여 표 13.4에 기록한다.

표 13.4 **주파수 측정 실험**

실험 횟수	적용 전압 V_{P-P}[V]	주 기 T[sec]	주파수 f [Hz]
1 회			
2 회			
3 회			
4 회			

5. 고찰 및 평가

(1) 정현파 신호에서 첨두 전압 V_{P-P}, 최대 전압 V_P 및 실효 전압 V_{rms}의 관계를 설명하고, 전압계 또는 회로 시험기로 측정한 값은 세 가지 전압 중에서 무엇과 같은지 설명하라.

(2) 오실로스코프의 CRT 화면상에서 정현파인 출력 신호의 진폭, 즉 파형의 높이는 4[DIV]이고, 한 주기의 수평 거리는 8[DIV]이다. 수직 감쇠기는 2[V/DIV]이고, 소인 시간 선택기는 5[ms/DIV]일 때, 다음을 각각 구하라.

구 분	첨두 전압 V_{P-P}	최대 전압 V_P	실효 전압 V_{rms}	주기 T	주파수 f
고 찰 (2)					

(3) 전압의 순시값이 각각 $v = 100\sqrt{2}\sin 120\pi t$와 $v = 5\sin 3140t$일 때, 다음에 대하여 각각 구하라.

구 분	첨두 전압 V_{P-P}	최대 전압 V_P	실효 전압 V_{rms}	주기 T	주파수 f
고 찰 (3)					

실험 14 R-C 교류 회로

1. 목적

1) 선형 소자인 R과 C의 회로에 교류 전압이 인가되었을 때 소자 양단의 단자 전압과 저항 성분인 리액턴스에 대해 알아본다.
2) $R-C$ 직렬 교류 회로의 임피던스 및 위상 관계를 실험을 통하여 확인한다.

2. 이론

그림 14.1과 같은 파형을 가진 교류 전압 v는 다음과 같이 표시한다.

$$v = V_m \sin\omega t \tag{14.1}$$

v는 임의의 시간에 대한 전압을 나타내므로 전압의 순시값이라 하고, V_m은 최대값이라 한다. 정현파에서 일정한 시간 T가 경과하면 앞의 값이 다시 나타나므로 T를 주기라고 하며 다음의 관계가 성립한다.

$$\omega = \frac{2\pi}{T} \tag{14.2}$$

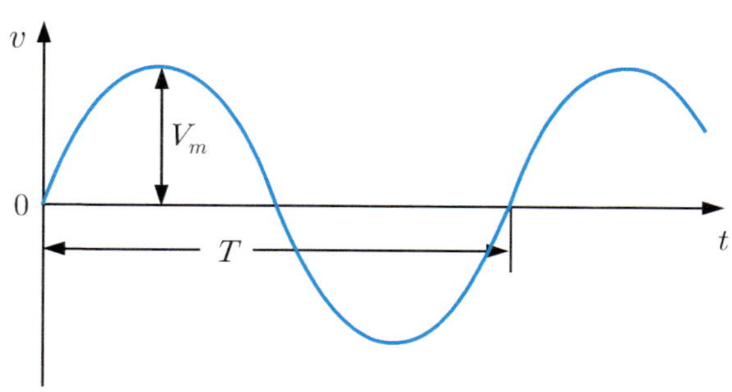

그림 14.1 교류 파형(전압)

여기서 ω를 각속도라고 한다. 또 단위 시간에 동일한 파형이 반복되는 횟수를 주파수 $f(=1/T)$라고 한다. 그리고 각속도 ω와 주파수 f 사이에는

$$\omega = 2\pi f \tag{14.3}$$

의 관계가 있다.

순시 교류 전압을 인가하여 저항에서 소비하는 전력과 직류를 인가하여 소비하는 전력이 같도록 환산한 값을 실효값이라 하는데, 정현파 교류 전압, 전류의 크기는 최대값 외에 일반적으로 실효값을 많이 사용한다.

교류 전압의 실효값을 V라고 하면 최대값과의 관계는 $V_m = \sqrt{2}\,V$가 된다. 따라서 식 (14.1)의 교류 순시 전압 v을 실효값 V로 표현하면 다음과 같이 된다.

$$v = \sqrt{2}\,V\sin\omega t \tag{14.4}$$

교류 전압계 및 전류계 등 대부분 교류용 계측기는 순시값의 제곱에 비례하는 토크(torque)를 지시하도록 되어 있기 때문에 그 눈금은 실효값을 나타낸다.

(1) 저항과 커패시턴스 회로

1) 저항 회로

그림 14.2와 같이 저항만을 가진 회로에 $v = V_m \sin\omega t$의 교류 전압이 인가되었다면 저항에 흐르는 전류는 옴의 법칙에 의해

$$i = \frac{v}{R} = \frac{V_m}{R}\sin\omega t = I_m \sin\omega t \tag{14.5}$$

가 된다. 즉, 전압과 전류의 최대값은

$$\frac{V_m}{R} = I_m \qquad \therefore \quad V_m = RI_m \tag{14.6}$$

의 관계가 있으며, 실효값은 $V_m = \sqrt{2}\,V$, $I_m = \sqrt{2}\,I$의 관계로부터

$$V = RI \quad \text{또는} \quad I = \frac{V}{R} \tag{14.7}$$

가 성립한다.

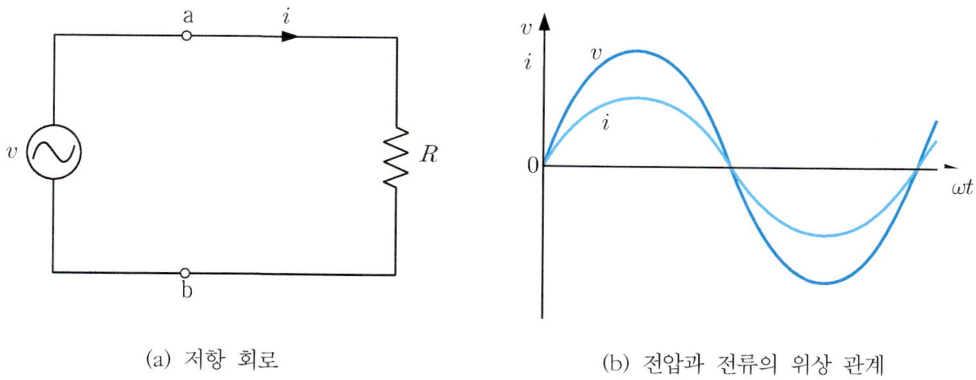

그림 14.2 저항 회로

저항만의 교류 회로의 특징을 요약하면 다음과 같다.

① 전압과 전류는 동일 주파수의 정현파이다.

② 전압과 전류는 동상이다.

③ 전압과 전류의 최대값 또는 실효값의 비는 저항 R이다.

2) 커패시터 회로

인덕터나 커패시터에도 교류를 흘리면 저항기와 마찬가지로 전류의 흐름을 방해하는 저항 성분이 있다. 이 교류 저항 성분을 리액턴스 X라 한다.

이를 인덕터에서는 유도성 리액턴스 X_L, 커패시터에서는 용량성 리액턴스 X_C라 하고, 단위는 저항과 마찬가지로 옴[Ω]을 사용한다. 각각의 리액턴스 X_L과 X_C는 다음과 같다.

$$\begin{cases} \text{유도성 리액턴스} : X_L = \omega L = 2\pi f L\,[\Omega] \\ \text{용량성 리액턴스} : X_C = \dfrac{1}{\omega C} = \dfrac{1}{2\pi f C}\,[\Omega] \end{cases} \tag{14.8}$$

그림 14.3과 같이 커패시터만을 가진 회로에 $v = V_m \sin\omega t$의 교류 전압이 인가되었다면, 커패시턴스 C에 흐르는 전류의 순시값 i와 전류의 실효값 I는

$$i = C\frac{dv}{dt} = \omega C V_m \cos\omega t = \frac{V_m}{X_C}\sin\left(\omega t + \frac{\pi}{2}\right) \tag{14.9}$$

$$I = \frac{V}{X_C} = \omega C V \tag{14.10}$$

가 되고, 위상은 전류가 전압보다 90°만큼 앞선다.

식 (14.8)과 식 (14.10)에서 커패시터의 교류 저항 성분인 용량성 리액턴스 X_C는 C와 f에 반비례하기 때문에 일정 전압 하에서 C와 f가 클수록 X_C는 작게 되어 전류는 증가한다. 따라서 커패시터에서 전류는 주파수가 낮을수록 흐르기 어렵고, 직류는 주파수가 0인 교류로 볼 수 있으므로 통과할 수 없음을 알 수 있다.

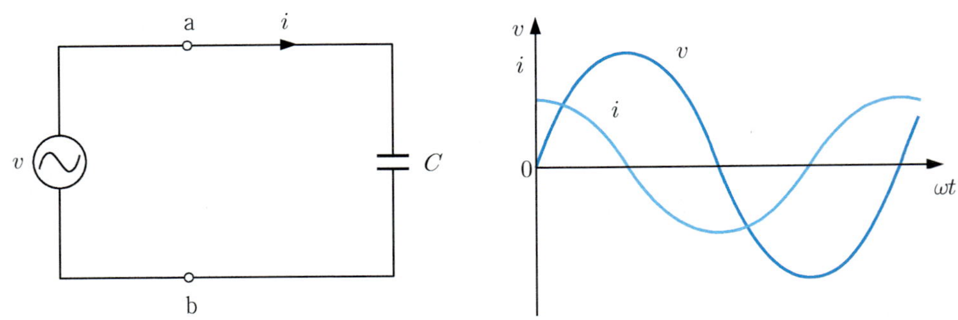

(a) 커패시터 회로 (b) 전압과 전류의 위상 관계

그림 14.3 **커패시터 회로**

커패시터만의 교류 회로의 특징을 요약하면 다음과 같다.

① 전압과 전류는 동일 주파수의 정현파이다.
② 전류는 전압보다 위상이 90°만큼 앞선다.(진상 전류)
③ 전압과 전류의 최대값 또는 실효값의 비는 용량성 리액턴스 X_C이다.

(2) $\boldsymbol{R-C}$ 직렬 교류 회로

그림 14.4와 같이 $R-C$ 직렬 회로에 $v=V_m \sin\omega t$의 교류 전압이 인가되었다면 이 회로에 흐르는 전류의 순시값은

$$i=\frac{V_m}{\sqrt{R^2+X_C{}^2}}\sin(\omega t+\theta)=I_m\sin(\omega t+\theta) \tag{14.11}$$

가 된다. 단, 위상차 θ는 다음과 같다.

$$\theta = \tan^{-1}\left(\frac{X_C}{R}\right) \tag{14.12}$$

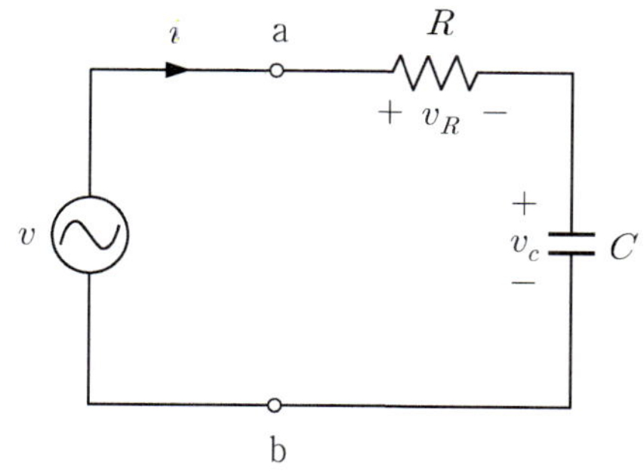

(a) $R-C$ 회로

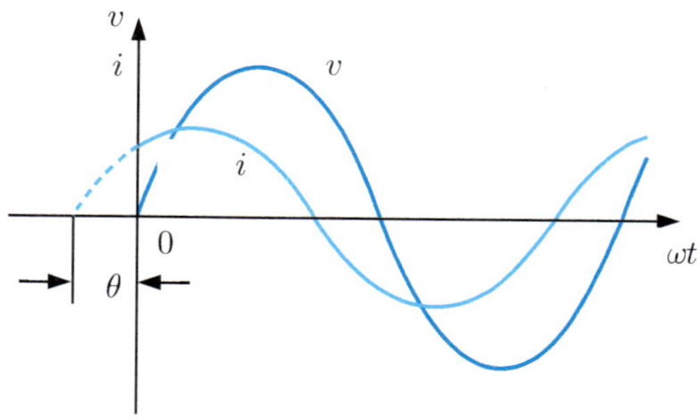

(b) 전압과 전류의 위상 관계

그림 14.4 $R-C$ **직렬 교류 회로**

식 (14.11)에서 전류의 최대값 I_m과 실효값 I는

$$I_m = \frac{V_m}{\sqrt{R^2 + X_C^{\,2}}}, \qquad I = \frac{V}{\sqrt{R^2 + X_C^{\,2}}} \tag{14.13}$$

의 관계가 성립한다. 여기서 $\sqrt{R^2 + X_C^{\,2}}$ 은 그림 14.5와 같이 순저항 R과 교류 저항 X가 합성되어 이루어진 합성 저항이며 이것을 임피던스 Z라 한다. 즉,

$$Z = \sqrt{R^2 + X_C^{\,2}} \tag{14.14}$$

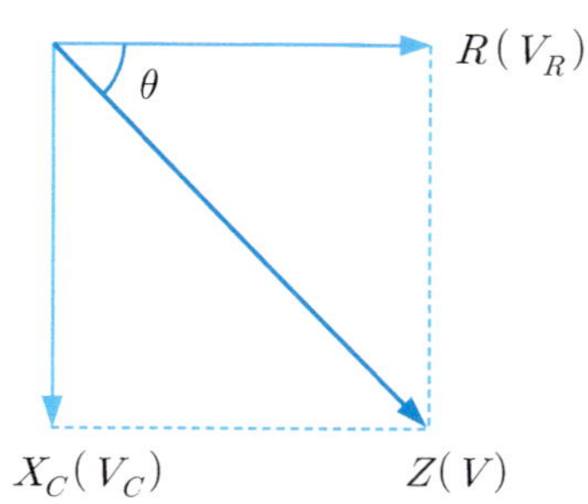

그림 14.5 $R-C$ **회로**(Z)

이고, 식 (14.13)의 실효값 전류 I와 전압 V의 관계는

$$I = \frac{V}{Z}, \quad V = ZI \tag{14.15}$$

가 성립한다. 따라서 저항 R에 걸리는 전압 V_R과 용량성 리액턴스 X_C에 걸리는 전압 V_C, 또 전원 전압 V와의 관계는 다음과 같다.

$$V_R = RI, \quad V_C = X_C I \tag{14.16}$$

$$\therefore \quad V = \sqrt{V_R^{\,2} + V_C^{\,2}}$$

$R - C$ 교류 회로의 특징을 요약하면 다음과 같다.

① 전압과 전류는 동일 주파수의 정현파이다.
② 저항 R에 걸리는 전압 V_R은 회로 전류와 동상이다.
③ 커패시터에 걸리는 전압 V_C는 전류보다 위상이 90°만큼 뒤진다.
④ 공급 전압 V는 V_R과 V_C의 벡터합으로 나타내며 $\sqrt{V_R^{\,2} + V_C^{\,2}}$ 이다.
⑤ 전압 V와 전류 I의 위상차 θ는 다음과 같다.

$$\theta = \tan^{-1}\left(\frac{X_C}{R}\right) = \tan^{-1}\left(\frac{V_C}{V_R}\right)$$

각 R, L, C의 선형 소자로 구성된 회로에서 전압, 전류의 순시치 및 위상차 관계를 요약한 표 16.1를 참고하기 바란다.

예제

정전 용량 50 [μF]인 콘덴서가 있다. 이 콘덴서에 $v = 100\sqrt{2}\,\sin 377t$[V]의 교류 전압을 인가했을 때 회로의 리액턴스, 전류의 실효값과 순시값을 나타내라.

풀이

회로의 리액턴스와 실효값 전류는 각각 다음과 같다.

$$X_C = \frac{1}{\omega C} = \frac{1}{377 \times 50 \times 10^{-6}} = 53\ [\Omega]$$

$$I = \frac{V}{X_C} = \frac{100}{53} = 1.89\,[\mathrm{A}]$$

커패시터만의 회로이므로 용량성이 되어 전류가 전압보다 위상이 90°만큼 앞서게 되므로 전류의 순시값 i는 다음과 같이 된다.

$$i = 1.89\sqrt{2}\sin\left(377t + \frac{\pi}{2}\right)[\mathrm{A}]$$

예제

$R = 8\,[\Omega]$, $C = 320\,[\mu\mathrm{F}]$의 직렬 회로에 $v = 200\sqrt{2}\sin 120\pi t\,[\mathrm{V}]$의 전압을 인가하였다.

(1) 회로 전류를 순시값으로 표현하라.

(2) R과 C의 단자 전압인 V_R, V_C를 구하고 이들과 전체 전압의 크기 V 사이에 $V = V_R + V_C$의 관계가 성립하는지 확인하라.

풀이

(1) 회로의 리액턴스는

$$X_C = \frac{1}{\omega C} = \frac{1}{120\pi \times 320 \times 10^{-6}} = 8.3\,[\Omega]$$

이다. 따라서 임피던스 Z와 위상차 θ는 다음과 같이 된다.

$$Z = \sqrt{R^2 + {X_C}^2} = \sqrt{8^2 + 8.3^2} = 11.5\,[\Omega]$$

$$\theta = \tan^{-1}\frac{X_C}{R} = \tan^{-1}\frac{8.3}{8} = 46.1°$$

또한 회로 전류의 실효값은 다음과 같이 구할 수 있다.

$$I = \frac{V}{Z} = \frac{200}{11.5} = 17.4\,[\mathrm{A}]$$

이들의 구한 값으로부터 순시값 전류는 $R-C$ 직렬 회로의 용량성이 되어 전류가 전압보다 위상이 θ만큼 앞서게 되므로 전류의 순시값 i는 다음과 같이 나타낸다.

$$\therefore\ i = 17.4\sqrt{2}\sin(120\pi t + 46.1°)\,[\mathrm{A}]$$

(2) 각 소자에 걸리는 단자 전압은

$$V_R = RI = 8 \times 17.4 = 139\,[\mathrm{V}]$$

$$V_C = X_C I = 8.3 \times 17.4 = 144\,[\mathrm{V}]$$

가 되어 $V = V_R + V_C$의 대수합은 성립하지 않는다. 따라서 전체 전압과 단자 전압과의 관계는 식 (14.16)과 같이 된다.

3. 사용기기 및 재료

(1) 함수 발생기(신호 발생기) 또는 교류 전압 조정기 ······ 1대
(2) 교류 전압계(10/50[V]) ······ 1대
(3) 교류 전류계(10/50[mA]) 또는 디지털 멀티미터 ······ 1대
(4) 저항(300[Ω]) ······ 1개
(5) 콘덴서(0.47[㎌]) ······ 1개
(6) 회로 시험기 ······ 1대
(7) 만능 기판 ······ 1개
(8) 리드선 ······ 다수

4. 실험 방법

(커패시터 교류 회로)

(1) 그림 14.6의 커패시터 회로를 결선한다. 단, 정전 용량 C는 0.47[㎌]이고, 전원은 함수 발생기(Function Generator)를 사용하여 정현파 교류 전압과 주파수를 8[V], 500[Hz]로 한다.(교류 전압은 교류 전압계 대신에 회로 시험기로 측정해도 된다.)

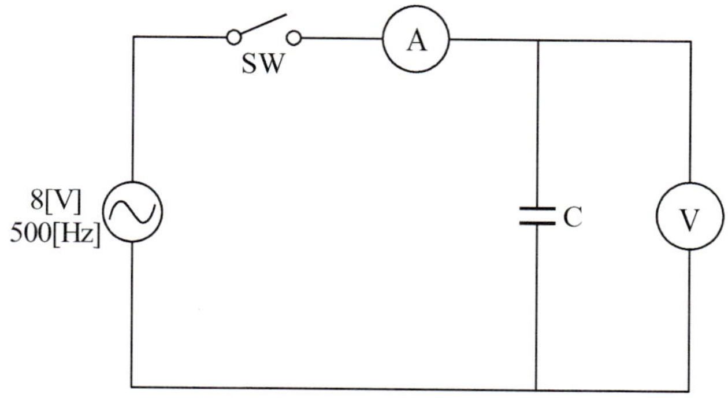

그림 14.6 **커패시터 교류 회로 실험**

(2) 스위치 SW를 닫고 회로에 흐르는 전류를 측정하여 표 14.1에 기록한다.

(3) 인가전압의 주파수를 500[Hz]부터 500[Hz] 간격으로 2000[Hz]까지 변화시키면서 회로에 흐르는 전류를 측정하여 표 14.1에 기록한다.

(4) 표 14.1의 측정값으로부터 커패시터의 회로에서 주파수 변화에 따라 전류의 변화를 설명한다.

(5) 그림 14.6의 커패시터 회로에서 용량성 리액턴스를 계산하여 구하고, 각각 주파수에 따른 회로의 전류를 구하여 표 14.1에 기록한다.

(6) 실험 회로에서 전원 전압이 8[V], 주파수가 500[Hz]와 1000[Hz]일 때, 전원 전압과 전류의 위상차 및 전압, 전류의 순시값을 구하여 각각 표 14.1에 기록한다.

표 14.1 커패시터 교류 회로 실험

전원 전압	주파수 [Hz]	X_C [Ω]	I [mA] 이론값	I [mA] 측정값	전압, 전류 위상차와 순시값
8 [V]	500				500 [Hz] $\theta =$ $v =$ $i =$
	1000				
	1500				1000 [Hz] $\theta =$ $v =$ $i =$
	2000				

($R - C$ 직렬 교류 회로)

(7) 그림 14.7과 같이 $R - C$ 직렬 교류 회로를 결선한다. 단, 저항 R은 300 [Ω], 정전 용량 C는 0.47 [㎌] 이다.

(8) 전원은 함수 발생기(Function Generator)를 사용하여 정현파 교류 전압과 주파수를 8 [V], 500 [Hz]로 조정한다.

(9) 스위치 SW를 닫고 회로에 흐르는 전류를 측정하여 표 14.2에 기록한다.

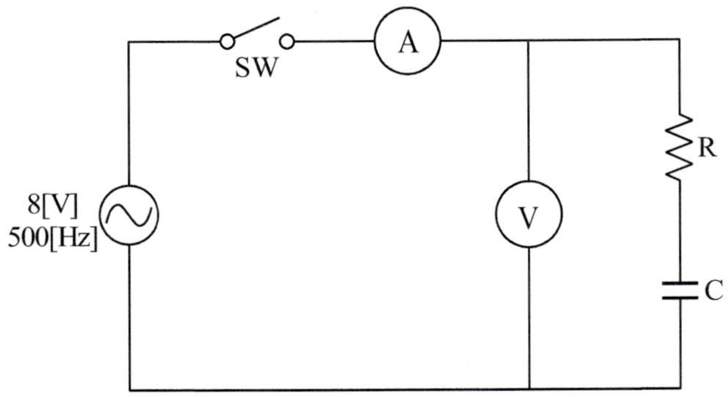

그림 14.7 $R - C$ 직렬 교류 회로 실험

(10) 회로 시험기 또는 교류 전압계를 이용하여 각 소자의 단자 전압 V_R, V_C를 측정하고, 또 측정 전압에서 위상차 θ를 구하여 표 14.2에 각각 기록한다.

(11) 실험 방법 (10)항에서 측정한 단자 전압 V_R, V_C로부터 전원 전압 V를 계산 $\left(V = \sqrt{{V_R}^2 + {V_C}^2}\right)$하여 인가한 전원 전압과 일치하는지 확인한다. 일치하지 않는다면 그 이유를 설명한다.

(12) 위의 측정 결과로부터 표 14.2의 이론값 난에 주어진 항목들을 계산하여 표 14.2에 기록한다.

(13) 표 14.2의 측정값과 계산값을 이용하여 전압과 전류의 순시값을 표 14.2에 기록한다.

(14) 주파수를 1000 [Hz]로 바꾸어 실험 방법 (9)~(13)항을 반복하여 수행한다.

표 14.2 $R-C$ 직렬 교류 회로 실험

전원 전압	주파수 [Hz]	측정값				이론값				
		I[mA]	V_R[V]	V_C[V]	θ	X_C[Ω]	Z[Ω]	V[V]	I[mA]	θ
8 [V]	500									
	1000									
	500 [Hz] $\begin{cases} v = \\ i = \end{cases}$									
	1000 [Hz] $\begin{cases} v = \\ i = \end{cases}$									

5. 고찰 및 평가

(1) 표 14.1과 표 14.2의 실험 결과에서 주파수의 변화에 따라 커패시터에 흐르는 전류의 변화에 대해 고찰하라.

(2) 정전 용량이 4.7 [㎌]의 커패시터 회로에 $v = 5\sin 1000\pi t$ [V]의 교류 전압을 인가했을 때 회로의 리액턴스, 전류의 순시값을 구하라.

(3) $R-C$ 직렬 회로에 $v = 10\sin 10{,}000t$ [V]의 정현파 교류 전압이 인가되어 있다. $R = 80$ [Ω], $C = 1$ [㎌]라 할 때, 회로 전류의 순시값과 R, C 각각의 단자 전압을 구하라.

(4) 커패시터 회로의 실험 결과 표 14.1로부터 V, V_C, I의 벡터도를 그려라.

(5) $R-C$ 직렬 회로의 실험 결과 표 14.2로부터 V, V_R, V_C, I의 벡터도를 그려라.

실험 15 R-L 교류 회로

1. 목적

1) 선형 소자인 R과 L의 회로에 교류 전압이 인가되었을 때 소자 양단의 단자 전압과 저항 성분인 리액턴스에 대해 알아본다.
2) $R-L$ 직렬 교류 회로의 임피던스 및 위상 관계를 실험을 통하여 확인한다.

2. 이론

(1) 인덕터 교류 회로

인덕터에 교류를 흘리면 저항기와 마찬가지로 전류의 흐름을 방해하는 저항 성분이 있다. 인덕터에서의 교류 저항 성분을 유도성 리액턴스 $X_L[\Omega]$이라 한다.

그림 15.1과 같이 인덕터만을 가진 회로에 $v = V_m \sin\omega t$의 교류 전압이 인가되었다면 인덕턴스 L에 흐르는 전류의 순시값은

$$v = L\frac{di}{dt} \text{에서}$$

$$i = \frac{1}{L}\int v\,dt = -\frac{V_m}{\omega L}\cos\omega t = \frac{V_m}{\omega L}\sin\left(\omega t - \frac{\pi}{2}\right) \tag{15.1}$$

$$\therefore \quad i = \frac{V_m}{X_L}\sin\left(\omega t - \frac{\pi}{2}\right) \tag{15.2}$$

가 된다. 즉, 전류의 실효값은

$$I = \frac{V}{X_L} = \frac{V}{\omega L} \tag{15.3}$$

가 되고, 위상은 전류가 전압보다 90°만큼 뒤진다.

식 (15.3)에서 인덕터의 교류 저항 성분인 유도성 리액턴스 X_L은 L과 f에 비례하기 때문에 일정 전압 하에서 L과 f가 클수록 X_L도 커지게 되어 전류는 감소한다. 따라서 인덕터에서 전류는 주파수가 높을수록 흐르기 어렵고, 직류에서는 주파수가 0인 교류로 볼 수 있으므로 무한대의 전류가 흐르게 됨을 의미한다.

그러나 실제의 인덕터는 L성분 외에 약간의 저항 성분을 가지고 있기 때문에 이와 같은 현상은 보이지 않는다.

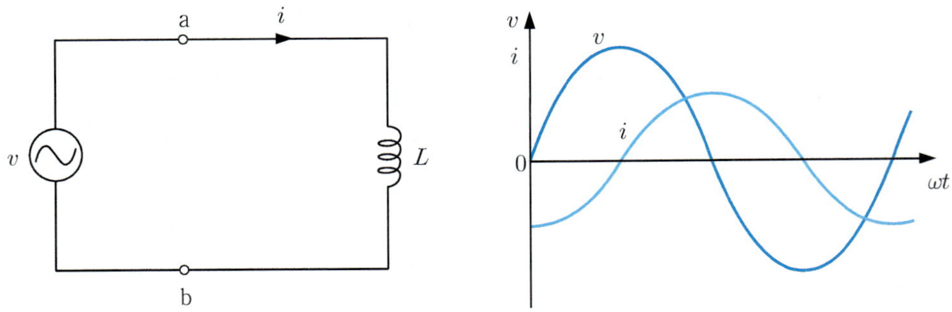

(a) 인덕터 회로 (b) 전압과 전류의 위상 관계

그림 15.1 인덕터 회로

그림 15.1에서 인덕터 L만의 교류 회로의 특징을 요약하면 다음과 같다.

① 전압과 전류는 동일 주파수의 정현파이다.

② 전류는 전압보다 위상이 90°만큼 뒤진다.(지상 전류)

③ 전압과 전류의 최대값 또는 실효값의 비는 유도성 리액턴스 X_L이다.

(2) *R* − *L* 직렬 교류 회로

그림 15.2와 같이 $R-L$ 직렬 교류 회로에 $v = V_m \sin\omega t$의 교류 전압이 인가되었다면 이 회로에 흐르는 전류의 순시값은

$$i = \frac{V_m}{\sqrt{R^2 + X_L{}^2}} \sin(\omega t - \theta) = I_m \sin(\omega t - \theta) \tag{15.4}$$

가 된다. 단, 위상차 θ는 다음과 같다.

$$\theta = \tan^{-1}\left(\frac{X_L}{R}\right) \tag{15.5}$$

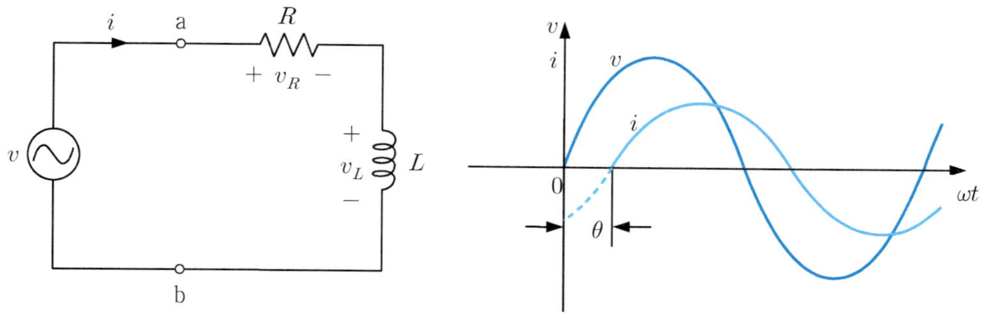

(a) $R-L$ 회로　　　(b) 전압과 전류의 위상 관계

그림 15.2 $R-L$ 직렬 교류 회로

식 (14.6), 식 (14.7)로부터 전류의 최대값 I_m과 실효값 I는

$$I_m = \frac{V_m}{\sqrt{R^2+X_L{}^2}}, \qquad I = \frac{V}{\sqrt{R^2+X_L{}^2}} \tag{15.6}$$

의 관계가 성립한다. 여기서 임피던스 Z는 그림 15.3과 같이

$$Z = \sqrt{R^2+X_L{}^2} \tag{15.7}$$

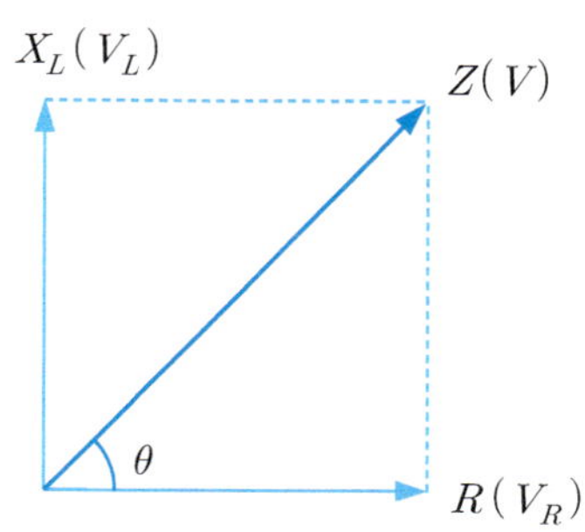

그림 15.3 $R-L$ 회로(Z)

이므로 식 (15.6)의 실효값 전류 I와 전압 V는

$$I = \frac{V}{Z}, \quad V = ZI \tag{15.8}$$

의 관계가 성립한다. 따라서 저항 R에 걸리는 전압 V_R과 유도성 리액턴스 X_L에 걸리는 전압 V_L, 또 전원 전압 V와의 관계는 다음과 같다.

$$V_R = RI, \quad V_L = X_L I \tag{15.9}$$

$$\therefore \quad V = \sqrt{{V_R}^2 + {V_L}^2}$$

$R-L$ 교류 회로의 특징을 요약하면 다음과 같다.

① 전압과 전류는 동일 주파수의 정현파이다.
② 저항 R에 걸리는 전압 V_R은 회로 전류와 동상이다.
③ 인덕터에 걸리는 전압 V_L은 전류보다 위상이 90°만큼 앞선다.
④ 공급 전압 V는 V_R과 V_L의 벡터합으로 나타내며 $\sqrt{{V_R}^2 + {V_L}^2}$ 이다.
⑤ 전압 V와 전류 I의 위상차 θ는 다음과 같다.

$$\theta = \tan^{-1}\left(\frac{X_L}{R}\right) = \tan^{-1}\left(\frac{V_L}{V_R}\right)$$

각 R, L, C 선형 소자로 구성된 회로에서 전압, 전류의 순시치 및 위상차 관계를 요약한 표 16.1를 참고하기 바란다.

예제

인덕턴스 40[mH]의 코일에 $v = 100\sqrt{2}\sin 100\pi t$ [V]의 교류 전압을 인가했을 때 이 코일의 리액턴스, 전류의 실효값과 순시값을 나타내라.

풀이

회로의 리액턴스와 실효값 전류는 각각 다음과 같다.

$$X_L = \omega L = 100 \times \pi \times 40 \times 10^{-3} = 12.57\,[\Omega]$$

$$I = \frac{V}{X_L} = \frac{100}{12.57} = 7.96\,[\mathrm{A}]$$

인덕터 만의 회로이므로 유도성 회로가 되어 전류가 전압보다 위상이 90°만큼 뒤지게 되므로 전류의 순시값 i는 다음과 같이 된다.

$$\therefore\quad i = 7.96\sqrt{2}\,\sin\left(100\pi t - \frac{\pi}{2}\right)\,[\mathrm{A}]$$

예제

$R = 20\,[\Omega]$, $L = 56\,[\mathrm{mH}]$의 직렬 회로에 $v = 100\sqrt{2}\,\sin 120\pi t\,[\mathrm{V}]$의 전압을 인가하였다.

(1) 임피던스와 위상을 구하라.

(2) 회로 전류를 순시값으로 표현하라.

풀이

(1) 회로의 유도성 리액턴스는

$$X_L = \omega L = 120 \times \pi \times 56 \times 10^{-3} = 21.1\,[\Omega]$$

이다. 따라서 임피던스 Z와 위상차 θ는 다음과 같이 된다.

$$Z = \sqrt{R^2 + {X_L}^2} = \sqrt{20^2 + 21.1^2} = 29.1\,[\Omega]$$

$$\theta = \tan^{-1}\frac{X_L}{R} = \tan^{-1}\frac{21.1}{20} = 46.5°$$

(2) 회로 전류의 실효값은

$$I = \frac{V}{Z} = \frac{100}{29.1} = 3.44\,[\mathrm{A}]$$

가 된다. 이들 구한 값으로부터 순시값 전류는 $R-L$ 직렬 회로의 유도성 회로가 되어 전류가 전압보다 위상이 θ만큼 뒤지게 되므로 전류의 순시값 i는 다음과 같이 표현된다.

$$\therefore\quad i = 3.44\sqrt{2}\,\sin(120\pi t - 46.5°)\,[\mathrm{A}]$$

3. 사용기기 및 재료

(1) 함수 발생기(신호 발생기) 또는 교류 전압 조정기 ········· 1대
(2) 교류 전압계(10/50[V]) ········· 1대
(3) 교류 전류계(10/50[mA]) 또는 디지털 멀티미터 ········· 1대
(4) 저항(300[Ω]) ········· 1개
(5) 인덕터(100[mH]) ········· 1개
(6) 회로 시험기 ········· 1대
(7) 만능 기판 ········· 1개
(8) 리드선 ········· 다수

4. 실험 방법

(인덕터 교류 회로)

(1) 그림 15.4의 인덕터 교류 회로를 결선한다. 단, 인덕턴스 L은 100[mH]이고, 전원은 함수 발생기(Function Generator)를 사용하여 정현파 교류 전압과 주파수를 8[V], 500[Hz]로 한다.

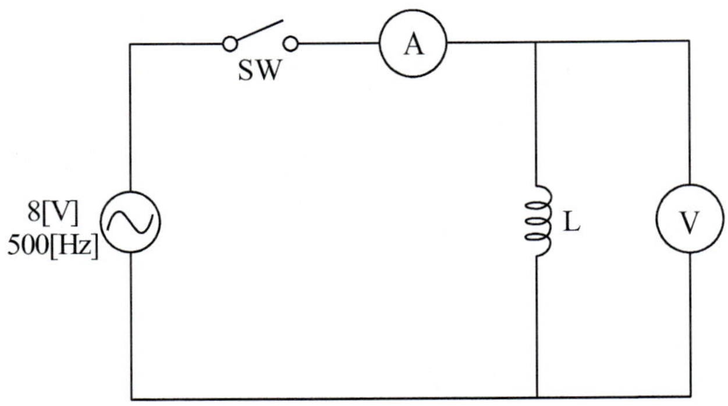

그림 15.4 **인덕터 교류 회로 실험**

(2) 스위치 SW를 닫고 회로에 흐르는 전류를 측정하여 표 15.1에 기록한다.

(3) 인가전압의 주파수를 500[Hz]부터 500[Hz] 간격으로 2000[Hz]까지 변화시키면서 회로에 흐르는 전류를 측정하여 표 15.1에 기록한다.

(4) 표 15.1의 측정값으로부터 인덕터의 회로에서 주파수 변화에 따라 전류의 변화를 설명한다.

(5) 그림 15.4의 인덕터 회로에서 유도성 리액턴스를 계산하여 구하고, 각각 주파수에 따른 회로의 전류를 구하여 표 15.1에 기록한다.

(6) 실험 회로에서 전원 전압이 8[V], 주파수가 500[Hz]와 1000[Hz]일 때, 전원 전압과 전류의 위상차 및 전압, 전류의 순시값을 각각 표 15.1에 기록한다.

표 15.1 인덕터 교류 회로 실험

전원 전압	주파수 [Hz]	$X_L[\Omega]$	I[mA] 이론값	I[mA] 측정값	전압, 전류 위상차와 순시값
8[V]	500				500[Hz] $\theta =$ $v =$ $i =$
	1000				
	1500				1000[Hz] $\theta =$ $v =$ $i =$
	2000				

($R-L$ 직렬 교류 회로)

(7) 그림 15.5와 같이 $R-L$ 직렬 교류 회로를 결선한다. 단, 저항 R은 300[Ω], 인덕턴스 L은 100[mH]이다.

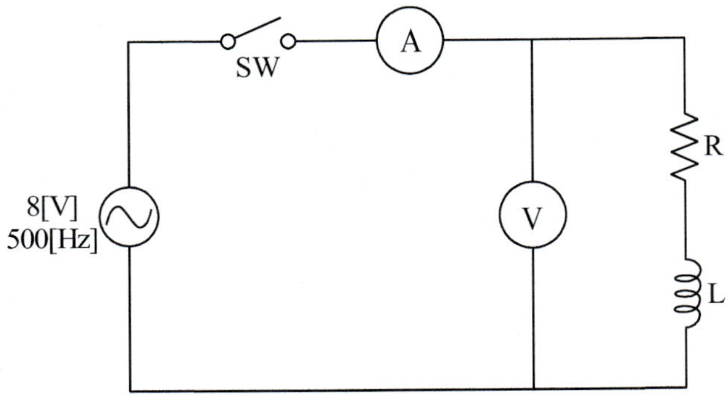

그림 15.5 $R-L$ 직렬 교류 회로 실험

(8) 전원은 함수 발생기(Function Generator)를 사용하여 정현파 교류 전압과 주파수를 8[V], 500[Hz]로 조정한다.

(9) 스위치 SW를 닫고 회로에 흐르는 전류를 측정하여 표 15.2에 기록한다.

(10) 회로 시험기 또는 교류 전압계를 이용하여 각 소자의 단자 전압 V_R, V_L를 측정하고, 또 측정 전압에서 위상차 θ를 구하여 표 15.2에 각각 기록한다.

(11) 실험 방법 (10)항에서 측정한 단자 전압 V_R, V_L로부터 전원 전압 V를 계산 $\left(V = \sqrt{{V_R}^2 + {V_L}^2}\right)$하여 인가한 전원 전압과 일치하는지 확인한다. 일치하지 않는다면 그 이유를 설명한다.

(12) 위의 측정 결과로부터 표 15.2의 이론값 난에 주어진 항목들을 계산하여 표 15.2에 기록한다.

(13) 표 15.2의 측정값과 계산값을 이용하여 전압과 전류의 순시값을 표 15.2에 기록한다.

(14) 주파수를 1000 [Hz]로 바꾸어 실험 방법 (9)~(13)항을 반복하여 수행한다.

표 15.2 $R-L$ 직렬 교류 회로 실험

<table>
<tr><th rowspan="2">전 원 전 압</th><th rowspan="2">주파수 [Hz]</th><th colspan="4">측정값</th><th colspan="5">이론값</th></tr>
<tr><th>I[mA]</th><th>V_R[V]</th><th>V_L[V]</th><th>θ</th><th>X_L[Ω]</th><th>Z[Ω]</th><th>V[V]</th><th>I[mA]</th><th>θ</th></tr>
<tr><td rowspan="4">8 [V]</td><td>500</td><td></td><td></td><td></td><td></td><td></td><td></td><td></td><td></td><td></td></tr>
<tr><td>1000</td><td></td><td></td><td></td><td></td><td></td><td></td><td></td><td></td><td></td></tr>
<tr><td colspan="10">500 [Hz] { $v =$
$i =$</td></tr>
<tr><td colspan="10">1000 [Hz] { $v =$
$i =$</td></tr>
</table>

5. 고찰 및 평가

(1) 인덕턴스 40[mH]의 코일에 $v = 5\sin 1000\pi t$ [V]의 교류 전압을 인가했을 때 이 코일의 리액턴스, 전류의 순시값을 구하라.

(2) $R-L$ 직렬 회로에 100[V], 60[Hz]의 정현파 교류 전압이 인가되어 있다. $R = 15$ [Ω], $L = 53$ [mH]라 할 때, 회로 전류의 순시값과 소자 R, L 각각의 단자 전압을 구하라.

(3) 인덕터 회로의 실험 결과 표 15.1로부터 V, V_L, I의 벡터도를 그려라.

(4) $R-L$ 직렬 회로의 실험 결과 표 15.2로부터 V, V_R, V_L, I의 벡터도를 그려라.

실험 16 R-L-C 교류 회로

1. 목적

1) $R-L-C$회로에 교류 전압이 인가되었을 때 각 소자 양단의 단자 전압과 저항 성분인 리액턴스에 대해 알아본다.
2) $R-L-C$직렬 교류 회로의 임피던스 및 위상 관계를 실험을 통하여 확인한다.

2. 이론

그림 16.1과 같이 $R-L-C$직렬 회로에 $v = V_m \sin\omega t$의 교류 전압이 인가되었다면 이 회로에 흐르는 전류의 순시값 결과는 다음과 같다.

$$i = \frac{V_m}{\sqrt{R^2+(X_L-X_C)^2}}\sin(\omega t \pm \theta) = I_m \sin(\omega t \pm \theta) \tag{16.1}$$

단, 위상차 $\theta = \tan^{-1}\left(\frac{|X_L-X_C|}{R}\right)$

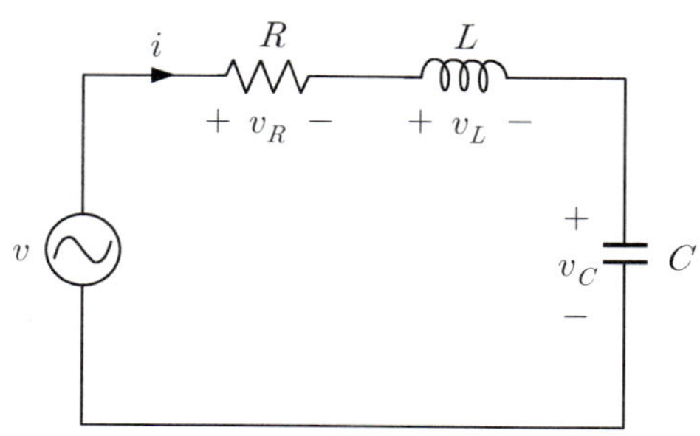

그림 16.1 $R-L-C$직렬 회로

여기서 위상 앞의 부호 (+)는 용량성 회로, (−)는 유도성 회로를 의미한다. 합성 리액턴스 X는

$$X = X_L - X_C = \omega L - \frac{1}{\omega C} \tag{16.2}$$

이다. 식 (16.1)에서 전류의 최대값 I_m과 실효값 I는 다음과 같다.

$$I_m = \frac{V_m}{\sqrt{R^2 + (X_L - X_C)^2}}, \qquad I = \frac{V}{\sqrt{R^2 + (X_L - X_C)^2}} \tag{16.3}$$

여기서 임피던스 Z는

$$Z = \sqrt{R^2 + X^2} = \sqrt{R^2 + (X_L - X_C)^2} \tag{16.4}$$

이므로 식 (16.3)의 실효값 전류 I와 전압 V는 다음의 관계가 성립한다.

$$I = \frac{V}{Z}, \qquad V = ZI \tag{16.5}$$

또 식 (16.1)의 임피던스 각 θ의 부호는 식 (16.2)의 합성 리액턴스의 유도성 리액턴스 X_L과 용량성 리액턴스 X_C의 크기에 좌우된다. 이를 구분해 보면

(1) $X_L > X_C \quad \left(\omega L > \frac{1}{\omega C}\right)$

전압과 전류의 위상차 $\theta (= |\theta_1 - \theta_2|)$는 정(+)이 되어 전체 회로는 전압의 위상이 전류보다 앞서는 유도성 회로를 나타낸다.

(2) $X_L < X_C \quad \left(\omega L < \frac{1}{\omega C}\right)$

전압과 전류의 위상차 θ는 부(−)가 되어 전체 회로는 전류의 위상이 전압보다 앞서는 용량성 회로를 나타낸다.

(3) $X_L = X_C \quad \left(\omega L = \frac{1}{\omega C}\right)$

X_L과 X_C는 상쇄되어 합성 리액턴스 $X = 0$이 되기 때문에 전압과 전류의 위상차가 없는 동상을 나타낸다. 이 때 회로의 임피던스는

$$Z = \sqrt{R^2 + X^2} = \sqrt{R^2 + (X_L - X_C)^2} = R \qquad (16.6)$$

이 되어 회로는 순저항 회로와 등가가 된다.

이와 같이 합성 리액턴스가 0이 되어 전압과 전류가 동상이 되는 상태를 공진(resonance)이라 한다.

저항 R에 걸리는 전압 V_R과 유도성 리액턴스 X_L에 걸리는 전압 V_L, 용량성 리액턴스 X_C에 걸리는 전압 V_C일 때, 전원 전압 V와의 관계는 다음과 같다.

$$V_R = RI, \quad V_L = X_L I, \quad V_C = X_C I$$

$$\therefore \quad V = \sqrt{V_R^{\ 2} + (V_L - V_C)^2} \qquad (16.7)$$

표 16.1은 각 $R-L-C$ 선형 소자로 구성된 회로에서 전압, 전류의 순시치 및 위상차 관계를 요약한 것이다.

표 16.1 직렬 교류 회로에서 전압, 전류의 순시값과 위상차 관계

선형 소자 직렬 회로	전압기준 $v = V_m \sin\omega t$ 전류 순시값	위상차 $\theta = \lvert \theta_1 - \theta_2 \rvert$	회로 특성	비 고
R	$i = \sqrt{2} I \sin\omega t$	$\theta = 0$	순저항 회로	동 상
L	$i = \sqrt{2} I \sin\left(\omega t - \frac{\pi}{2}\right)$	$\theta = \frac{\pi}{2}$	유도성 회로	지상전류
$R-L$	$i = \sqrt{2} I \sin(\omega t - \theta)$	$\theta = \tan^{-1}\frac{X_L}{R}$		
C	$i = \sqrt{2} I \sin\left(\omega t + \frac{\pi}{2}\right)$	$\theta = \frac{\pi}{2}$	용량성 회로	진상전류
$R-C$	$i = \sqrt{2} I \sin(\omega t + \theta)$	$\theta = \tan^{-1}\frac{X_C}{R}$		
$R-L-C$	$i = \sqrt{2} I \sin(\omega t - \theta)$	$\theta = \tan^{-1}\frac{\lvert X \rvert}{R}$	유도성 회로 ($X_L > X_C$)	지상전류
	$i = \sqrt{2} I \sin(\omega t + \theta)$	$\theta = \tan^{-1}\frac{\lvert X \rvert}{R}$	용량성 회로 ($X_L < X_C$)	진상전류
	$i = \sqrt{2} I \sin\omega t$	$\theta = 0$	공진 회로 ($X_L = X_C$)	동 상

예제

$R=10\,[\Omega]$, $L=20\,[\text{mH}]$, $C=100\,[\mu\text{F}]$ 직렬 회로에 정현파 전압 $v=100\sqrt{2}\sin 100\pi t\,[\text{V}]$를 인가하였다.

(1) 임피던스와 위상을 구하라.
(2) 회로 전류를 순시값으로 표현하라.

풀이

(1) 회로의 리액턴스는

$$X_L=\omega L=100\pi\times 20\times 10^{-3}=6.28\,[\Omega]$$

$$X_C=\frac{1}{\omega C}=\frac{1}{100\pi\times 100\times 10^{-6}}=31.8\,[\Omega]$$

$$\therefore\quad X=|X_L-X_C|=|6.28-31.8|=25.5\,[\Omega]$$

이다. 여기서 $X_C>X_L$이므로 이 회로는 용량성으로 전류가 전압보다 위상이 앞서게 된다.

임피던스 Z와 위상차 θ는 다음과 같이 된다.

$$Z=\sqrt{R^2+X^2}=\sqrt{10^2+25.5^2}=27.4\,[\Omega]$$

$$\theta=\tan^{-1}\frac{|X|}{R}=\tan^{-1}\frac{25.5}{10}=68.6°$$

(2) 회로 전류의 실효값은

$$I=\frac{V}{Z}=\frac{100}{27.4}=3.65\,[\text{A}]$$

가 된다.

따라서 이 회로는 용량성이 되기 때문에 전류의 순시값은 전류가 전압보다 위상이 θ 만큼 앞서게 되므로 전류의 순시값 i는 다음과 같이 표현된다.

$$\therefore\quad i=3.65\sqrt{2}\sin(120\pi t+68.6°)\,[\text{A}]$$

3. 사용기기 및 재료

(1) 함수 발생기(신호 발생기) 또는 교류 전압 조정기 ········ 1대
(2) 교류 전압계(10/50[V]) ········ 1대
(3) 교류 전류계(30/50[mA]) 또는 디지털 멀티미터 ········ 1대
(4) 저항(50[Ω]) ········ 1개
(5) 인덕터(100[mH]) ········ 1개
(6) 콘덴서(0.47[μF]) ········ 1개
(7) 회로 시험기 ········ 1대
(8) 만능 기판 ········ 1개
(9) 리드선 ········ 다수

4. 실험 방법

($R-L-C$ 직렬 교류 회로)

(1) 그림 16.2와 같이 $R-L-C$ 직렬 교류 회로를 결선한다.
단, 저항 R은 50[Ω], 인덕턴스 L은 100[mH], 정전 용량 C는 0.47[μF]이다.

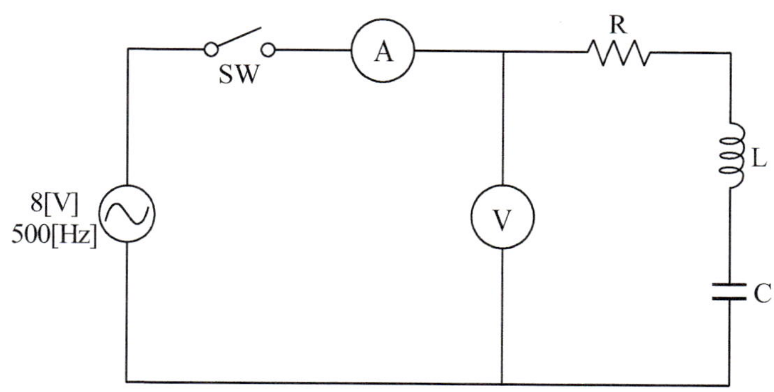

그림 16.2 $R-L-C$ 직렬 교류 회로 실험

(2) 전원은 함수 발생기(Function Generator)를 사용하여 정현파 교류 전압과 주파수를 8 [V], 500 [Hz]로 조정한다.

(3) 스위치 SW를 닫고 회로에 흐르는 전류를 측정하여 표 16.2에 기록한다.

(4) 회로 시험기 또는 교류 전압계를 이용하여 각 소자의 단자 전압 V_R, V_L, V_C를 측정하고, 또 측정 전압에서 위상차 θ를 구하여 표 16.2에 각각 기록한다.

(5) 실험 방법 (4)항에서 측정한 단자 전압 V_R, V_L, V_C로부터 전원 전압 V를 계산 $\left[V = \sqrt{V_R{}^2 + (V_L - V_C)^2}\right]$하여 인가한 전원 전압과 일치하는지 확인한다. 일치하지 않는다면 그 이유를 설명한다.

(6) 위의 측정 결과로부터 표 16.2의 이론값 난에 주어진 항목들을 계산하여 표 16.2에 기록한다.

(7) 표 16.2의 측정값과 계산값을 이용하여 전압과 전류의 순시값을 표 16.2에 기록한다.

(8) 주파수를 1000[Hz]로 바꾸어 실험 방법 (3)~(7)항을 반복하여 수행한다.

표 16.2 $R-L-C$ **직렬 교류 회로 실험**

전압 [V]	f [Hz]	측정값					이론값					
		I[mA]	V_R	V_L	V_C	θ	X_L	X_C	Z	V	I[mA]	θ
8[V]	500											
	1000											
	500[Hz] $\begin{cases} v = \\ i = \end{cases}$											
	1000[Hz] $\begin{cases} v = \\ i = \end{cases}$											

5. 고찰 및 평가

(1) $R-L-C$ 직렬 교류 회로에 $v=15\sin 100\pi t\,[\mathrm{V}]$의 정현파 교류 전압이 인가되었다. $R=15\,[\Omega]$, $L=50\,[\mathrm{mH}]$, $C=2\,[\mu\mathrm{F}]$라 할 때, 회로 전류의 순시값과 소자 R, L, C에 걸리는 각각의 단자 전압을 구하라.

(2) $R-L-C$직렬 교류 회로의 실험 결과 표 16.2로부터 V, V_R, $V_L - V_C$, I의 벡터도를 그려라.

실험 17 공진 회로 특성

1. 목적

1) 직렬 공진 회로의 주파수 응답 특성을 고찰한다.
2) 공진 주파수와 주파수 응답에 대한 선택도 Q를 구하고 Q의 성질을 이해한다.

2. 이론

(1) 직렬 공진 특성

그림 17.1과 같이 $R-L-C$ 직렬 회로에서 합성 임피던스 Z와 이 회로에 흐르는 전류 I는 각각 다음과 같다.

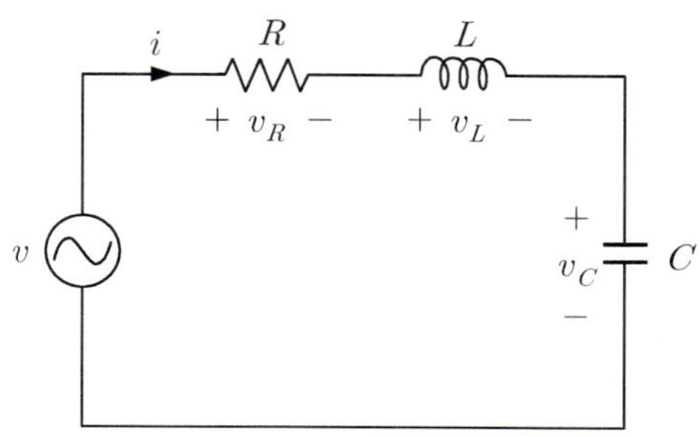

그림 17.1 $R-L-C$직렬 회로

$$Z = \sqrt{R^2+X^2} = \sqrt{R^2+(X_L-X_C)^2}$$

$$= \sqrt{R^2+\left(\omega L-\frac{1}{\omega C}\right)^2} \tag{17.1}$$

$$I = \frac{V}{\sqrt{R^2 + \left(\omega L - \frac{1}{\omega C}\right)^2}} \tag{17.2}$$

그림 17.2는 $R-L-C$ 직렬 회로에서 전원의 주파수를 변화시킬 때 리액턴스의 변화를 나타낸 것이다. 낮은 주파수에서는 용량성 리액턴스가 우세($X_L < X_C$)하고, 높은 주파수에서는 유도성 리액턴스의 값이 우세($X_L > X_C$)하며 그 중간에 X가 0이 되는 점이 존재한다.

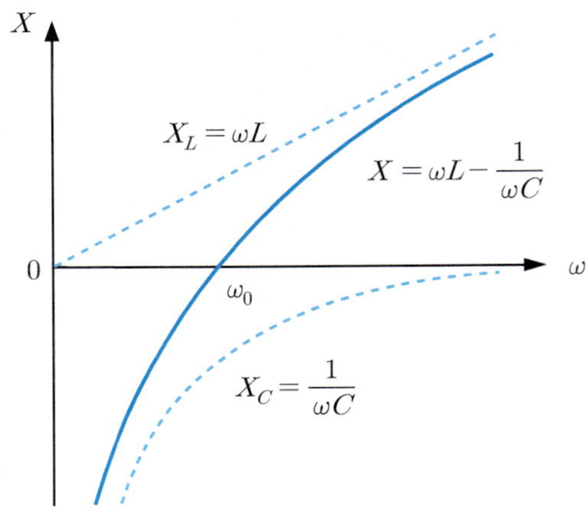

그림 17.2 **리액턴스와 주파수의 관계**

$X=0$이 되면 임피던스는 저항 성분만의 회로가 되어 전압과 전류는 동상이면서 회로의 임피던스는 최소가 되어 전류는 최대가 되는 상태가 된다.

이와 같이 전압과 전류가 동상인 상태를 공진 상태에 있다고 하며, 이 때의 각 주파수를 공진 각주파수 ω_0, 주파수를 공진 주파수 f_0라 한다.

공진 각주파수 ω_0와 공진 주파수 f_0는 각각 다음과 같다.

$$\begin{cases} \omega_0 = \dfrac{1}{\sqrt{LC}} \\ f_0 = \dfrac{1}{2\pi\sqrt{LC}} \end{cases} \tag{17.3}$$

(2) 직렬 공진의 선택도

전압을 일정하게 유지하면서 주파수를 변화시켰을 때 회로에 흐르는 전류는 그림 17.3과 같은 공진 곡선이 나타난다. 즉 $R-L-C$ 직렬 회로에서 크기는 같고 주파수가 다른 여러 가지 전원 전압을 인가하면 공진 주파수 f_0에서 전류는 최대가 되고 이를 공진 전류 I_0라 한다. 다른 주파수의 전류는 I_0에 비해 매우 작다.

따라서 주파수가 f_0인 전압만이 Q배로 확대되어 L과 C의 양단에 나타난다. 즉 주파수가 f_0인 전압만이 선택되어 확대된다.

선택성은 공진 주파수와 저항에 따라 첨예 정도가 달라진다. 이 선택성을 정량적으로 나타내기 위한 첨예도 또는 선택도(selectivity) Q는 그림 17.3의 공진 특성 곡선에서 공진 주파수 f_0에 대한 출력 I^2R의 반이 되는 주파수를 f_1, f_2라고 할 때 다음과 같이 정의한다.

$$Q=\frac{f_0}{f_2-f_1}=\frac{\omega_0 L}{R}=\frac{1}{R\omega_0 C}=\frac{1}{R}\sqrt{\frac{L}{C}} \tag{17.4}$$

즉, Q가 클수록 공진 곡선이 첨예하게 되어 주파수의 선택성이 좋아진다.

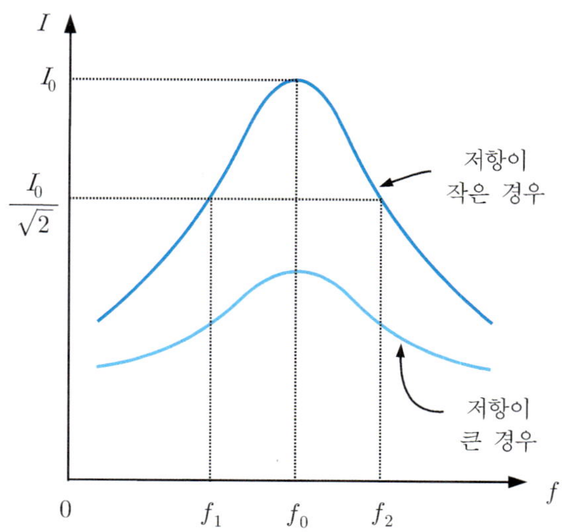

그림 17.3 공진 특성 곡선

3. 사용기기 및 재료

(1) 함수 발생기(신호 발생기) ························ 1대
(2) 저항(100 [Ω], 200 [Ω]) ························ 각 1개
(3) 인덕터(10 [mH]) ························ 1개
(4) 콘덴서(0.1 [㎌]) ························ 1개
(5) 회로 시험기 ························ 1대
(6) 만능 기판 ························ 1개
(7) 리드선 ························ 다수

4. 실험 방법

(1) 그림 17.4와 같이 $R-L-C$ 직렬 회로를 결선한다. 단, 저항 R은 100 [Ω], 인덕턴스 L은 10 [mH], 정전 용량 C는 0.1 [㎌]이다.

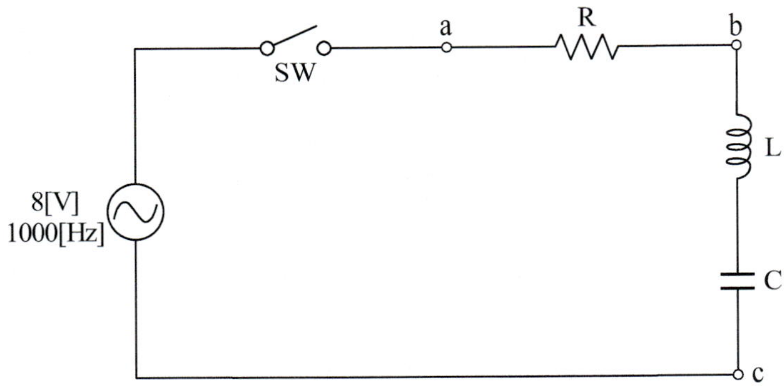

그림 17.4 $R-L-C$ 직렬 회로의 공진 특성 실험

(2) 전원은 함수 발생기(Function Generator)를 사용하여 정현파 교류 전압 8 [V]로 한다.

(3) 실험 회로에서 공진 주파수 f_0와 그 때의 회로에 흐르는 최대 전류 I_0를 계산하여 기록한다.

$$\begin{cases} f_0 = \dfrac{1}{2\pi\sqrt{LC}} = \\ \\ I_0 = \dfrac{V}{R} = \end{cases}$$

(4) 함수 발생기를 사용하여 정현파 교류 전압 8[V]로 고정시키고, 주파수를 1[kHz]로 조정한 후 스위치 SW를 닫는다.

(5) 회로 시험기를 이용하여 저항 양단 전압 V_{ab}를 측정하고 이 값으로부터 회로에 흐르는 전류 I도 계산하여 표 17.1에 기록한다.

(6) L, C 양단 전압 V_{bc}도 측정하여 표 17.1에 기록한다. (단, V_{bc}는 각각 L과 C의 양단에 걸리는 전압의 차가 된다.)

(7) 위에서 측정한 V_{bc}로부터 아래의 식을 이용하여 회로의 리액턴스 X를 구하고, 또 회로의 전체 임피던스 Z도 구하여 표 17.1에 기록한다.

$$\begin{cases} X = \dfrac{V_{bc}}{I} \\ \\ Z = \sqrt{R^2 + X^2} \end{cases}$$

(8) 함수 발생기로 전원의 정현파 교류 전압을 8[V]로 고정시키고 표 17.1과 같이 주파수를 증가(2 ~ 10[kHz])시키면서 실험 방법 (4)~(7)항을 반복하여 실험한다.

(9) 표 17.1의 측정 결과로부터 주파수 대 전류 특성 곡선인 공진 특성 곡선을 그림 17.5에 그린다.

그림 17.5 **공진 특성 곡선**

(10) 그림 17.5의 공진 특성 곡선에서 공진 주파수 f_0를 구하고, 식 (17.4)로부터 선택도 Q를 계산하여 표 17.1에 기록한다.

(11) 위의 실험과 동일한 조건에서 저항만을 200 [Ω]으로 바꾸고, 실험 방법 (3)~(10)항을 반복하여 실험한다. 측정값 및 계산값은 표 17.2에 기록하고, 공진 특성 곡선은 그림 17.5에 그린다.

(12) 저항 100 [Ω]과 200 [Ω]인 경우의 실험 결과인 그림 17.5의 공진 특성 곡선으로부터 선택도에 대하여 특이한 점을 비교하여 설명한다.

표 17.1 $R-L-C$ 직렬 회로의 공진 특성 실험($R = 100\ [\Omega]$)

전압 [V]	f [kHz]	V_{ab}	V_{bc}	I [mA]	X	Z	f_0	Q	실험 방법 (3)
8 [V]	1								
	2								$f_0 =$
	3								
	4								$I_0 =$
	5								
	6								
	7								
	8								
	9								
	10								

표 17.2 $R-L-C$ 직렬 회로의 공진 특성 실험($R = 200\ [\Omega]$)

전압 [V]	f [kHz]	V_{ab}	V_{bc}	I [mA]	X	Z	f_0	Q	실험 방법 (3)
8 [V]	1								
	2								$f_0 =$
	3								
	4								$I_0 =$
	5								
	6								
	7								
	8								
	9								
	10								

5. 고찰 및 평가

(1) $R-L-C$ 직렬 공진 회로에 200[V]의 정현파 교류 전압이 인가되었다. $R=1[\Omega]$, $L=100[\text{mH}]$, $C=100[\mu\text{F}]$일 때, 다음을 각각 구하라.

① 공진 주파수 f_0

② 공진시의 전류 I_0

③ 선택도 Q

실험 18 단상 전력계에 의한 전력 측정

1. 목적

1) 단상 전력계의 동작 원리와 사용법을 익힌다.
2) 교류 전력의 계산법과 유효 전력, 무효 전력, 역률 등의 관계를 실험을 통하여 이해한다.

2. 이론

전력계는 부하에 공급된 전력을 측정하는 계측기이고, 주로 사용하는 전류력계형과 유도형의 두 종류가 있다. 단상 전력계의 동작 원리와 접속법 및 전압, 전류, 전력, 역률의 관계를 알아본다.

(1) 단상 전력계의 동작 원리

단상 전력계는 고정되어 있는 전류 코일과 가동할 수 있는 전압 코일로 이루어져 있다. 전류 코일에 전류가 흐르면 전류에 비례하는 자기장이 발생하고, 고저항에 접속되어 있는 전압 코일에 전압이 인가되면 전압에 비례하는 또 다른 자기장이 형성된다. 이 두 자기장의

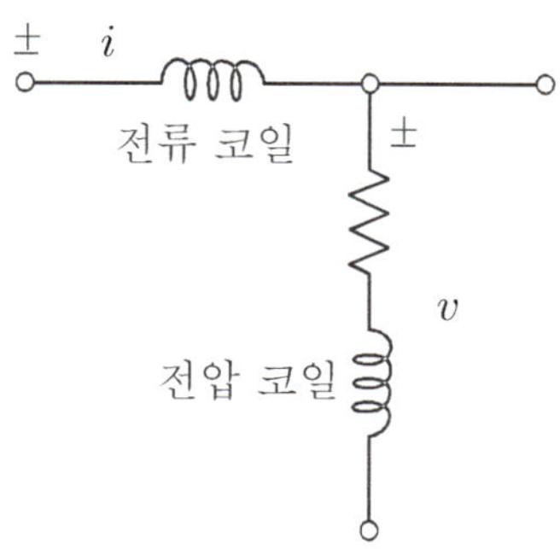

그림 18.1 단상 전력계 구조

상호 작용에 의해 전압 코일은 전력에 비례하는 회전력을 발생하게 되어 전력값을 지시하게 된다.

전압 코일에 직렬로 접속된 고저항은 전압 코일로 유입되는 전류를 작게 하기 위한 것이다.

(2) 단상 전력계의 접속법

단상 전력계의 접속 방법은 그림 18.2와 같이 전압 코일을 전류 코일에 대하여 전원 측에 접속하는 방법과 부하 측에 접속하는 두 가지 방법이 있다.

그림 18.2(a)는 고전압, 저전류 또는 대부하에, 그림 18.2(b)는 저전압, 대전류 또는 소부하에 적합하다.

또한 전류 코일은 부하에 직렬로 접속하고, 전압 코일은 부하에 병렬로 접속하여 전력을 측정한다.

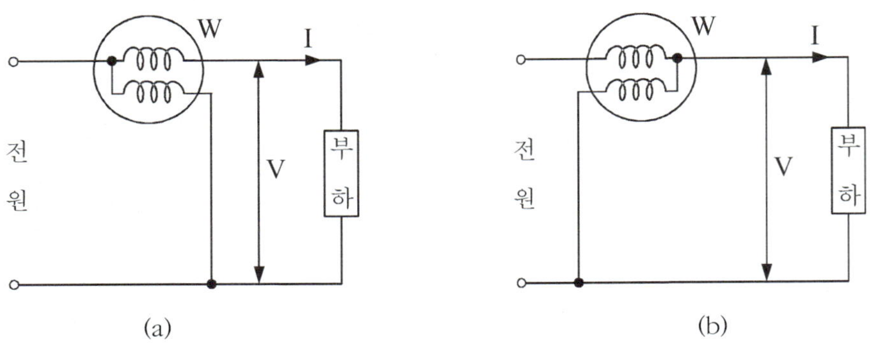

그림 18.2 **단상 전력계에 의한 전력 측정법**

3. 사용기기 및 재료

(1) 교류 전압 조정기 ······ 1대
(2) 교류 전압계(150/300 [V]) ······ 1대
(3) 교류 전류계(1/5 [A]) ······ 1대
(4) 단상 전력계(1/5 [A], 120/240 [V]) ······ 1대
(5) 저항(30 [Ω] 300 [W]) 또는 전등 부하(60 [W]×3개) ······ 1개
(6) 저항(50 [Ω] 300 [W]) ······ 1개

(7) 인덕터(50[mH] 5[A]) ………………………………………………………… 1개
(8) 회로 시험기 ………………………………………………………………… 1대
(9) 리드선 ……………………………………………………………………… 다수

4. 실험 방법

(저항 부하의 전력 측정)

(1) 그림 18.3과 같이 부하 저항 회로를 결선한다. 단, 저항 R_L은 30[Ω] 300[W]이다. (부하 저항은 전등으로 대신 이용하여 병렬로 증가(1개~3개)시키면서 부하 변동에 따른 실험으로 해도 무방하다.)

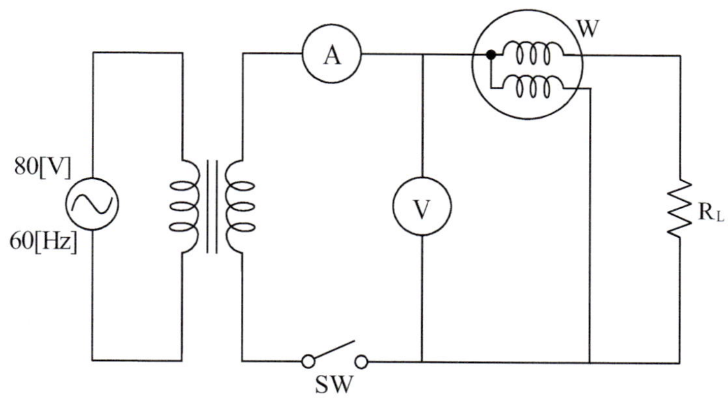

그림 18.3 **단상 전력 측정 실험(1)**

(2) 전원 전압은 교류 전압 조정기에 의해 80[V]로 조정한다.

(3) 스위치 SW를 닫고 $R_L = 30$[Ω]에서 회로에 흐르는 전류와 전압, 전력을 측정하여 표 18.1에 기록한다.

(4) 실험 결과에서 유효 전력, 피상 전력 및 역률을 계산하여 표 18.1에 기록한다.

$$\begin{cases} \text{유효 전력} : P = I^2R \\ \text{피상 전력} : P_a = VI \\ \text{역률} : \cos\theta = \dfrac{P}{P_a} \end{cases}$$

(5) 부하 저항 $R_L = 50\,[\Omega]$으로 바꾸어 실험 방법 (3), (4)항을 반복하여 실험한다.

(6) 부하 저항 대신에 전등 부하로 바꾸어 1개, 2개, 3개씩 병렬로 증가시키면서 실험 방법 (2)~(4)항을 실험해도 무방하다.

표 18.1 단상 전력 측정 실험(1)

부하 내용		$V\,[\text{V}]$	$I\,[\text{A}]$	전력계 $P\,[\text{W}]$	유효 전력 $P\,[\text{W}]$	피상 전력 $P_a\,[\text{W}]$	역률 $\cos\theta$
$R_L[\Omega]$	전등						
30	1 개						
	2 개						
	3 개						
50							

(임피던스 부하의 전력 측정)

(7) 그림 18.4와 같이 $R-L$ 직렬 부하에 전력계, 전류계, 전압계를 접속하여 결선한다. 단, 저항 R_L은 30[Ω], 300[W], 인덕턴스 L은 50[mH], 5[A]이다.

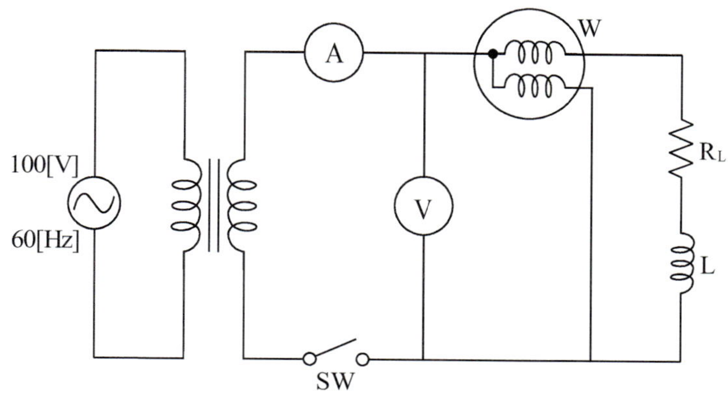

그림 18.4 **단상 전력 측정 실험(2)**

(8) 실험 회로의 교류 입력 전압과 주파수가 100[V], 60[Hz]이다. 저항−인덕터 30[Ω]−50[mH]와 50[Ω]−50[mH]의 두 조가 각각 직렬로 접속되어 있다고 할 때, 각각의 회로에 대하여 표 18.2에 나타낸 이론값들을 계산하여 기록한다.

(9) 전원 전압은 교류 전압 조정기에 의해 100[V]로 조정한다.

(10) 스위치 SW를 닫고 $R_L = 30$[Ω], $L = 50$[mH]에서 회로에 흐르는 전류와 전압, 전력을 측정하여 표 18.2에 기록한다.

(11) 실험 결과의 측정값으로부터 유효 전력, 피상 전력 및 역률을 계산하여 표 18.2에 기록한다.

$$\begin{cases} \text{유효 전력 : } P = I^2R \\ \text{피상 전력 : } P_a = VI \\ \text{역률 : } \cos\theta = \dfrac{P}{P_a} \end{cases}$$

(12) $R_L = 50\,[\Omega]$, $L = 50\,[\mathrm{mH}]$으로 바꾸어 실험 방법 (10), (11)항을 반복하여 실험한다.

(13) 전력계에 의한 측정값과 간접적으로 구한 유효전력을 비교한다.

표 18.2 **단상 전력 측정 실험(2)**

$R_L[\Omega]$		L [mH]	Z [Ω]	V [V]	I [A]	전력계 P[W]	유효 전력 P[W]	피상 전력 P_a[W]	역률 $\cos\theta$
이론값	30	50							
	50	50							
측정값	30	50	X						
	50	50	X						

5. 고찰 및 평가

(1) 200[V], 500[W]의 전열기를 100[V]로 사용할 때 소비 전력을 구하라.

(2) 100[V], 5[A]가 흐르는 부하가 있다. 이 부하의 소비 전력이 350[W]일 때 역률을 구하라.

실험 19 3전압계법에 의한 단상 전력

1. 목적

1) 세 개의 전압계를 이용하여 단상 전력을 측정하는 방법에 관하여 익힌다.

2. 이론

세 개의 전압계와 저항값을 알고 있는 무유도 저항이 있으면 단상 전력을 측정할 수 있다. 그림 19.1과 같이 부하에 전류를 검출하기 위한 이미 알고 있는 저항 R을 직렬로 연결하여 공급 전압 V_o, 저항의 전압 강하 V_R, 부하의 단자 전압 V_L를 측정하면 소비 전력을 구할 수 있다.

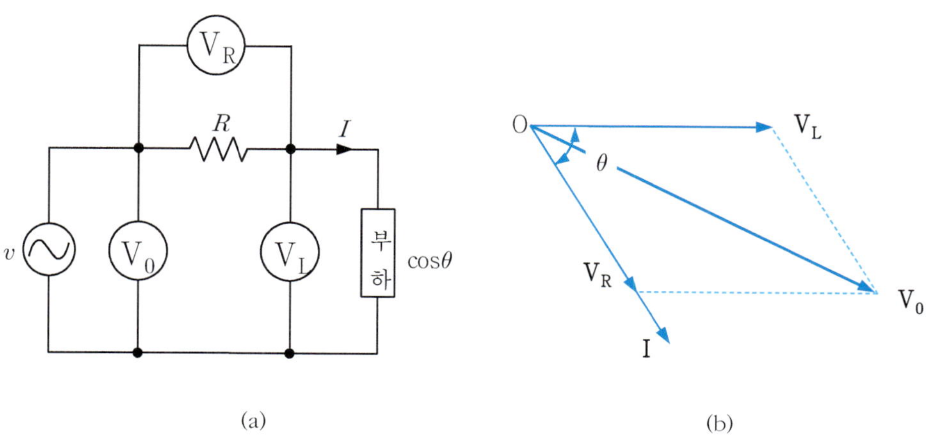

그림 19.1 3전압계법에 의한 전력 측정

부하에서 소비되는 전력 P는 $I = V_R/R$이므로 다음과 같이 된다.

$$P = V_L I\cos\theta = \frac{V_R V_L}{R}\cos\theta \tag{19.1}$$

또 그림 19.1(b)에서 공급 전압 V_o는

$$V_o^2 = V_R^2 + V_L^2 + 2V_R V_L\cos\theta \tag{19.2}$$

이고, 식 (19.2)에서 부하 역률은

$$\cos\theta = \frac{V_o^2 - V_R^2 - V_L^2}{2V_R V_L} \tag{19.3}$$

이 된다. 즉, 식 (19.1)에 역률을 대입하면 소비 전력은 다음과 같이 구하게 된다.

$$P = \frac{1}{2R}(V_o^2 - V_R^2 - V_L^2) \tag{19.4}$$

실제 3전압계법에 의한 전력 측정에서는 전압계 1개만을 가지고 세 가지 전압을 측정하여 사용하고, 기지 저항의 저항값은 부하 임피던스와 비슷한 값으로 선정한다.

또 이 방법에 의한 전력 측정은 오차가 심하기 때문에 계측기의 지시값을 정확히 읽도록 유의하여 측정해야 한다.

3. 사용기기 및 재료

(1) 교류 전압 조정기 ············ 1대
(2) 교류 전압계(150/300[V]) ············ 1대
(3) 단상 전력계(1/5[A], 120/240[V]) ············ 1대
(4) 저항(30[Ω], 50[Ω] 300[W]) ············ 각 1개
(5) 가변 권선 저항(100[Ω] 300[W]) ············ 1개
(6) 인덕터(50[mH] 5[A]) ············ 1개
(7) 회로 시험기 ············ 1대
(8) 리드선 ············ 다수

4. 실험 방법

(1) 그림 19.2와 같이 회로를 결선한다. 단, 부하는 저항 30[Ω], 300[W]와 인덕터 50[mH], 5[A]를 직렬로 접속한다.

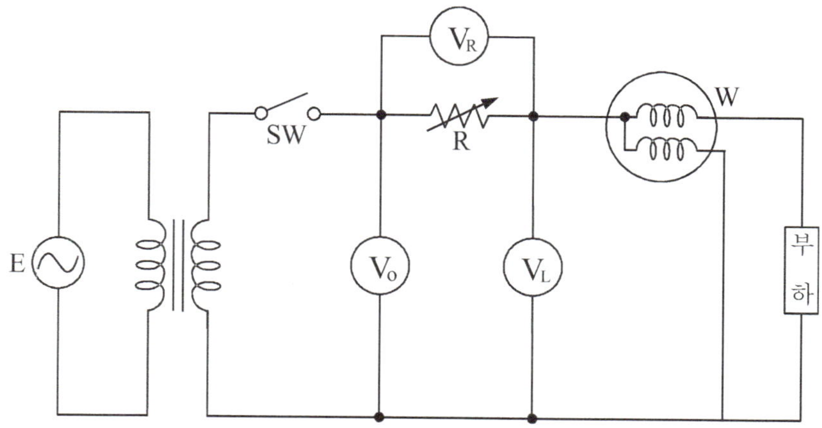

그림 19.2 **3전압계법에 의한 전력 측정 회로**

(2) $R-L$ 직렬 부하에 무유도 가변 권선 저항 $R=30[\Omega]$으로 맞추고 직렬로 접속하여 회로를 구성한다.

(3) 스위치 SW를 닫고, 교류 전압 조정기로 V_o를 40[V]에 맞추어 조정한다. 이 때 각 전압계의 V_L, V_R 및 전력계 P를 측정하여 표 19.1에 기록한다.

(4) 다음의 식을 이용하여 회로에 흐르는 전류 I와 전력 P를 계산하여 표 19.1에 기록한다.

$$\begin{cases} I = \dfrac{{V_R}^2}{R} \\ P = \dfrac{1}{2R}({V_o}^2 - {V_R}^2 - {V_L}^2) \end{cases}$$

(5) 전력계로 측정한 전력값과 계산한 전력값을 비교하고, 그 값에 차이가 있다면 그 원인을 설명하라.

(6) 무유도 저항 R을 그대로 두고 V_o를 60[V], 80[V]로 조정하여 실험 방법 (3)~(5)항을 반복하여 실험한다.

(7) $R-L$ 직렬 부하는 그대로 두고 무유도 가변 권선 저항 $R = 50\,[\Omega]$으로 바꾸어 실험 방법 (3)~(6)항을 반복하여 실험한다.

표 19.1 3전압계법에 의한 전력 측정 실험

무유도저항 $R[\Omega]$	전압계[V]			전력계 P[W]	계산 전류 I[A]	계산 전력 P[W]	계산 역률 $\cos\theta$
	V_o	V_L	V_R				
30	40						
	60						
	80						
50	40						
	60						
	80						

5. 고찰 및 평가

(1) 3전류계법에 의한 전력 측정 방법에 대해 설명하라.

실험 20

적산 전력계의 특성 실험

1. 목적

1) 적산 전력계의 오차가 부하 전류와 입력 전압에 의해 어떻게 변화하는지를 실험을 통하여 고찰한다.
2) 적산 전력계의 계기 정수로부터 소비 전력을 구하는 방법에 대해 익힌다.

2. 이론

적산 전력계는 유도형 적산 전력계를 가장 많이 사용하고 있으며, 단상의 적산 전력계는 단상 전력계와 마찬가지로 전류 코일과 전압 코일을 가지고 있다. 그리고 적산 전력계의 결선은 전력계와 마찬가지로 전류 코일은 부하에 직렬로, 전압 코일은 부하에 병렬로 접속한다.

적산 전력계는 순간의 전력에 따라 원판에 회전력이 가해져 회전하며, 어느 시간 내에 전체 회전수가 소비 전력량에 비례하는 양을 지시한다. 또 전기의 사용량을 측정하는 계측기이기 때문에 정확하고 신뢰할 수 있어야 한다. 이 계측기의 합격품은 3[%] 이내의 오차 범위인 것으로 정하고 있다.

오차를 측정하는 가장 일반적인 방법은 초시계법이며, 이것은 1[kWh]에 대한 원판의 회전수를 나타내는 방법이다.

오차가 없는 이상적인 적산 전력계를 가정하여 P[W]의 부하에 대해 계기 원판이 N회전하는데 필요한 시간 T[sec]는

$$T = \frac{3600 \times 1000 \times N}{PK} \text{ [s]} \tag{20.1}$$

가 된다. 여기서 K[rev/kWh]는 적산 전력계의 계기 정수라 하고, 계기의 명판에 기록되어 있다.

그런데 적산 전력계는 오차 때문에 일정한 전력 즉, 전력계의 지시값 P[W]를 공급하여도 원판이 N회전하는 데 소요되는 시간은 T가 아니고 다르게 나타난다. 따라서 원판이 N회전하는 데 소요되는 실제의 시간을 t[sec]라 하면 오차 ϵ은 다음과 같이 구한다.

$$\pm\epsilon = \frac{T-t}{t}\times 100\ [\%] \tag{20.2}$$

오차는 부하 전류, 전압, 역률, 주파수 등의 변화에 따라 발생하며, 여기서는 부하 특성과 전압 특성에 대해 알아본다.

① 부하 특성 : 경부하에서는 마찰의 영향, 중부하에서는 전류 코일에 의한 자속의 증가로 원판에 제어 작용이 일어나게 된다. 따라서 원판의 속도가 감소하여 부(−)의 오차가 발생한다. 특히 중부하에서는 전류 코일에 발생한 열로 전압 코일이 가열되어 저항이 증대하므로 속도가 감소한다.

② 전압 특성 : 전압을 규정 전압 이상으로 높이면 전압 코일에 의한 자속이 증가하여 점차로 원판의 속도가 증가하고, 전압이 강하하면 반대 현상이 일어난다.

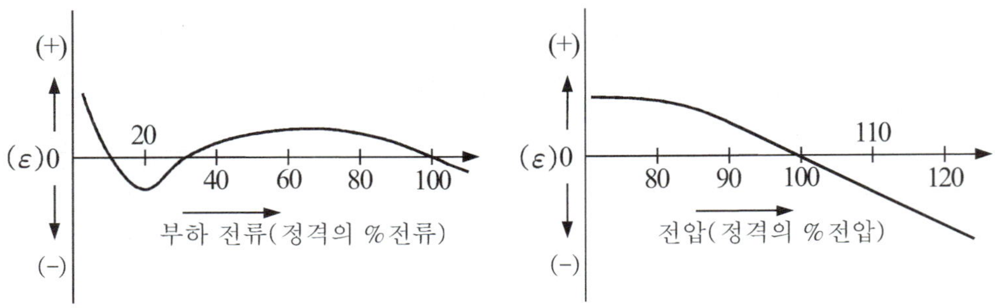

(a) 부하 특성　　　(b) 전압 특성

그림 20.1 오차에 미치는 영향

오차를 측정할 때 유의할 점은 원판의 회전수를 너무 작게 하거나, 측정 시간을 너무 짧게 하면 오차가 커지게 되므로 회전수는 50~100회, 측정 시간은 50~100초 정도로 한다.

3. 사용기기 및 재료

(1) 교류 전압 조정기 ······ 1대
(2) 교류 전압계(150/300[V]) ······ 1대
(3) 교류 전류계(1/5/10[A]) ······ 1대
(4) 단상 적산 전력계(110[V], 30(10)[A]) ······ 1대
(5) 단상 전력계(1/5[A], 120/240[V]) ······ 1대
(6) 전등 부하(110[V], 60[W]) ······ 6개
(7) 리드선 ······ 다수

4. 실험 방법

(부하 특성 실험)

(1) 그림 20.2와 같이 회로를 결선한다. 부하는 오차 계산 방법을 습득하기 위하여 간이적으로 전등 6 등을 병렬로 접속하여 사용한다.

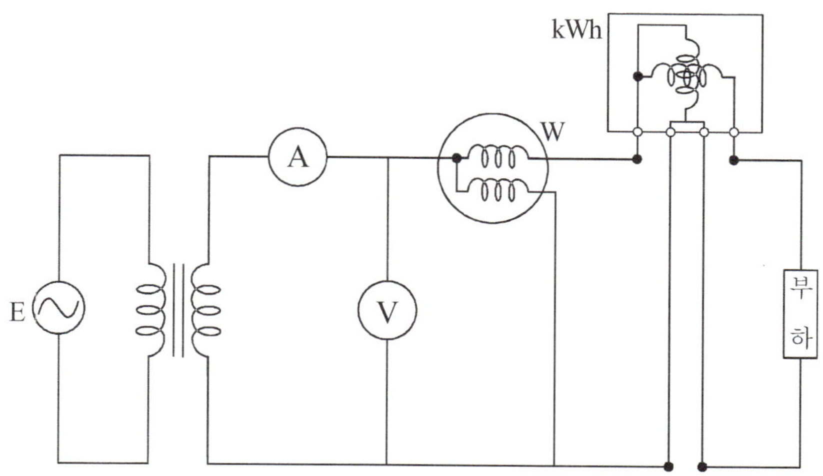

그림 20.2 적산 전력계의 특성 실험

(2) 적산 전력계의 결선은 전류 코일은 부하에 직렬로, 전압 코일은 부하에 병렬로 접속한다.

(3) 적산 전력계의 명판에 적혀 있는 정격을 조사하여 표 20.1에 기록한다.

표 20.1 단상 적산 전력계의 정격

전압[V]	전류[A]	주파수[Hz]	계기정수 K[rev/kWh]	비 고

(4) 교류 전압 조정기에 의해 적산 전력계의 정격 전압, 정격 주파수로 전원을 공급한다.

(5) 부하는 전등 6 등을 각각 개폐가 될 수 있도록 병렬로 접속하여 사용한다. 여기서 전등 1 등만을 점등시켜 단상 전력계가 적당한 전력 P[W]를 지시하도록 하여 그 때의 전력값을 표 20.2에 기록한다.

(6) 적산 전력계 원판의 회전수 N을 50~100회전 사이에 임의로 선정하여 선정한 회전수가 회전하는 데 요하는 시간 t[sec]를 측정한다. 또 이 때의 전압계 및 전류계의 지시값을 읽어 표 20.2에 기록한다. 또한 전등 부하에 대한 전류는 정격 전류의 몇 [%]에 해당하는지도 기록한다.

(7) 전등 부하의 점등하는 등수를 증가시키면서 부하 전류가 20 ~ 100 [%] 사이가 되도록 하면서 실험 방법 (5), (6)항을 반복하여 실험한다.

(8) 실험 결과로부터 계기 원판이 임의로 선정한 회전수 N회전하는 데 요하는 시간 T와 계기 오차 ϵ을 식 (20.1)과 식 (20.2)에 의해 각각 구하고 표 20.2에 기록한다.

표 20.2 적산 전력계의 부하 특성 실험

전압 V[V]	전등 부하	전류 I[A]	원판 회전수 N[회]	시간 [s]		전력 P[W]	오차 ϵ [%]
				t	T		
110	1						
	2						
	3						
	4						
	5						
	6						

(전압 특성 실험)

(9) 실험 방법 (1)~(4)항과 같이 실험을 한다. 부하는 오차 계산 방법을 습득하기 위하여 간이적으로 전등 부하를 사용한다.

(10) 부하는 전등 부하 6 등 모두를 점등시켜 부하를 일정하게 유지시키고, 전압을 정격의 80 ~ 100 [%]가 되도록 80 [V], 90 [V], 100 [V], 110 [V]로 가변시키면서 그 결과를 표 20.3에 기록한다.

(11) 적산 전력계 원판의 회전수 N을 50~100회전 사이에 임의로 선정하여 선정한 회전수가 회전하는 데 요하는 시간 t [sec]를 측정한다.

표 20.3 적산 전력계의 전압 특성 실험

전압 V [V]	전등 부하	전류 I [A]	원판 회전수 N [회]	시간 [s]		전력 P [W]	오차 ϵ [%]
				t	T		
80	6 등						
90							
100							
110							

(12) 실험 결과로부터 계기 원판이 임의로 선정한 회전수 N회전하는 데 소요되는 시간 T와 계기 오차 ϵ을 식 (20.1)과 식 (20.2)에 의해 각각 구하고 표 20.3에 기록한다.

(13) 표 20.2와 표 20.3의 실험 결과로부터 오차 특성 곡선을 그림 20.3에 그린다.

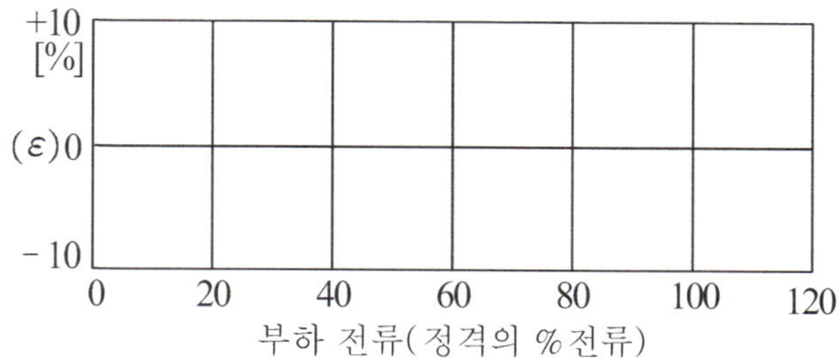

(a) 부하 특성 실험

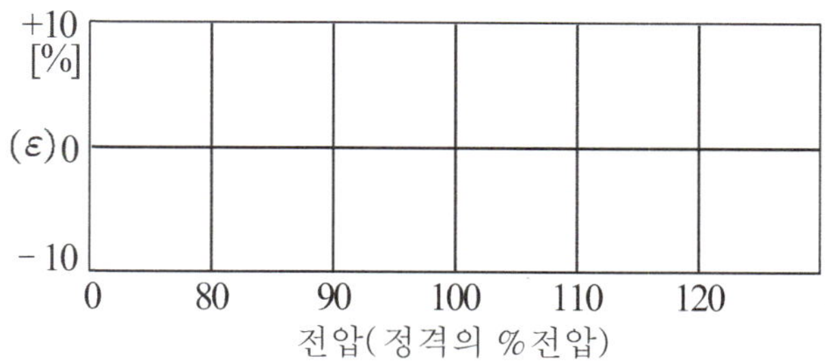

(b) 전압 특성 실험

그림 20.3 적산 전력계의 오차 특성 곡선

5. 고찰 및 평가

(1) 계기 정수는 1200[rev/kWh], 승률 1의 전력량계의 원판이 40초에 20회전하였다. 이때의 평균 부하 전력[kW]을 구하라.

(2) 100[V], 10[A]의 단상 교류 적산 전력계를 정격 전압, 정격 전류 및 역률 0.5에서 시험하였더니 원판의 회전수 20회에 대하여 57초 걸렸다. 이 계기의 오차를 구하라. 단, 계기 정수는 2400[rev/kWh]이다.

(3) 100[V], 20[A]용 단상 적산 전력계에 어떤 부하를 가할 때 원판의 회전수 20회에 대하여 40.3초 걸렸다. 만일 이 계기의 20[A]에 있어서 오차가 +2[%]라 하면 부하 전력은 몇 [kW]인가? 단, 계기 정수는 1000[rev/kWh]이다.

실험 21

형광 방전등의 특성 실험

1. 목적

1) 형광 방전등의 구조와 동작 원리를 이해한다.
2) 형광 방전등의 특성을 실험을 통하여 확인하고 고찰한다.

2. 이론

(1) 형광 방전등의 구조와 발광 원리

형광 방전등은 저압 수은등의 일종으로 투명한 유리관 내면에 얇은 형광 물질을 도포하고, 양쪽 끝에 열음극의 필라멘트 전극을 장착시킨 구조로 되어 있다. 관의 내부에는 소량의 수은을 넣어서 점등 중에 0.01[mmHg]의 수은 증기압이 되도록 하고, 방전 개시를 용이하게 하기 위하여 아르곤을 봉입한다.

열음극에 의해 방출된 열전자는 관의 내부에 전류를 흐르게 하여 증기 상태의 수은 원자와 충돌하면서 파장이 253.7[nm]인 자외선을 방사시킨다. 또 이 자외선은 유리관 내부에 도포한 형광 물질과 충돌, 여기시켜 눈에 보이도록 가시광선으로 변환하는 조명 기구이다.

(2) 형광 방전등의 동작 원리

형광등은 절연체인 기체 속을 전자가 이동하는 방전 현상을 이용한 것으로 전극 간의 전압과 전류의 관계는 부특성이므로 정전압 회로로 점등하려면 안정기로써 저항기 또는 인덕터를 직렬로 삽입하여 안정 상태를 유지해야 한다.

형광 방전등의 동작 원리에 대해 점등관을 이용한 점등 방법을 설명하기로 한다.

점등관은 고정 전극과 바이메탈로 된 가동 전극으로 구성되어 있고, 관 내부에 아르곤 또는 네온 가스가 봉입되어 있다. 점등관은 글로우 램프(glow lamp) 또는 스타터(starter)라고도 한다.

그림 21.1에서 형광 방전관을 점등하기 위하여 전원 전압 100[V]가 가해지면 점등관의 고정 전극과 바이메탈의 가동 전극 사이에 글로우 방전이 일어나고, 글로우 방전에 의해 가열된 바이메탈은 팽창하여 1~2초간 두 전극이 접촉하게 된다. 이 때 회로에는 기동 전류가 흘러 형광 방전관 내의 필라멘트를 예열한다.

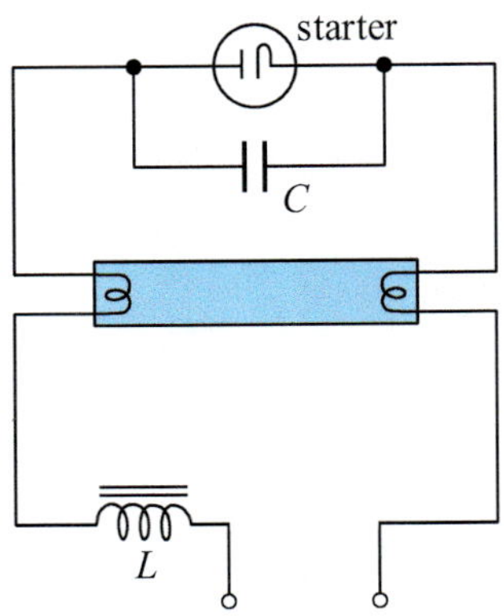

그림 21.1 **형광등의 동작 회로**

또 점등관이 접촉하면 점등관 내부에서의 글로우 방전은 멈추고 바이메탈은 다시 냉각되면서 접촉에서 분리하게 된다. 이 접촉이 분리되는 순간 안정기 양단에 $-L\dfrac{di}{dt}$의 높은 킥 전압(kick voltage)이 발생하여 형광 방전등의 주전극 사이에 방전이 개시되고 형광등은 점등 상태로 된다.

형광 방전관이 점등한 후 관전류는 안정기에서 제한된 전류에 의해 형광등의 방전을 지속적으로 유지시키고, 이 때 방전관의 단자 전압은 60 ~ 70[V] 정도로 내려간다.

따라서 점등관에 인가되는 전압은 방전개시전압보다 낮기 때문에 형광 방전관에만 전압이 인가되고, 점등관은 다시 동작하지 않게 된다.

백열전구의 역률은 필라멘트의 저항만이 관계하므로 거의 100[%]이지만, 형광 방전관은 직렬로 안정기가 접속되어 있기 때문에 약 50 ~ 60[%] 정도이다. 방전관 자체는 저항 부하에 가깝고 그 역률은 약 90[%] 정도이지만 회로에 삽입되어 있는 안정기로 인하여 저역률로 되는 것이다. 따라서 역률을 개선하기 위하여 역률 개선용 콘덴서를 전원과 병렬로 접속한다.

형광등의 역률 85[%]의 고역률로 개선하기 위하여 정전 용량 3.5 ~ 5.5[μF] 정도의 콘덴서를 병렬로 접속해야 한다.

3. 사용기기 및 재료

(1) 교류 전압 조정기 ………… 1대
(2) 교류 전압계(150/300[V]) ………… 3대
(3) 교류 전류계(1/3[A]) ………… 1대
(4) 단상 전력계(1/5[A], 120/240[V]) ………… 1대
(5) 형광등(FL-10[W]) ………… 1개
(6) 안정기(10[W]용) ………… 1개
(7) 점등관 ………… 1개
(8) 콘덴서(4.5[μF]) ………… 1개 리드선
(9) 리드선 ………… 다수

4. 실험 방법

(1) 그림 21.2와 같이 회로를 결선한다.

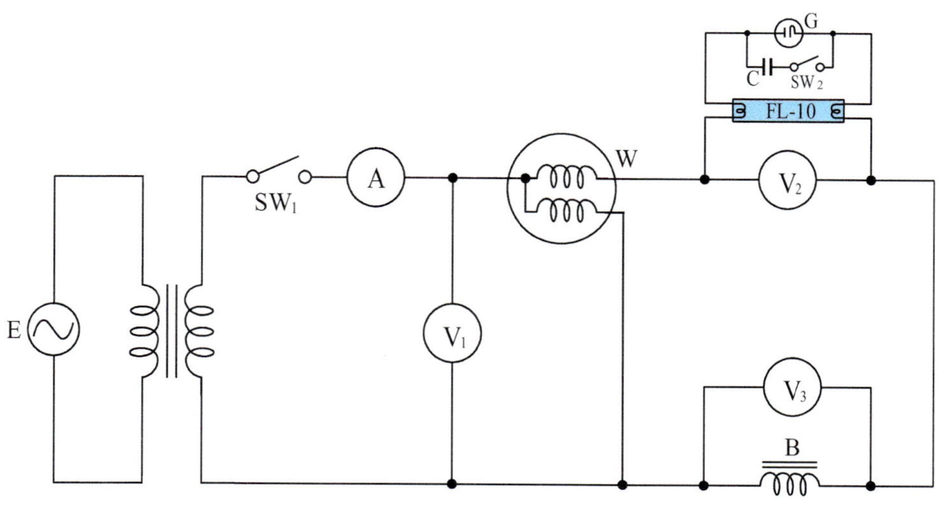

그림 21.2 **형광 방전등의 특성 실험**

(2) 교류 전압 조정기를 0으로 하고 스위치 SW_1만을 닫는다.

(3) 교류 전압 조정기를 조정하여 형광등의 방전 개시 직전의 전압, 전류를 측정하고 표 21.1에 기록한다.

(4) 피상 전력 P_a와 역률 $\cos\theta$을 계산하여 표 21.1에 기록한다.

$$\begin{cases} \text{전력} \ : \ P_a = V_1 I \\ \text{역률} \ : \ \cos\theta = \dfrac{P}{V_1 I} \end{cases}$$

(5) 방전 개시 직후에 실험 방법 (2)~(4)항을 반복하여 실험한다.

(6) 방전 상태에서 교류 전압 조정기로 전압을 더 증가시켜 정격 전압으로 조정한 후 실험 방법 (2)~(4)항을 반복하여 실험한다. 단, 정격 전류의 측정은 10초의 시간이 경과한 후에 측정한다.

(7) 스위치 SW_1을 열고, 전원을 내린다.

(8) 스위치 SW_1과 SW_2를 모두 닫고, 실험 방법 (3)~(6)항을 반복하여 실험한다. 실험 결과는 표 21.2에 기록한다.

(9) 역률 개선용 콘덴서를 부착하기 전과 후의 실험결과인 표 21.1과 표 21.2에서 역률이 어떻게 변화하였는지 기술한다.

표 21.1 형광 방전등의 특성 실험(콘덴서 미부착)

전원전압 V_1[V]	안정전압 V_2[V]	램프전압 V_3[V]	램프전류 I[A]	전 전력 P[W]	피상전력 P_a[W]	역률 $\cos\theta$	비 고
							방전 개시 직전
							방전 개시 직후
							정격 전압

표 21.2 형광 방전등의 특성 실험(콘덴서 부착)

전원전압 V_1[V]	안정전압 V_2[V]	램프전압 V_3[V]	램프전류 I[A]	전 전력 P[W]	피상전력 P_a[W]	역률 $\cos\theta$	비 고
							방전 개시 직전
							방전 개시 직후
							정격 전압

5. 고찰 및 평가

(1) 실험 결과로부터 형광등이 점등되는 순간(방전 개시 직후)의 전압을 기록하고, 백열전구와 다른 점에 대하여 설명하라.

(2) 형광등에서 방전 현상에 대하여 기술하라.

(3) 형광등에 콘덴서를 사용하는 이유와 접속 방법을 설명하라.

(4) 실험 결과에서 형광등의 인가전압과 역률의 관계를 설명하라.

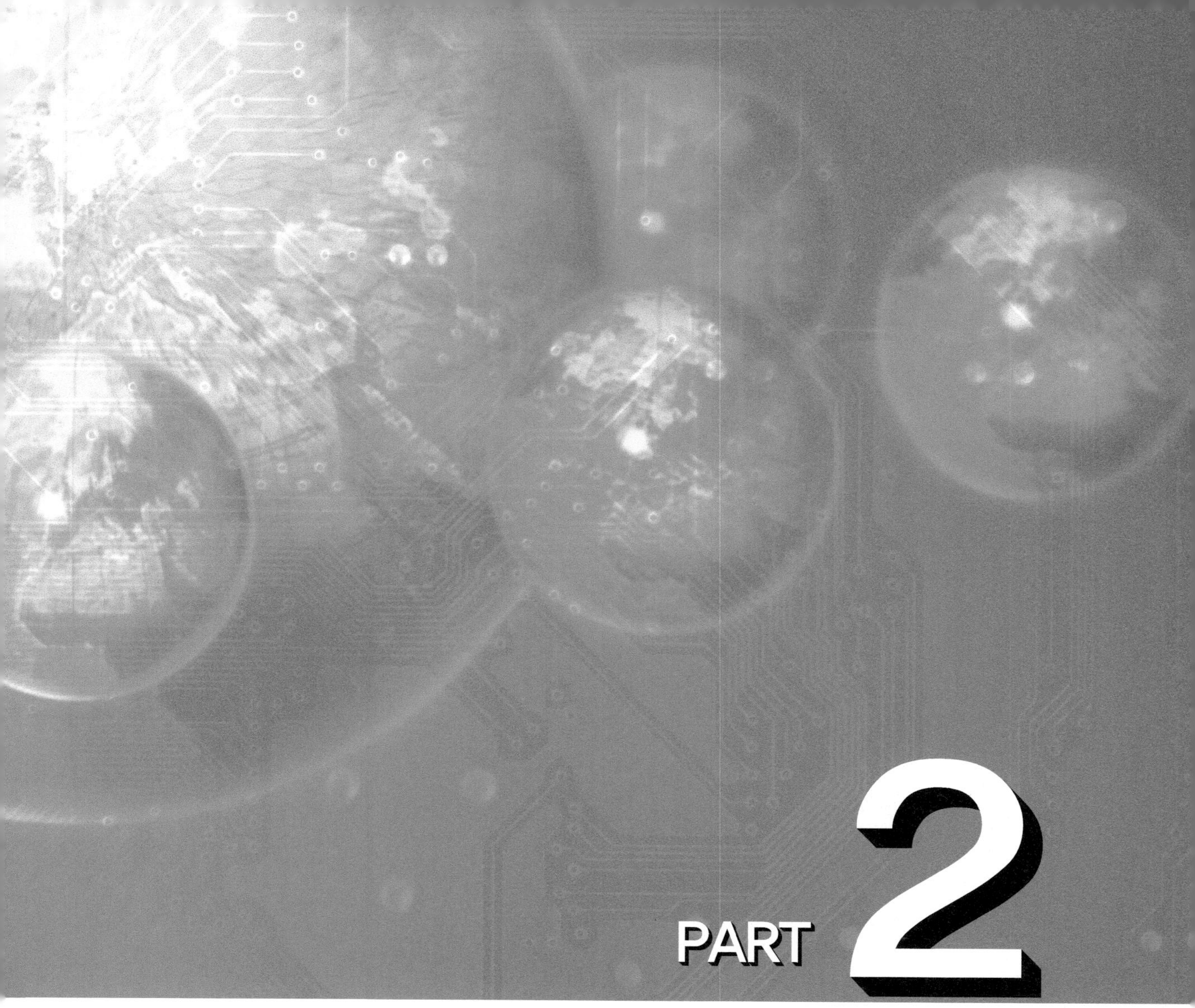

PART 2

전자기초실험

실험 01 반도체 다이오드의 특성

1. 목적

1) 반도체 다이오드의 동작 특성을 이해하고, 순방향 및 역방향 바이어스 효과를 고찰한다.
2) 반도체 다이오드의 전압-전류 특성을 측정하여 동작특성과 비교, 확인한다.

2. 이론

(1) 반도체

물질은 전기적 성질에 따라 전류가 흐르기 쉬운 도체와 흐르기 어려운 성질을 가진 부도체, 그리고 도체와 부도체의 중간 형태의 성질을 가지는 반도체로 구분하고 있다. 반도체(semiconductor)는 불순물을 포함하고 있지 않은 순수한 반도체인 진성 반도체와 불순물을 포함하고 있는 불순물 반도체로 구분한다.

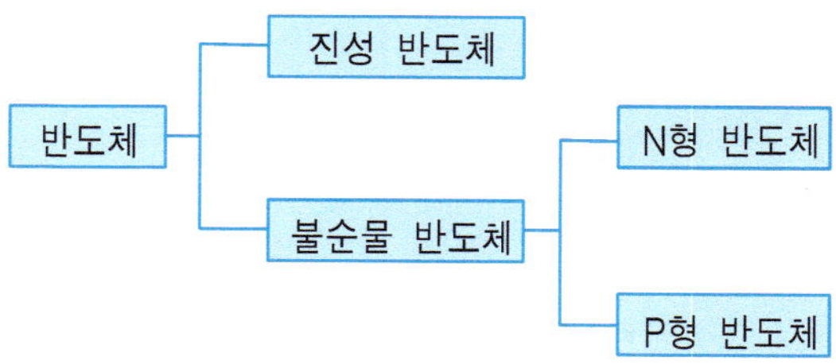

그림 1.1 **반도체의 분류**

진성 반도체는 실리콘(Si), 게르마늄(Ge) 등과 같이 4족 원소이며, 완전한 공유결합을 하고 있으므로 절연체이고, 전기적으로 이용가치가 적어 단독으로는 반도체로 사용할 수 없다.

따라서 4가 원자인 진성 반도체에 다른 성분의 원자를 극소량으로 첨가시켜 불순물 반도체의 형태로 사용한다.

반도체는 전기저항이 정(+)의 온도계수를 가지고 있는 금속 도체와는 달리, 부(−)의 온도계수 특성을 나타내기 때문에 온도가 상승하면 저항이 감소하는 특이한 성질을 가지고 있다.

(2) 불순물 반도체

진성 반도체에 전도성을 높이기 위하여 특정의 불순물을 첨가한 것을 불순물 반도체라 하며, 다이오드나 트랜지스터 등 일반적인 반도체 등이 이에 속한다.

불순물 반도체는 첨가하는 불순물의 역할에 따라 N형 반도체와 P형 반도체로 나누어진다.

1) N형 반도체(negative semiconductor)

진성 반도체 속에 불순물의 역할을 하는 비소(As), 안티몬(Sb) 등의 5가의 원자를 극소량 첨가하여 결정을 만들면 5가의 원자들이 갖는 가전자 1개가 남게 된다. 이 남는 전자를 과잉전자라 하고, 원자핵에 대한 구속력이 약하기 때문에 약간의 에너지로 반도체의 결정 안을 자유로이 돌아다니는 자유전자가 된다.

이와 같이 인공적으로 자유전자를 만들기 위해 불순물을 혼합하는 5가의 원자를 도너(donor)라 한다. 5가의 불순물 원자를 첨가한 반도체에서는 부(−)로 대전한 자유전자의 수가 정(+)으로 대전한 정공의 수보다 많으므로 과잉전자가 생기는 반도체를 N형 반도체라 한다. 그림 1.2(a)에 N형 반도체를 나타낸다.

N형 반도체의 자유전자와 같이 수가 많은 쪽의 캐리어를 다수 캐리어라 하고, 정공과 같이 수가 적은 쪽의 캐리어를 소수 캐리어라 한다.

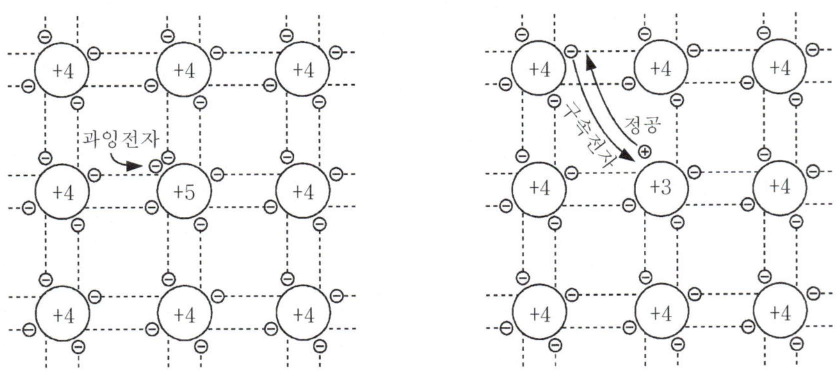

(a) N형 반도체　　(b) P형 반도체

그림 1.2 반도체

2) P형 반도체(positive semiconductor)

진성 반도체 속에 인듐(In), 갈륨(Ga) 등의 3가의 원자를 첨가하여 결정을 만들면 그림 1.2(b)와 같이 가전자 1개가 부족하여 전자가 빈 곳이 생기는데 이를 정공 또는 홀(hole)이라 한다.

이와 같이 인공적으로 정공을 만들기 위해 불순물을 혼합하는 3가의 원자를 억셉터(acceptor)라 하고, 3가의 원자를 혼합한 반도체에서는 정공의 수가 자유전자의 수보다 많으므로 이 반도체를 P형 반도체라 한다. 그림 1.2(b)에 P형 반도체를 나타낸다.

P형 반도체에서는 정공이 다수 캐리어이고, 자유전자는 소수 캐리어이다.

(3) 다이오드

그림 1.3(a)와 같이 P형 반도체와 N형 반도체를 기계적, 원자 구조적으로 접합한 것을 PN 접합 다이오드(diode)라고 한다. P형의 전극 단자를 애노드(anode, 양극), N형의 전극 단자를 캐소드(cathode, 음극)라 한다. 일반적으로 다이오드는 캐소드 쪽에 원형띠 또는 뾰족한 모양으로 표시되어 있거나, 큰 다이오드에서는 애노드와 캐소드를 구분하기 위하여 다이오드 모양이 그려져 있다.

그림 1.3(b)는 다이오드의 기호를 나타낸 것이고, P형에서부터 N형 반도체로 향하는 화살표로 표시한다.

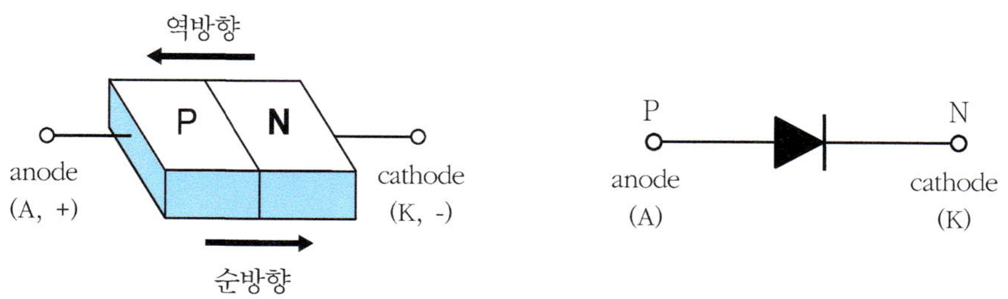

(a) PN 접합 다이오드 (b) 다이오드 기호

그림 1.3 반도체 다이오드 및 기호

1) 다이오드의 구조

다이오드는 그림 1.4와 같이 실리콘 또는 게르마늄의 단결정 속에서 결정을 성장시켜 P형 반도체 부분과 N형 반도체 부분이 서로 접하도록 하여 만든 것이다.

P형과 N형이 서로 접합하면 접합면에서는 농도의 차에 의한 확산이 일어나, P형의 정공은 N형의 영역, N형의 전자는 P형의 영역으로 이동하여 전기적으로 중화되고 정공과 전자 모두가 존재하지 않는 공핍층이 생겨 전위 장벽을 만들어낸다.

공핍층(depletion layer)의 영역에는 서로 다른 극성의 전하가 존재하고, 약간의 전위차가 발생하는데 이를 전위 장벽이라 한다. 따라서 P형과 N형 반도체를 서로 접합하여 사용하는 이유는 전위 장벽에 의해 외부에서 가하는 에너지를 주입하여 캐리어의 수를 제어할 수 있기 때문이다.

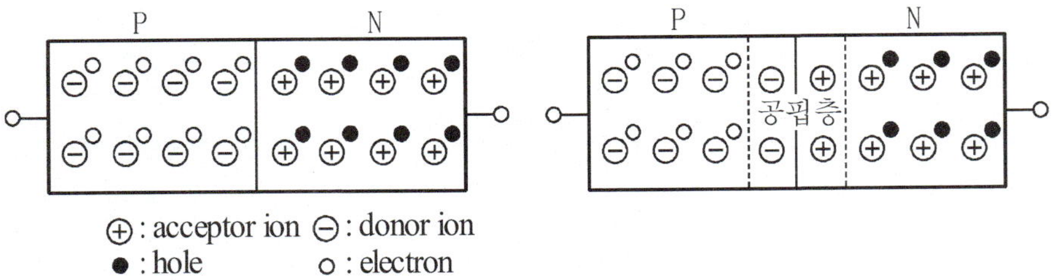

(a) 캐리어 확산 전 (b) 캐리어 확산 후

그림 1.4 반도체 접합 다이오드

2) 다이오드에 순방향 전압을 인가한 경우

그림 1.5와 같이 P형의 전극 단자에 (+), N형의 전극 단자에 (−)의 전압을 가하면, 접합부에서의 전위 장벽은 외부 전압에 의해 거의 없어지고 공핍층의 폭도 좁아져 P형 속의 다수 캐리어인 정공은 N형 쪽으로, N형 속의 다수 캐리어인 전자는 P형 쪽으로 이동하게 되어 전류가 잘 흐르게 된다. 이와 같은 전류를 순방향 전류라 하고, 순방향 전류가 흐르도록 외부 직류 전압을 인가하는 방법을 순방향 바이어스라 한다.

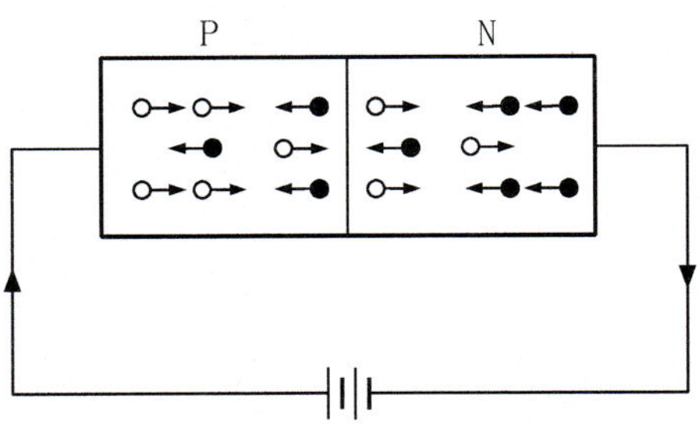

그림 1.5 순방향 바이어스

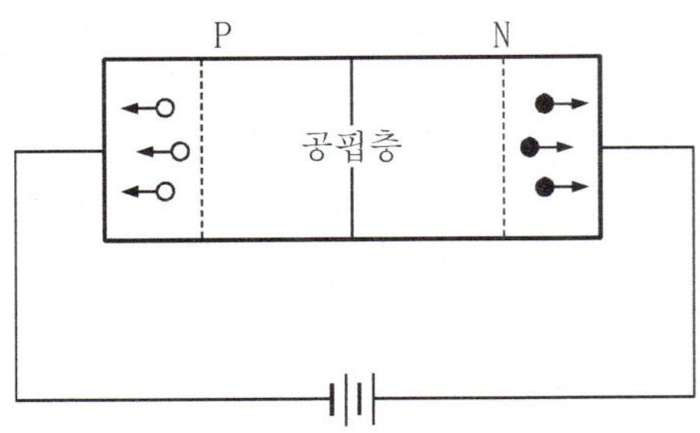

그림 1.6 역방향 바이어스

3) 다이오드에 역방향 전압을 인가한 경우

그림 1.6과 같이 P형의 전극 단자에 (−), N형의 전극 단자에 (+)의 전압을 인가하면, 정공은 P형의 전극 쪽으로, 전자는 N형의 전극 쪽으로 이끌린다. 그 결과 접합부에서는 캐리어가 존재하지 못하고 공핍층의 영역은 더욱 넓어지고, 전위 장벽도 높아지기 때문에 두 반도체 사이에는 전자의 이동이 일어날 수 없게 된다. 즉 전류는 거의 흐르지 못하는 상태가 된다. 이와 같이 전류가 흐르지 못하도록 전압을 인가하는 방법을 역방향 바이어스라 한다.

(4) 다이오드의 전기적 특성

그림 1.7은 반도체 다이오드의 전압−전류 특성 곡선을 나타낸 것이다. 순방향 전압을 서서히 증가시키면 처음에는 전위 장벽 때문에 전류가 흐르지 못하다가 일정 전압 이상이 되면 저항이 작아져 전류가 급격하게 증가한다. 이 전압을 임계 전압(턴온 전압, 문턱 전압)이라 하며, 게르마늄 다이오드는 0.3 ~ 0.4[V], 실리콘 다이오드는 0.6 ~ 0.7[V]의 임계 전압을 나타내고, 동일한 반도체에서는 농도가 높을수록 높은 특징이 있다.

반면에 다이오드가 역방향 바이어스가 되면, 어느 전압까지는 거의 전류가 나타나지 않고 매우 적은 역방향 포화 전류가 흐르지만 어떤 전압 이상에서 급격하게 전류가 흐르게 된다. 그 때의 전압을 항복 전압 또는 파괴 전압이라 한다.

다이오드를 선택할 때에는 정상적인 동작에서 다이오드에 걸리는 역방향 전압보다 더 큰 항복 전압을 갖도록 선택해야 한다. 또한 순방향 바이어스에서는 다이오드의 내부 저항이 매우 작아져 큰 전류가 흐르기 때문에 소자의 소손을 방지하기 위하여 부하 저항을 연결하여 전류를 제한하여 사용한다.

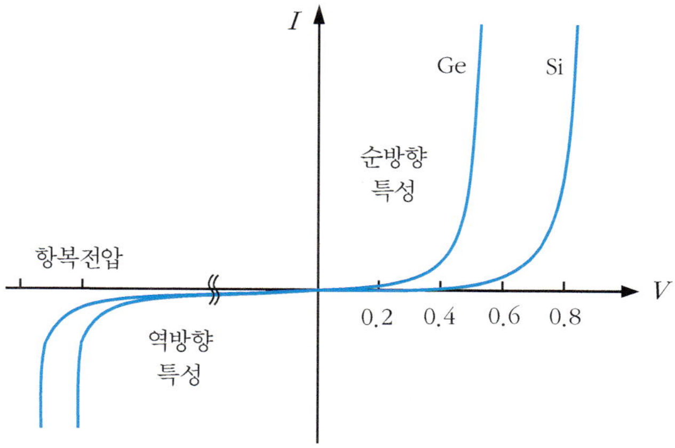

그림 1.7 **다이오드의 전압−전류 특성 곡선**

다이오드는 순방향 바이어스에서 전류가 흐르기 쉽고, 역방향 바이어스에서는 흐르기 어려운 성질, 즉 한쪽 방향으로만 전류를 흐르게 하는 정류(整流) 작용의 특성이 있기 때문에 단방향성 특성을 가진 대표적인 소자이다.

최근 게르마늄 다이오드보다는 실리콘 다이오드를 일반적으로 사용하고 있다.

(5) 다이오드의 양·부 판정

다이오드는 회로시험기를 사용하여 불량품인지를 간단히 점검할 수 있다. 그림 1.8과 같이 다이오드의 양·부 판정의 순서는 다음과 같다.

① 회로시험기의 절환 스위치를 $R \times 1K$로 맞춘다.
② 회로시험기의 단자를 단락시켜 영점조정을 한다.
③ 다이오드의 애노드(A)에 흑색 단자, 캐소드(K)에 적색 단자를 댄다.
④ 그림과 같이 바늘이 0까지 가지 않고 도중에서 정지하면 양호한 현상이다.
⑤ 반대로 애노드(A)에 적색 단자, 캐소드(K)에 흑색 단자를 댄다.
⑥ 바늘이 움직이지 않으면 양호한 현상이다.

다이오드의 양부 판정의 순서에서 ①~④까지는 다이오드의 순방향의 점검이고, ⑤와 ⑥은 역방향의 점검을 나타낸다.

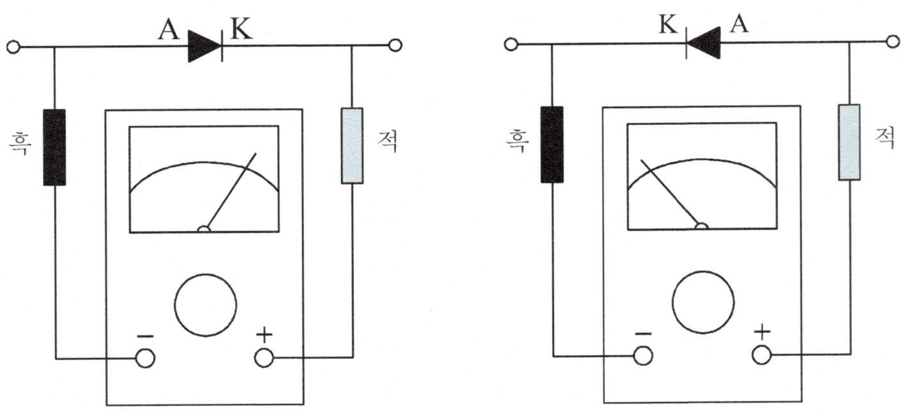

(a) 순방향 측정 (b) 역방향 측정

그림 1.8 다이오드의 양부 판정

3. 사용기기 및 재료

(1) 직류 전원 공급 장치(0 ~ 30[V]) ········· 1대
(2) 직류 전압계(1/3/10[V]) ········· 1대
(3) 직류 전류계(1/10/50[mA]) ········· 1대
(4) 다이오드(Si, Ge) ········· 각 1개
(5) 가변 저항(0 ~ 10[kΩ]) ········· 1개
(6) 회로 시험기 ········· 1대
(7) 만능 기판(브레드 보드) ········· 1개
(8) 리드선 ········· 다수

4. 실험 방법

(1) 실리콘 다이오드 및 게르마늄 다이오드의 순방향 저항값을 그림 1.8(a)와 같이 측정하여 기록한다.

① Si 다이오드의 순방향 저항 : [Ω]
② Ge 다이오드의 순방향 저항 : [Ω]

(2) 실리콘 다이오드 및 게르마늄 다이오드의 역방향 저항값을 그림 1.8(b)와 같이 측정하여 기록한다.

① Si 다이오드의 역방향 저항 : [Ω]
② Ge 다이오드의 역방향 저항 : [Ω]

(3) 실리콘 다이오드를 사용하여 순방향 바이어스가 되도록 그림 1.9와 같이 회로를 구성한다.

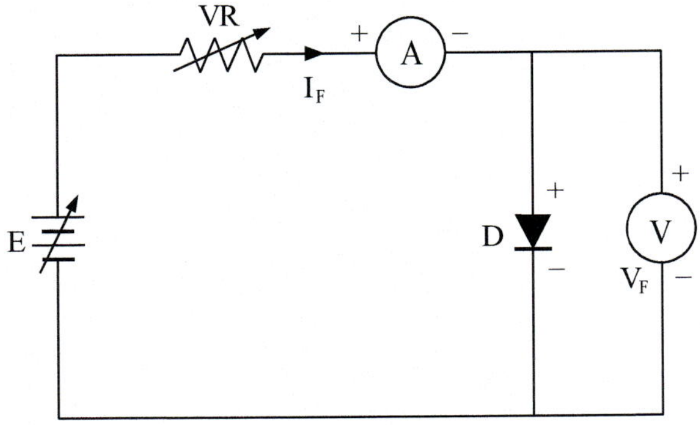

그림 1.9 다이오드의 순방향 바이어스

(4) 가변 저항을 2[kΩ]으로 놓고, 다이오드의 양단 전압 V_F를 0[V]에서 0.1[V]씩 증가시켜 0.9[V]까지 전류값 I_F를 측정하여 표 1.1에 기록한다.

(5) 가변 저항을 6[kΩ]으로 놓고, 다이오드의 양단 전압 V_F를 0[V]에서 0.1[V]씩 증가시켜 0.9[V]까지 증가하면서 전류값 I_F를 측정하여 표 1.1에 기록한다.

표 1.1 순방향 바이어스(Si)

순방향(Si) 바이어스		
V_F[V]	I_F[mA]	
	2 [kΩ]	6 [kΩ]
0		
0.1		
0.2		
0.3		
0.4		
0.5		
0.6		
0.7		
0.8		
0.9		

(6) 그림 1.9에서 다이오드의 방향을 반대로 하여 역방향 바이어스 상태로 회로를 구성한다.

(7) 가변 저항을 2 [kΩ] 으로 놓고, 전원 전압을 변화시키면서 표 1.2에 표시된 다이오드의 역전압 V_R에 따라 전류값 I_R를 측정하여 기록한다.

(8) 가변 저항을 6 [kΩ] 으로 놓고, 전원 전압을 변화시키면서 표 1.2에 표시된 다이오드의 역전압 V_R에 따라 전류값 I_R를 측정하여 기록한다.

표 1.2 역방향 바이어스(Si)

역방향(Si) 바이어스		
V_R[V]	I_R[mA]	
	2 [kΩ]	6 [kΩ]
0		
0.2		
0.5		
1		
2		
5		
10		

(9) 표 1.1, 표 1.2를 이용하여 그림 1.10에 실리콘 다이오드의 전압-전류 특성 곡선을 그린다.

(10) 다이오드를 게르마늄 다이오드로 바꾸어 실험 방법 (3)~(8)의 과정을 반복하여 실험하고, 표 1.3과 표 1.4에 기록한다.

(11) 표 1.3, 표 1.4를 이용하여 게르마늄 다이오드의 전압－전류 특성 곡선을 그림 1.10에 그린다.

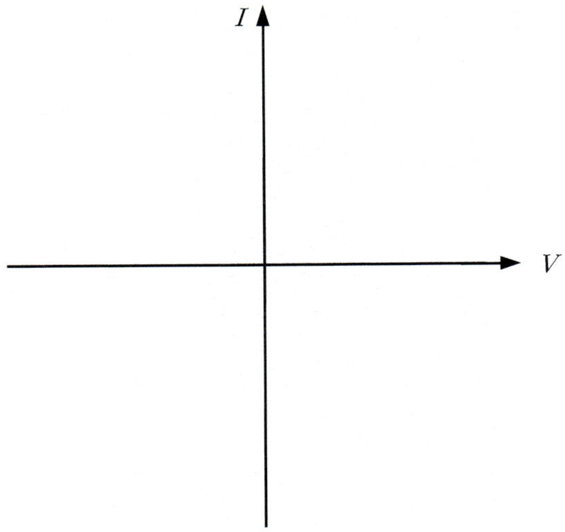

그림 1.10 다이오드의 전압－전류 특성 곡선

표 1.3 순방향 바이어스(Ge)

순방향(Ge) 바이어스		
V_F[V]	I_F[mA]	
	2 [kΩ]	6 [kΩ]
0		
0.1		
0.2		
0.3		
0.4		
0.5		
0.6		
0.7		
0.8		
0.9		

표 1.4 역방향 바이어스(Ge)

역방향(Ge) 바이어스		
V_R[V]	I_R[mA]	
	2 [kΩ]	6 [kΩ]
0		
0.2		
0.5		
1		
2		
5		
10		

5. 고찰 및 평가

(1) 다이오드의 정류 작용에 대하여 간단히 설명하라.

(2) 다이오드의 애노드와 캐소드를 구별하는 방법에 대하여 설명하라.

(3) 반도체 다이오드의 전압-전류 특성에 대하여 그래프를 그리고 설명하라.

(4) 회로 시험기로 다이오드의 극성을 조사하는 방법을 설명하라.

실험 02

제너 다이오드의 특성

1. 목적

1) 제너 다이오드의 순방향과 역방향의 특성을 이해한다.
2) 전압 조정기의 동작을 관찰하여 정전압 특성을 이해한다.

2. 이론

(1) 제너 다이오드의 특성

다이오드는 P형과 N형 반도체에 캐리어로 각각 정공과 자유전자가 있고, 공유 결합에 의한 원자들은 최외곽 전자인 가전자로 결합되어 있다. 이 상태에서 역바이어스를 크게 하여 항복 전압에 도달하면, 자유전자와 정공들은 큰 에너지를 얻어 공유 결합하고 있는 가전자들과 직접 충돌하여 결합으로부터 이끌어내어 자유전자를 생성시키고, 그 자리에 새로운 정공이 생겨나 자유전자를 끌어들이려고 한다.

여기서 생성된 자유전자는 다른 가전자와 충돌하면서 다시 새로운 자유전자를 생성시키는 방식을 반복하고, 자유전자와 정공을 급격히 증가시켜 이들이 캐리어가 되어 접합부를 넘어 이동하여 전류를 크게 흐르게 한다. 이와 같이 캐리어의 증가가 마치 눈사태가 일어나는 현상과 흡사하기 때문에 전자 사태(avalanche)라 한다.

일반적으로 반도체 다이오드는 그림 1.7과 같이 순방향에서 전류가 잘 흐르고, 역방향에서는 잘 흐르지 않다가 항복 전압에서 전류가 급격히 흘러 다이오드가 파괴된다. 그러나 제너 다이오드(zener diode)는 역방향 바이어스에서 전압을 증가시키면 항복 영역까지 역방향의 미소전류가 일정하게 지속되다가 항복 전압 영역 이상이 되면 역방향 전류가 급격히 증가한다. 역방향 전류가 급격히 증가할 때의 역방향 전압을 제너 항복 전압 또는 제너 전압 V_Z라 하고, 제너 다이오드는 제너 전압의 역방향 특성을 이용하도록 설계한 소자이다.

일반적으로 제너 전압 V_Z의 수치는 3[V] 정도이고, 큰 것은 200[V] 이상의 것도 있다.

그림 2.1(a)은 제너 다이오드의 기호이고, 그림 2.1(b)는 전형적인 제너 다이오드의 전압-전류 특성을 나타낸 것이다. 제너 다이오드의 순방향 특성은 일반 반도체 다이오드와 같이 동작전압 이상에서는 단락된 스위치처럼 순방향 전류가 잘 흐르고 있지만, 역방향 특성은 제너 전압 이하에서 포화전류라고 하는 역방향의 미소전류가 흐르며 제너 전압 이상이 되면 역방향의 큰 전류가 흐른다. 그러나 순방향 특성과는 달리 제너 다이오드의 양단에는 제너 전압 V_Z가 생긴다.

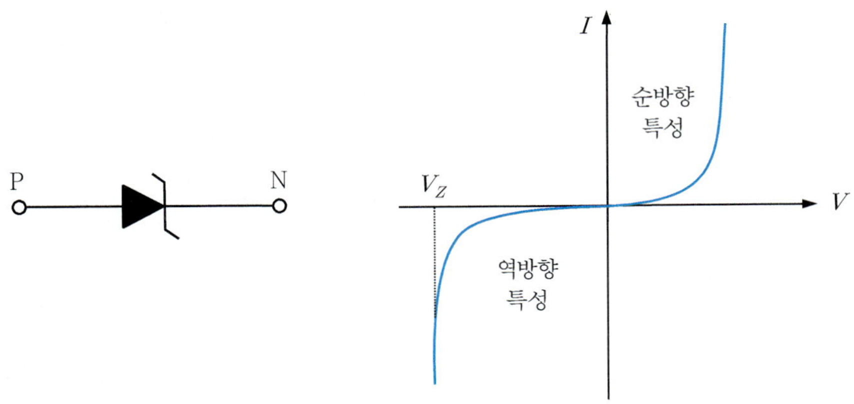

(a) 제너 다이오드 기호 (b) 제너 다이오드의 전압-전류 특성

그림 2.1 **제너 다이오드**

(2) 제너 다이오드의 정전압 특성

제너 다이오드는 제너 전압 이상의 높은 전압을 가했을 때, 전류는 전자사태에 의해 급격히 증가하지만 전압은 항상 일정한 값을 유지하는 정전압 특성을 가지고 있다. 따라서 제너 다이오드는 역방향 전압을 가했을 때 정전압 작용이 있기 때문에 전원회로의 안정화에 널리 사용된다. 제너 다이오드의 양 단자에 걸리는 일정한 전압은 항상 항복 전압인 제너 전압 V_Z가 되므로 제너 다이오드를 정전압 다이오드라고도 한다.

그림 2.2(a)는 제너 다이오드에 인가하는 역방향 전압 V_R이 제너 전압 V_Z보다 작을 때 일반 반도체 다이오드와 같이 스위치가 개방 상태가 된다는 것을 나타내며, 제너 다이오드의 양단에 가해진 역전압과 같은 크기의 전위차가 발생한다.

그림 2.2(b)는 제너 다이오드에 인가하는 역방향 전압이 제너 전압 V_Z보다 클 때 스위치가 단락 상태와 마찬가지로 역방향 전류가 크게 흐르는 것을 나타낸다. 그러나 순방향인 때와는 다르게 제너 다이오드의 양단에는 항상 일정한 제너 전압이 걸린다.

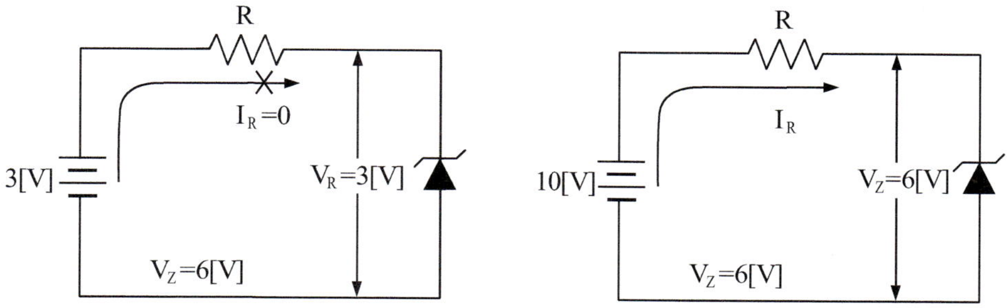

(a) 역전압이 제너 전압보다 작을 때 (b) 역전압이 제너 전압보다 클 때

그림 2.2 **제너 다이오드의 정전압 특성**

3. 사용기기 및 재료

(1) 직류 전원 공급 장치(0 ~ 30 [V]) ······ 1대
(2) 직류 전압계(1/3/50 [V]) ······ 1대
(3) 직류 전류계(1/10/50 [mA]) ······ 1대
(4) 제너 다이오드(V_Z = 6 [V]) ······ 1개
(5) 저항(500 [Ω], 1 [kΩ]) ······ 각 1개
(6) 회로 시험기 ······ 1대
(7) 만능 기판(브레드 보드) ······ 1개
(8) 리드선 ······ 다수

4. 실험 방법

(순방향 특성 실험)

(1) 그림 2.3과 같이 저항 R을 500 [Ω]으로 하고, 순방향 바이어스 상태가 되도록 회로를 결선한다.

(2) 직류 가변 전원 전압을 변화시키면서 표 2.1에 표시된 다이오드의 순방향 전압 V_F를 조정하면서 그 때의 전류값 I_F를 측정하여 기록한다.

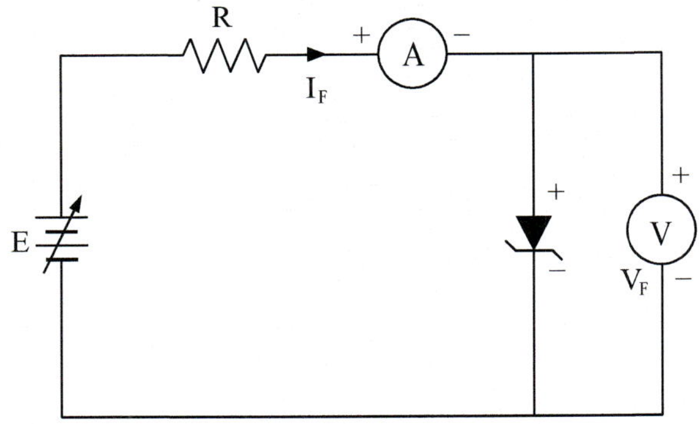

그림 2.3 **제너 다이오드의 순방향 특성**

(역방향 특성 실험)

(3) 그림 2.3의 순방향 특성 실험 회로에서 제너 다이오드의 방향을 바꾸어 그림 2.4와 같이 회로를 구성한다.

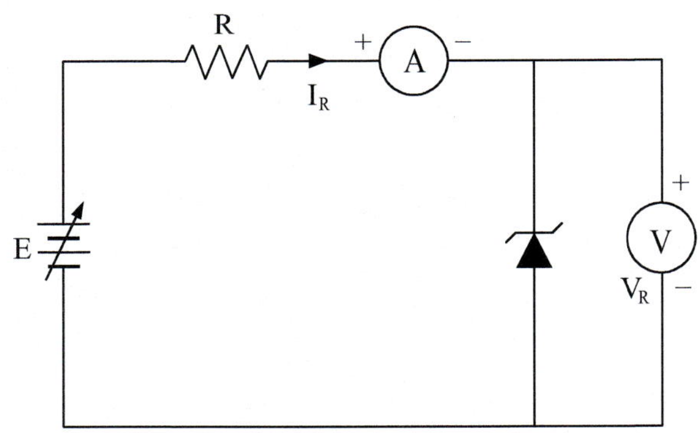

그림 2.4 **제너 다이오드의 역방향 특성**

(4) 직류 가변 전원 전압을 변화시키면서 표 2.2에 표시된 다이오드의 역방향 전압 V_R를 조정하면서 그 때의 전류값 I_R를 측정하여 기록한다.

(5) 표 2.1, 표 2.2의 순방향과 역방향 측정값으로부터 그림 2.5에 제너 다이오드의 전압−전류 특성 곡선을 그린다. 또 실험 결과에서 찾아낸 제너 전압 V_Z를 그래프 상에 표시한다.

표 2.1 순방향 특성

순방향 특성	
V_F[V]	I_F[mA]
0	
0.1	
0.2	
0.3	
0.4	
0.5	
0.6	
0.65	
0.7	

표 2.2 역방향 특성

역방향 특성	
V_R[V]	I_R[mA]
0	
2	
4	
5	
5.6	
5.8	
6	
6.2	
7	

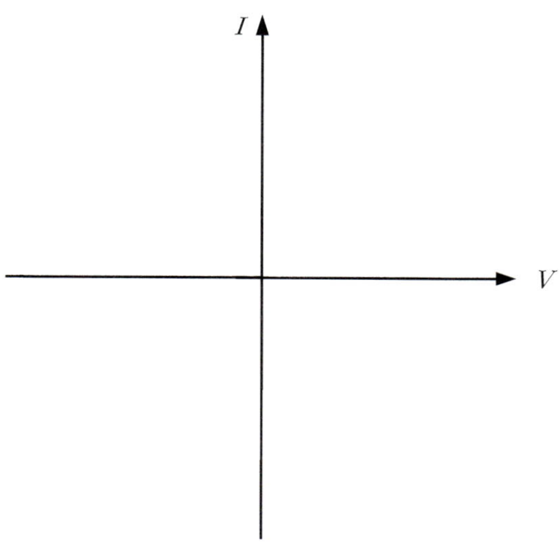

그림 2.5 제너 다이오드의 전압−전류 특성

(정전압 특성 실험)

(6) 저항 $R_1 = 500\,[\Omega]$, $R_2 = 1\,[\text{k}\Omega]$을 이용하여 그림 2.6과 같이 회로를 결선한다.

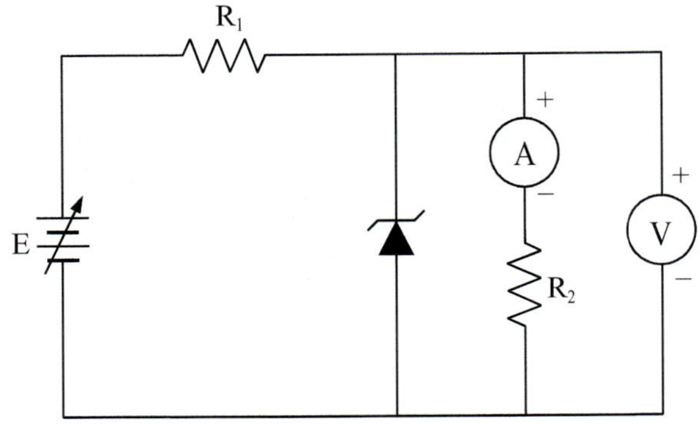

그림 2.6 **전압 조정기 회로**

(7) 직류 가변 전원 E를 $2\,[\text{V}]$가 되도록 조정하고, 이 때 출력 전압 V, 부하 전류 I_L을 측정하여 표 2.3에 기록한다.

(8) 직류 가변 전원을 $2\,[\text{V}]$ 간격으로 변화시키면서 실험 방법 (7)항의 실험을 반복하여 측정하고, 표 2.3에 기록한다.

표 2.3 **정전압 특성 실험**

전원 전압 $E\,[\text{V}]$	출력 전압 $V\,[\text{V}]$	부하 전류 $I_L\,[\text{mA}]$
2		
4		
6		
8		
10		
12		
14		
16		

5. 고찰 및 평가

(1) 제너 다이오드는 역방향에서 전류를 잘 흐르는 특성을 가지고 있다. 그 이유를 설명하라.

(2) 제너 다이오드에서 나타나는 전자사태 현상에 대하여 설명하라.

(3) 제너 다이오드의 특성 중 정전압 특성에 대하여 설명하라.

실험 03

반파 및 전파 정류 회로

1. 목적

1) 다이오드를 사용한 반파 및 전파 정류 회로의 작용을 이해한다.
2) 반파 및 전파 정류 회로의 파형을 관찰하고, 평균 직류 전압을 구하여 본다.

2. 이론

전기, 전자 및 통신기기 등에 사용하는 전원은 일반적으로 직류 전원을 필요로 하는 경우가 많다. 그러나 소비전력이 큰 기기들은 교류를 사용하여 전송하는 것이 더 효율적이고 경제적이기 때문에 전력회사에서 일반적으로 교류로 공급하고 있다.

따라서 교류 전원을 낮추고 직류로 바꾸어 사용하려면 교류를 직류로 변환해 주는 정류 장치(rectifier)가 필요하고, 교류를 직류로 변환하는 과정을 정류(rectification)라 한다.

(1) 반파 정류 회로

그림 3.1은 반파 정류 회로이며, 교류를 직류로 변환시키는 가장 간단한 회로이다.

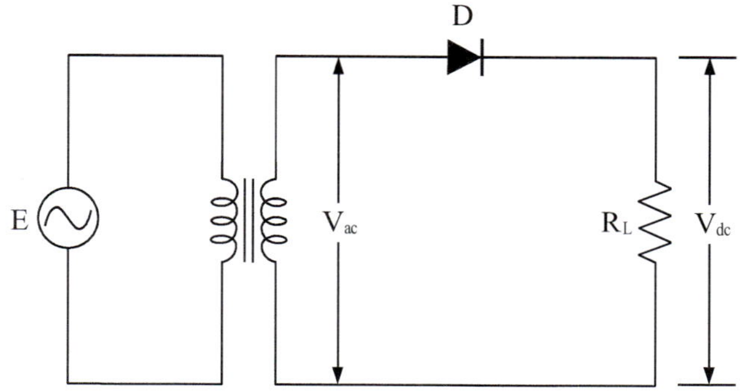

그림 3.1 반파 정류 회로

그림 3.1의 반파 정류 회로에 그림 3.2(a)와 같은 교류 입력 신호 V_{ac}를 인가하였을 때, 다이오드는 교류의 양(+)의 반주기 동안에는 순방향 전압이 걸리게 되므로 부하에 전류가 흘러 부하 저항 양단에 입력 신호와 같은 출력 파형 V_{dc}가 나온다. 그러나 교류의 음(−)의 반주기 동안에는 역방향 전압이 걸리게 되므로 부하저항에는 전류가 거의 흐르지 않게 된다.

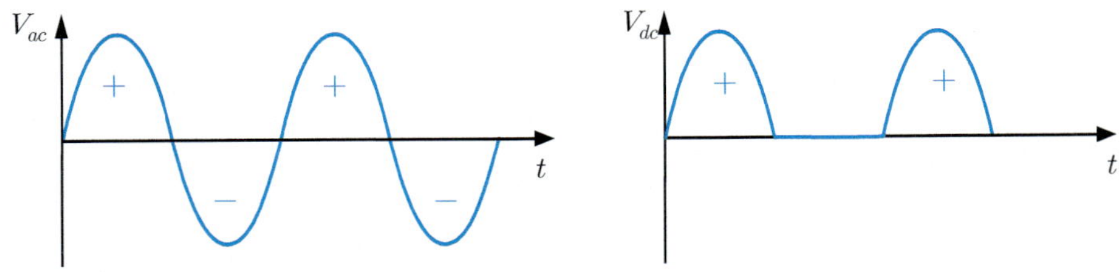

(a) 입력 신호 (b) 출력 파형

그림 3.2 반파 정류 회로의 입출력 파형

따라서 그림 3.2(b)와 같이 진동하는 직류, 즉 맥류라고 하는 출력 파형을 얻는데, 이와 같은 파형을 반파 정류라 한다. 주파수는 입력 주파수와 같으며, 주기 T는 주파수 f에 의해 다음의 식으로 구해진다.

$$T = \frac{1}{f}\ [\text{sec}] \tag{3.1}$$

그림 3.1의 부하 저항 양단에 회로 시험기 및 전압계로 전압을 측정하였을 경우, 직류 전압으로 나타나며, 이 직류 전압은 반파 정류의 최대값이 V_P일 때 평균값 V_{av}가 된다. 직류 전압과 최대값의 관계는 다음과 같다.

$$V_{dc} = V_{av} = \frac{1}{T}\int v\, dt = \frac{1}{2\pi}\int_0^{\pi} (V_p \sin\omega t)\, d(\omega t) \tag{3.2}$$

$$= \frac{V_p}{\pi} = 0.318\ V_p$$

교류 입력 전압의 최대값을 V_P라 하면, 반파 정류의 최대값 I_P는

$$I_P = \frac{V_P}{R_f + R_L} \tag{3.3}$$

가 된다. 여기서 R_f는 정류용 다이오드의 순방향 내부 저항이다.

따라서 직류 출력 전류는 다음과 같다.

$$I_{dc} = \frac{I_P}{\pi} = \frac{V_P}{\pi(R_f + R_L)} \tag{3.4}$$

식 (3.4)에서 R_L이 R_f에 비해 매우 크다고 하면, 출력 전류의 평균값은 다음과 같이 된다.

$$I_{dc} \fallingdotseq \frac{V_P}{\pi R_L} \tag{3.5}$$

반파 정류 회로의 정류 효율 η는 다음과 같이 주어진다.

$$\eta = \frac{\text{직류 출력}}{\text{교류 입력}} = \frac{P_{do}}{P_{ai}} \tag{3.6}$$

$$\text{여기서} \begin{cases} P_{do} = I_{dc}{}^2 R_L = \left(\dfrac{I_P}{\pi}\right)^2 R_L \\ P_{ai} = (R_f + R_L) I_{rms}{}^2 = (R_f + R_L)\dfrac{I_P{}^2}{2} \end{cases}$$

(2) 전파 정류 회로

전파 정류는 반파 정류와는 달리 정현파 교류의 양(+), 음(−)의 두 반파를 모두 직류로 변환하기 때문에 정류 효율이 매우 좋다.

전파 정류 회로에는 그림 3.3과 같이 2개의 다이오드를 변압기의 2차 권선 상에 중간단자를 이용해 붙여 놓은 전파 정류기와 그림 3.4와 같이 4개의 다이오드를 브리지형으로 접속시킨 브리지 전파 정류기가 있다.

일반적으로 브리지 전파 정류기는 그림 3.3의 전파 정류기에 비해 동일한 입력에 대하여 2배의 출력을 얻을 수 있기 때문에 정류기 중에서 가장 널리 사용되고 있다.

1) 전파 정류기

그림 3.3에서 변압기의 2차 측의 권선에 교류전압이 인가되면, 양(+)의 반주기 동안 다이오드 D_1은 도통하고 D_2는 차단이 되어 D_1을 통하여 전류가 흐르게 된다. 또한 음(−)의 반주기 동안에는 다이오드 D_1은 차단, D_2는 도통하게 되어 입력 파형을 반전시켜 전류가 흐르기 때문에 그림 3.5(b)와 같은 출력 파형을 얻게 된다.

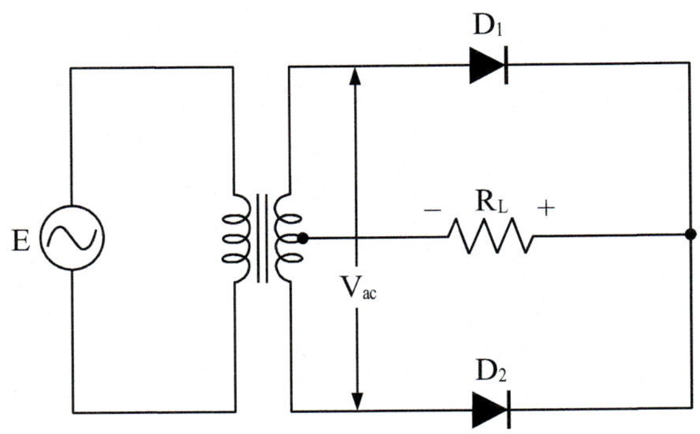

그림 3.3 **전파 정류기**

2) 브리지 전파 정류기

변압기의 2차 전압인 입력의 양(+)의 반주기 동안에 그림 3.4(a)의 화살표로 나타낸 것과 같이 다이오드 D_2, D_3는 도통하고 D_1, D_4는 차단이 되어, D_2, D_3를 통하여 전류가 흐르게 된다.

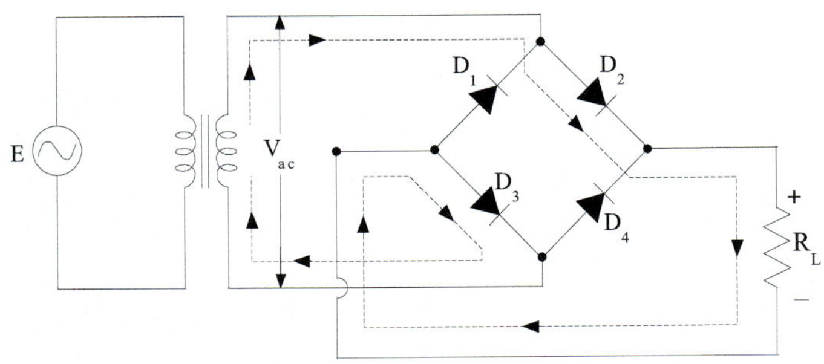

(a) 입력 양(+)의 반파

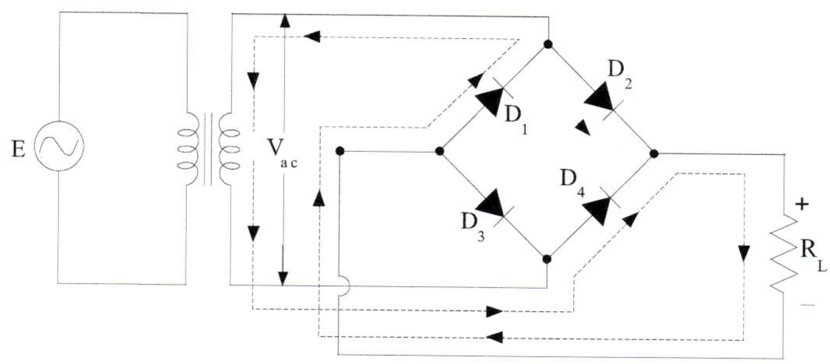

(b) 입력 음(−)의 반파

그림 3.4 브리지 전파 정류기

또한 입력의 음(−)의 반주기 동안에는 그림 3.4(b)와 같이 다이오드 D_1, D_4는 도통하고 D_2, D_3는 차단이 되어, D_1, D_4를 통하여 전류가 흐르게 된다. 따라서 부하에 흐르는 전류는 입력신호의 양·음의 주기에 관계없이 항상 일정한 방향으로 전류가 흐르기 때문에 부하의 전압도 항상 동일한 극성을 갖게 된다.

그림 3.5는 교류 입력 신호에 대한 직류 출력 파형을 나타낸 전파 정류 회로의 입출력 파형을 나타낸 것이다. 이 직류 출력 파형을 순수한 직류 파형으로 만들기 위해서는 콘덴서를 이용한 평활 회로가 필요한 것이다.

교류 입력 신호의 주기를 T_1, 전파 정류된 직류 출력 파형의 주기를 T_2라고 할 때, 입력과 출력 신호의 주기의 관계는 $T_2 = T_1/2$이므로, 주파수 f_2는 다음과 같이 구할 수 있다.

$$f_2 = \frac{1}{T_2} = \frac{2}{T_1} \tag{3.7}$$

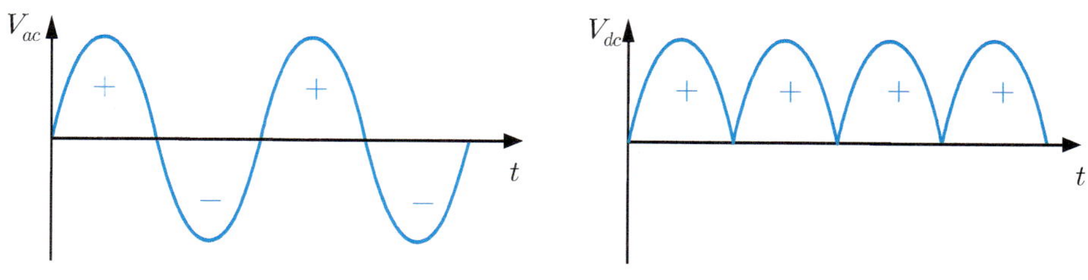

(a) 입력 신호 (b) 출력 파형

그림 3.5 전파 정류 회로의 입출력 파형

이 결과로부터 출력 신호의 주파수는 입력 신호 주파수의 2배가 되는 것을 알 수 있다.

전파 정류 회로의 부하저항 양단에 회로 시험기 및 전압계로 전압을 측정하였을 경우, 직류 전압으로 나타나며, 이 직류 전압은 전파 정류의 최대값이 V_P일 때 평균값 V_{av}가 된다. 직류 전압과 최대값의 관계는 다음과 같다.

$$V_{dc} = V_{av} = \frac{1}{T}\int v\,dt = \frac{1}{\pi}\int_0^{\pi}(V_p \sin\omega t)\,d(\omega t) \tag{3.8}$$

$$= \frac{2}{\pi}V_p = 0.636\ V_p$$

3. 사용기기 및 재료

(1) 함수 발생기(신호 발생기) ························· 1대
(2) 직류 전압계(10/50[V]) ························· 1대
(3) 직류 전류계(10/50[mA]) ························· 1대
(4) 교류 전압계(10/50[V]) ························· 1대
(5) 교류 전류계(10/50[mA]) ························· 1대
(6) 회로 시험기 ························· 1대
(7) 오실로스코프 ························· 1대
(8) 실리콘 다이오드 ························· 4개
(9) 저항(500[Ω]) ························· 1개
(10) 만능 기판 ························· 1개
(11) 리드선 ························· 다수

4. 실험 방법

(반파 정류회로)

(1) 실험용으로 제공된 실리콘 다이오드의 순방향과 역방향의 저항값을 측정하여 기록한다.

① 순방향 저항 R_f : [Ω]
② 역방향 저항 R_r : [Ω]

(2) 그림 3.6과 같이 반파 정류 회로를 구성한다. 단, 부하저항은 500 [Ω]으로 한다.

(3) 오실로스코프의 채널 1을 A−B단자에 접속하고, 채널 2를 C−D단자에 연결한다.

(4) 교류 전압계를 보면서 입력 전압 10 [V]가 되도록 교류 전압 조정기를 조정한다.

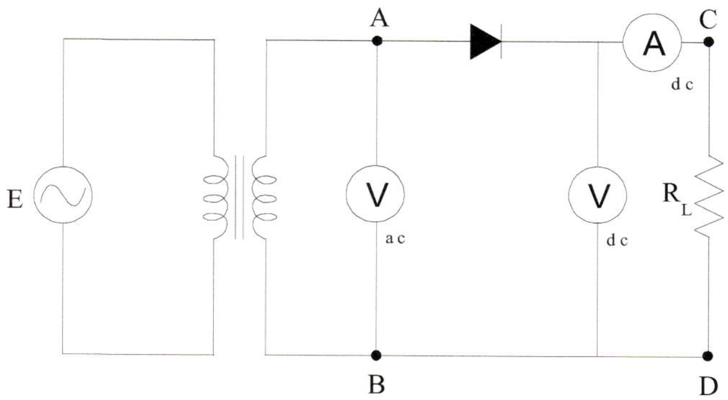

그림 3.6 **반파 정류 회로**

(5) 오실로스코프의 측정 범위를 AC로 설정하고, 채널 1로 고정시킨 다음, 교류 입력 파형을 관찰하여 최대 전압 V_P를 측정한다.

교류 입력 최대 전압 V_P : [V]

(6) 실험 방법 (4)항의 교류 전압계로 맞춘 교류 입력 전압값과 실험 방법 (5)항의 오실로스코프로 측정한 최대 전압이 다른 값을 나타내는 이유를 설명한다.

(7) 그림 3.7에 교류 입력 파형을 그린다.

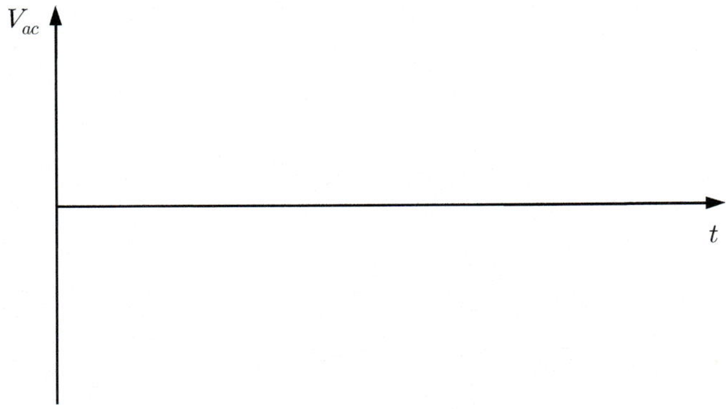

그림 3.7 **교류 입력 파형**

(8) 직류 전압계로 부하 저항에 걸리는 정류된 전압을 측정하여 기록하고, 또 오실로스코프의 측정 범위를 DC로 설정하고, 채널 2로 고정시킨 다음, 직류 출력 파형을 관찰하여 최대 전압 V_P를 측정한다.

직류 전압계로 측정한 부하 저항의 양단 전압 : [V]

직류 출력 최대 전압 V_P : [V]

(9) 실험 방법 (8)항의 직류 전압계로 측정한 전압값과 오실로스코프로 측정한 최대 전압이 다른 값을 나타내는 이유를 설명한다.

(10) 그림 3.8에 직류 출력 파형을 그린다.

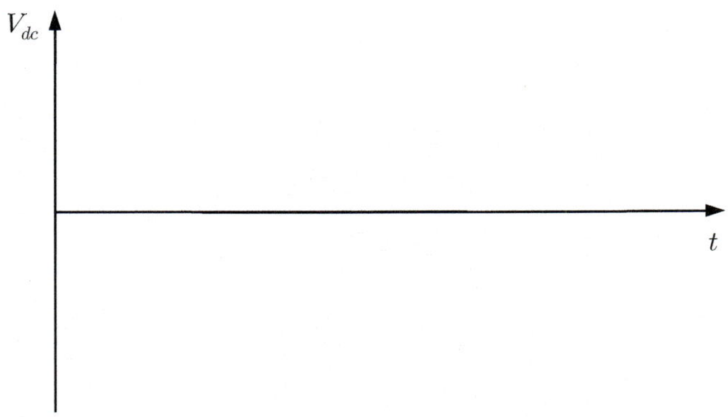

그림 3.8 **반파 정류 회로의 직류 출력 파형**

(11) 그림 3.8의 입력과 출력 파형으로부터 주파수 f_1, f_2를 구한다.

$$\begin{cases} f_1 = \qquad\qquad\qquad [\text{Hz}] \\ f_2 = \qquad\qquad\qquad [\text{Hz}] \end{cases}$$

(12) 그림 3.8의 실험 결과로부터 직류 출력 전압의 최대값과 식 (3.2)를 이용하여 계산한 평균값을 기록한다.

$$\begin{cases} \text{직류 출력전압의 최대값} = \qquad\qquad\qquad [\text{V}] \\ \text{직류 출력전압의 평균값} = \qquad\qquad\qquad [\text{V}] \end{cases}$$

(13) 실험 방법 (8)과 (12)항의 측정값과 계산값을 비교하여 일치하는지 조사한다. 또 직류 전압계로 측정한 값은 무슨 값에 해당하는지 기록한다.

(브리지 전파 정류 회로)

(14) 그림 3.9와 같이 브리지형 전파 정류 회로를 구성한다. 단, 부하 저항은 1 [kΩ]으로 한다.

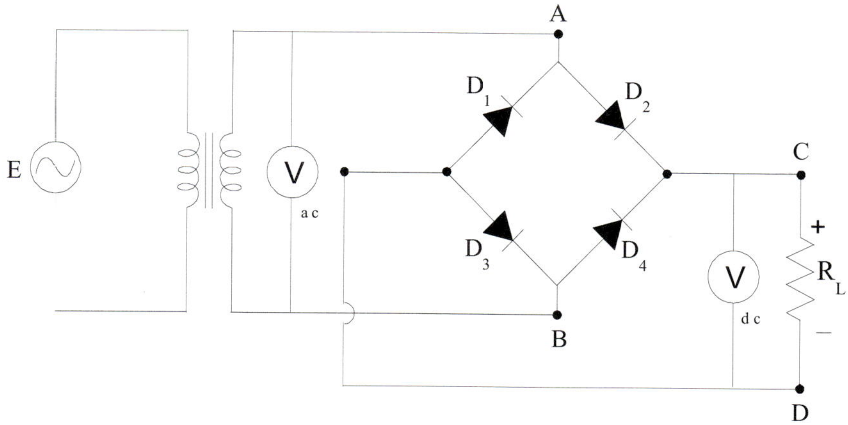

그림 3.9 **브리지 전파 정류 회로**

(15) 교류 전압 조정기를 조정하여 교류 입력 전압 10[V]가 되도록 한다.

(16) 오실로스코프의 프로브를 교류 입력 단자 A–B에 접속한다.

(17) 전파 정류기의 교류 입력 파형을 관찰하고, 입력 전압의 최대값 V_P를 측정한다.

교류 입력 최대 전압 V_P :   [V]

(18) 오실로스코프의 프로브를 부하 저항의 두 단자 C–D에 접속한다.

(19) 직류 전압계에 의해 측정한 부하 양단의 전압과 정류된 직류 출력 파형의 최대 전압을 측정하여 기록한다.

직류 전압계로 측정한 부하 저항의 양단 전압 :   [V]
직류 출력 최대 전압 V_P :   [V]

(20) 그림 3.10에 직류 출력 파형을 그린다.

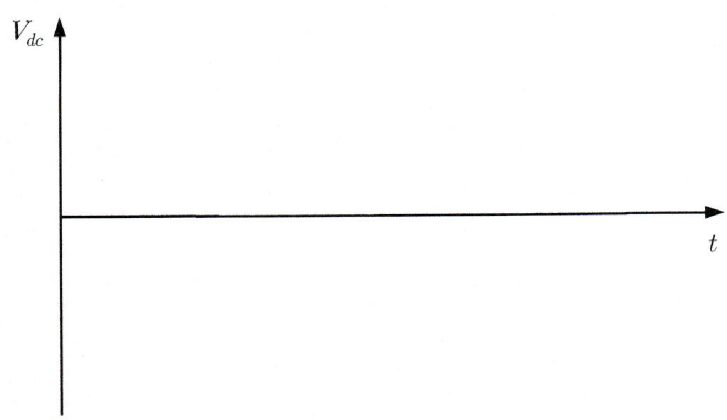

그림 3.10 **전파 정류 회로의 직류 출력 파형**

(21) 그림 3.10의 입력과 출력 파형으로부터 주파수 f_1, f_2를 구한다.

$$\begin{cases} f_1 = \qquad\qquad\qquad [\text{Hz}] \\ f_2 = \qquad\qquad\qquad [\text{Hz}] \end{cases}$$

(22) 그림 3.10의 실험 결과로부터 직류 출력 전압의 최대값과 식 (3.8)를 이용하여 계산한 평균값을 기록한다.

$$\begin{cases} \text{직류 출력전압의 최대값} = \qquad\qquad\qquad [\text{V}] \\ \text{직류 출력전압의 평균값} = \qquad\qquad\qquad [\text{V}] \end{cases}$$

(23) 실험 방법 (19)와 (22)항의 측정값과 계산값을 비교하여 일치하는지 조사한다. 또 직류 전압계로 측정한 값은 무슨 값에 해당하는지 기록한다.

5. 고찰 및 평가

(1) 정류의 의미와 정류하는 목적에 대하여 설명하라.

(2) 정류기를 사용하는 전기기기의 예를 들어 설명하라.

(3) 임의의 교류 파형에서 오실로스코프의 파형으로부터 측정한 값과 회로 시험기에서 측정한 값의 차이점에 대하여 설명하라.

(4) 반파 정류 회로와 전파 정류 회로에서 입력 및 출력 파형에 대한 주파수의 관계를 각각 비교하고, 최대값과 평균값의 관계에 대하여도 비교하여 설명하라.

실험 04

더미스터의 특성

1. 목적

1) 특수 반도체 소자인 더미스터(thermistor)의 자기가열(self－heating) 효과와 동작 특성을 이해한다.
2) 더미스터의 동작 특성에 따른 응용을 고찰한다.

2. 이론

온도 변화에 따라 저항값이 민감하게 변화하는 반도체의 성질을 이용한 특수 반도체 소자를 더미스터라고 하며, 철(Fe), 니켈(Ni), 코발트(Co), 망간(Mn), 구리(Cu) 등의 금속 산화물을 혼합하여 성형하고, 소결하여 만든다.

더미스터는 정특성 더미스터와 부특성 더미스터의 두 종류가 있으며, 일반적으로 더미스터라고만 할 때에는 부특성 더미스터를 가리킨다.

(1) 부특성 더미스터(NTC)

온도가 올라가면 저항이 감소하고, 온도가 내려가면 저항이 상승하는 부(－)의 온도계수(Negative Temperature Coefficient)를 가지기 때문에 NTC 또는 부(－)특성 더미스터라고 한다.

더미스터는 온도와 저항의 관계에서 동작이 이루어지므로, 더미스터에 전류를 흘려 자기가열로 인하여 생기는 온도 변화에 대한 소자 자체의 저항값 변화를 이용하는 것이다.

그림 4.1의 회로에서 더미스터의 양단에 걸리는 전압이 매우 낮아 더미스터 내부에서 소비되는 전력이 더미스터 자체를 가열하지 못하는 범위에서는 전압과 전류는 옴의 법칙을 따른다. 그러나 전류를 증가시켜 더미스터 내부에서 소비되는 전력이 증가하면 온도(주울열)는 높아지기 때문에 저항값은 급격히 감소하게 된다. 즉, 전류가 증가하면, 주울열에 의한 온도가 올라가고 저항값은 감소한다.

따라서 더미스터의 양단에 걸리는 전압은 자체 가열하지 못하는 범위에서는 옴 법칙에 따라 전류와 함께 상승하지만, 어느 한계에서 극대값 V_m을 갖게 되고, 더욱 전류를 증가시키면 저항의 급격한 감소에 의해 단자 전압은 감소하게 된다.

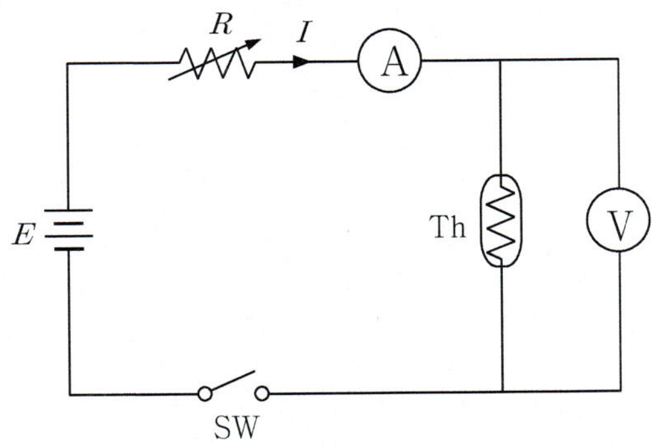

그림 4.1 **더미스터의 동작 회로**

그림 4.2는 앞에서 설명한 부특성 더미스터의 전압–전류 특성 곡선이고, 그림 4.3은 온도와 저항의 관계를 곡선으로 나타낸 것이다.

더미스터는 온도를 검출하는 온도계, 전자회로의 온도 보상, 화재 경보기 및 보일러 연료탱크의 연료 잔량 감지 등의 분야에 응용되고 있다.

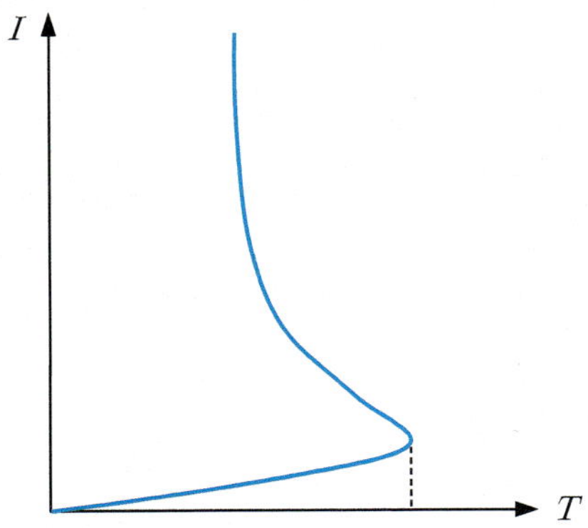

그림 4.2 **NTC의 전압–전류 특성**

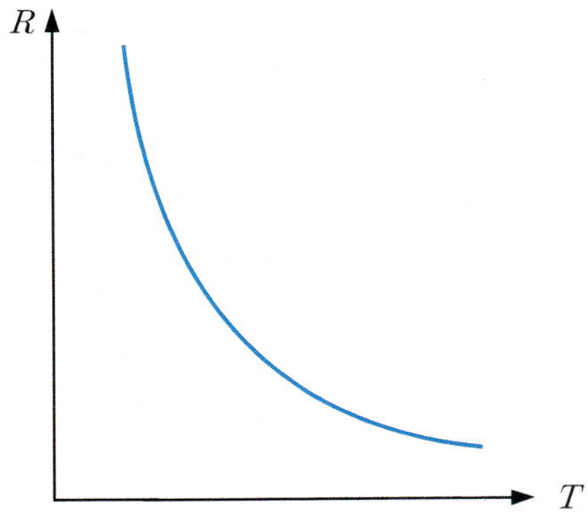

그림 4.3 **NTC의 온도–저항 특성**

더미스터의 기호는 KS에 의하면 그림 4.4와 같지만, 일반 서적 및 카탈로그 등에는 그림 4.4(b)의 기호가 많이 사용되고 있다.

그림 4.5는 비드형과 원판형의 더미스터 외관을 나타낸 것이다.

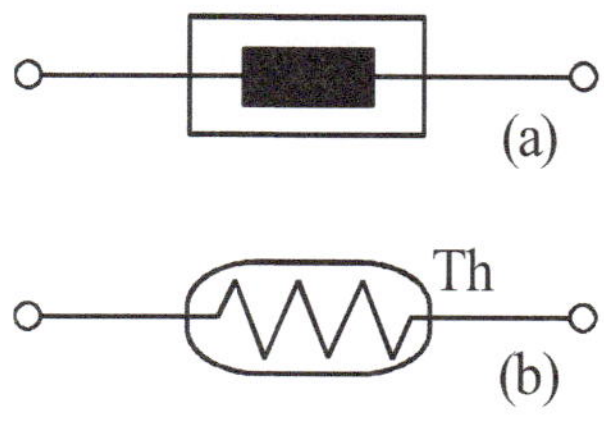

그림 4.4 더미스터의 기호

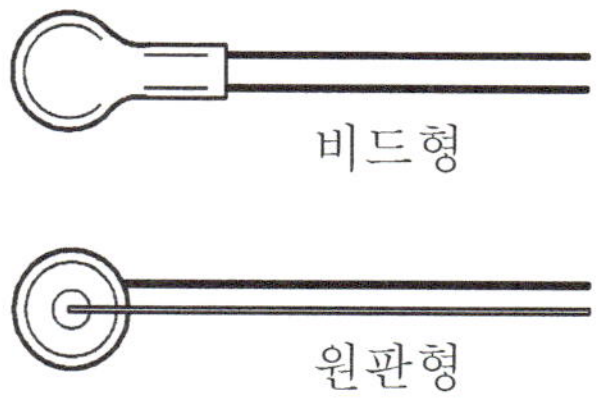

그림 4.5 더미스터의 외관

(2) 정특성 더미스터(PTC)

정특성 더미스터도 반도체 소자이며, 티탄산 바륨과 소량의 특별한 흙을 사용하여 만든다. 정(+)특성 더미스터는 온도가 상승함에 따라 저항이 커지는 특성을 가지고 있기 때문에 PTC(Positive Temperature Coefficient)라고도 하며, 그림 4.6은 온도-저항 특성 곡선을 나타낸다.

부특성 더미스터와 서로 반대의 특성을 가지고 있으며, 온도계수가 크므로 온도 스위치의 센서로 사용하는데, 열대어 수족관의 온도를 일정하게 유지하기 위한 온도 조절기 등이 대표적인 응용이다.

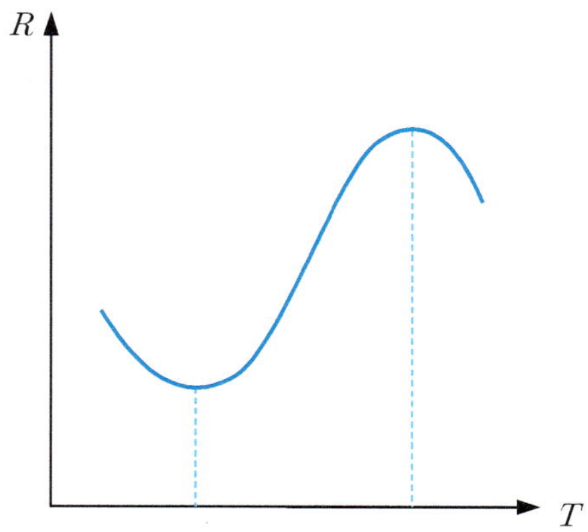

그림 4.6 정특성 더미스터(PTC)의 온도-저항 특성 곡선

3. 사용기기 및 재료

(1) 직류 전원 공급 장치 ··· 1대
(2) 직류 전압계(10/50 [V]) ··· 1대
(3) 직류 전류계(1/10/50 [mA]) ··· 1대
(4) 회로 시험기 ··· 1대
(5) 저항(50 [Ω]) ··· 1개
(6) 가변 저항기(1 [kΩ]) ··· 1개
(7) 더미스터(NTC, PTC) ··· 각 2개
(8) 스위치 ··· 1개
(9) 만능 기판 ··· 1개
(10) 리드선 ··· 다수

4. 실험 방법

(전류－시간 특성 실험)

(1) 그림 4.7과 같이 회로를 결선한다. 단, 저항 R은 50 [Ω], 더미스터는 부특성 더미스터(NTC)를 사용한다.

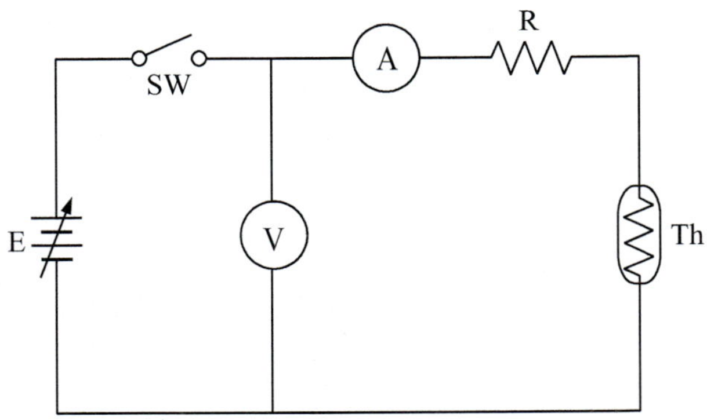

그림 4.7 NTC의 전류－시간 특성 회로

(2) 스위치 SW를 넣기 전에 더미스터의 저항을 측정한다. (단, 더미스터는 온도에 민감한 소자이므로 가급적 손의 접촉을 피한다.)

$$R_0 = \qquad\qquad [\Omega]$$

(3) 전원전압을 25[V], 직렬 저항 R를 50[Ω]으로 하고, 스위치 SW를 넣는 순간($t=0$)에서의 전류 I를 측정한다.

$$I = \qquad\qquad [\text{mA}]$$

(4) 시간 변화에 따라 전류 I가 어떻게 변화하는지 표 4.1에 측정하여 기록한다.

표 4.1 더미스터의 전류-시간 특성

시간[sec]	0	10	20	30	40	50	60
전류[mA]							

(5) 스위치를 넣기 전과 스위치를 넣고 60[sec]가 경과된 후, 더미스터의 저항값의 변화에 대해 기술하고, 또 변화하였다면 그 이유를 설명한다.

(6) 표 4.1의 측정한 기록을 가지고, 부특성 더미스터의 시간-전류 특성 곡선을 그림 4.8에 그린다.

그림 4.8 시간-전류 특성 곡선

(저항-전류 특성 실험)

(7) 더미스터의 저항-전류 특성을 측정하기 위하여 그림 4.9와 같이 회로를 구성한다.

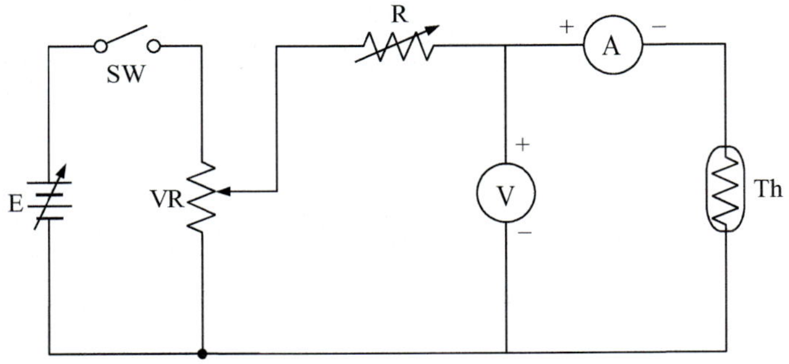

그림 4.9 **더미스터의 저항-전류 특성 회로**

(8) 직류 전원은 25[V]로 고정시키고, 가변 저항 VR 및 R를 가변시켜 전류를 0으로 한다.

(9) 가변 저항 VR은 그대로 두고 R를 가변시켜 전류를 0에서부터 점차적으로 증가시키면서 더미스터의 양단 전압을 측정하여 표 4.2에 기록한다.

표 4.2 **더미스터의 저항-전류 특성 실험**

전 류 I[mA]	전 압 V[V]	저 항 R[Ω]	소비전력 P[W]
0			
1			
1.5			
2			
5			
10			
20			
30			
40			

(10) 실험에서 얻은 표 4.2로부터 전압–전류 특성 곡선을 그림 4.10에 그린다.

그림 4.10 **전압–전류 특성 곡선**

(11) 표 4.2의 I와 V로부터 더미스터의 저항 R을 구하고, 소비전력 P도 구하여 기록한다.

$$\begin{cases} R = \dfrac{V}{I} = \\ P = IV = \end{cases}$$

(12) 표 4.2에 의해 저항–전류 특성 곡선을 그림 4.11에 그린다.

그림 4.11 **저항–전류 특성 곡선**

5. 고찰 및 평가

(1) 더미스터의 정특성과 부특성에 대하여 설명하라.

① 정특성

② 부특성

(2) 더미스터의 다음의 용도에 대해 동작 및 원리를 자세히 설명하라.

① 보일러 연료탱크의 연료 잔량 감지

② 열대어 수족관의 온도를 일정하게 유지하기 위한 온도 조절기

실험 05 터널 다이오드의 특성

1. 목적

1) 터널 다이오드에서 일어나는 터널 효과에 대해 고찰한다.
2) 터널 다이오드는 순방향 특성에서 부성 저항을 가지고 있음을 실험을 통하여 확인하고, 성능 및 용도에 대하여 이해한다.

2. 이론

(1) 터널 다이오드의 구조

PN 접합 다이오드에서 불순물의 농도는 1억 개의 반도체 결정 원자에 대해 1개 정도이며, 이 정도의 불순물이 포함되어 있는 일반 반도체 다이오드의 접합면에서 이루어지는 공핍층(공간 전하 영역)의 폭은 0.5 [μm] 정도이다.

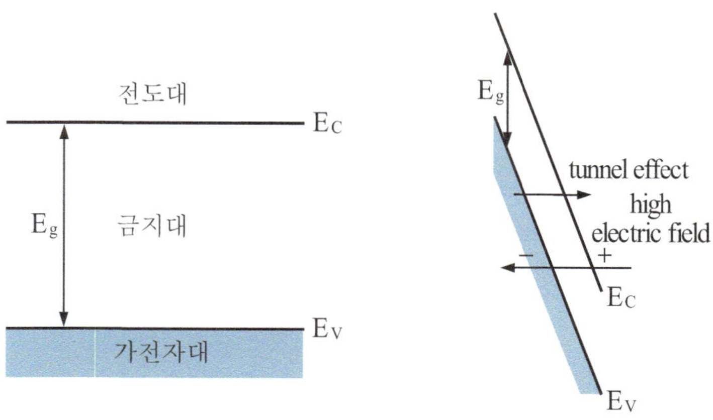

(a) 무전계 (b) 고전계 인가

그림 5.1 고전계 인가에 의한 터널 효과

이 반도체 다이오드에 불순물 농도를 결정 원자 1000개에 대해 1개 정도로 매우 크게 하면, 공핍층의 폭은 0.01 [μm] 정도로 좁아지게 된다.

그림 5.1은 불순물 농도를 높인 반도체 다이오드에 무전계의 경우와 고전계를 역방향으로 가할 때의 에너지 준위를 나타낸 것이다. 역방향의 고전계를 가한 경우의 그림 5.1(b)와 같이 금지대의 폭은 대단히 좁아지고, P형 영역의 가전자대에 있는 전자는 낮은 에너지만으로도 금지대를 수평으로 관통하여 전도대로 나올 수 있는 조건이 된다. 이와 같은 전자의 이동 현상을 터널 효과(tunnel effect)라 한다.

터널 효과에 의해 PN 접합 다이오드는 일반 다이오드와 성격이 완전히 달라진다.

(2) 터널 다이오드의 전압 - 전류 특성

그림 5.2는 터널 효과가 있는 PN 접합 다이오드의 전압-전류 특성 곡선을 나타낸 것인데, 역방향 전류가 클 뿐만 아니라 순방향 특성에서 부성 저항이 나타나는 가장 두드러진 특징이 있다.

이와 같은 특성은 전자의 터널 효과에 의해 나타나는 현상으로 터널 다이오드(tunnel diode)라고 하며, 발명자의 이름을 붙여 에사키 다이오드(Esaki diode)라고도 한다.

터널 다이오드에 순방향의 전압 E를 가하여 점차 높이면 전류 I도 크게 증가하며, E_P에 이르면 전류는 I_P로 극대를 이룬다. 전압 E를 더욱 증가시키면 전류 I는 오히려 감소하다가

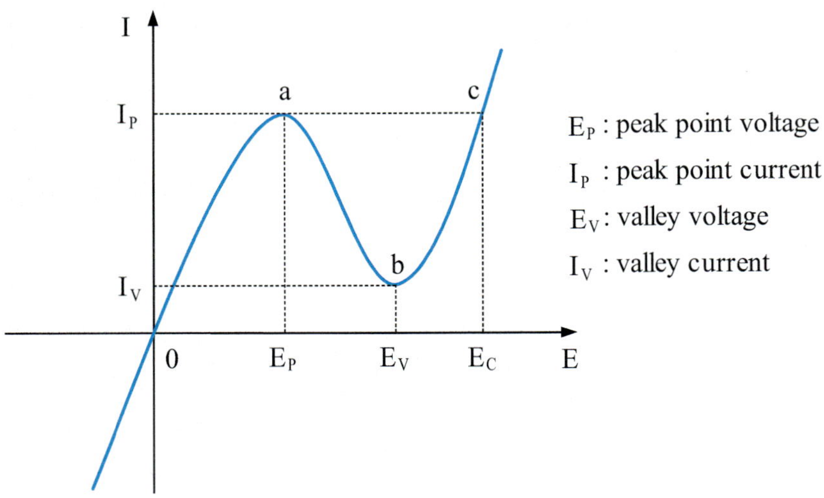

그림 5.2 터널 다이오드의 전압 - 전류 특성 곡선

임의의 전압 E_V 에서 극소의 전류 I_V 가 나타난다. 이 때 곡선 ab 구간을 부성 저항 특성이라 하고, 터널 다이오드의 특성을 나타낸다.

전압 E 를 다시 증가시키면 전류도 증가하며, E_f 에 이르면 먼저의 I_P 와 같은 값이 되어 계속 증가한다.

터널 다이오드의 특징은 그림 5.2의 특성 곡선에서 다음과 같이 요약된다.

① 역방향 바이어스에서도 전류가 크게 흐른다.($E<0$)
② 순방향 바이어스에서 부성 저항 특성을 나타낸다.($E_P<E<E_V$)
③ 전류가 가장 적은 극소값이 있다.($E=E_V$)
④ 실용화되어 있는 터널 다이오드는 일반적으로 Ge 또는 GaAs로 만들어져 있으며, Si 형은 I_P / I_V가 큰 것을 제작하기 어렵다.

그림 5.3은 터널 다이오드의 기호를 나타낸 것이고, 표 5.1은 터널 다이오드의 전기적 특성을 나타낸 대표적인 값이다.

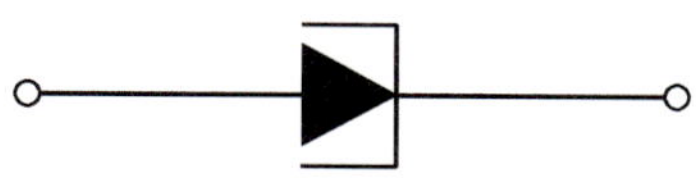

그림 5.3 터널 다이오드 기호

터널 다이오드는 펄스 회로, 디지털 회로, 부저항 발진기, 고속 스위칭 회로 및 마이크로파 발진기 등에 이용된다.

표 5.1 터널 다이오드의 전기적 특성

터널 다이오드	Ge	GaAs	Si	형 명 (1N2939)
I_P / I_V	8	15	3.5	$I_P = 1\,[\text{mA}]$, $I_V = 0.1\,[\text{mA}]$ $E_P = 55\,[\text{mV}]$, $E_V = 350\,[\text{mV}]$ $E_f = 500\,[\text{mV}]$, $g = 6.6\,[\text{m℧}]$
E_P	0.055 [V]	0.15 [V]	0.065 [V]	
E_V	0.35 [V]	0.50 [V]	0.42 [V]	부성 콘덕턴스 (g) $g = \dfrac{2(I_P - I_V)}{E_V - E_P}\,[℧]$
E_f	0.50 [V]	1.10 [V]	0.72 [V]	

3. 사용기기 및 재료

(1) 직류 전원 공급 장치 ···························· 1대
(2) 직류 전압계(1/10/50 [V]) 또는 디지털 멀티미터 ···························· 1대
(3) 직류 전류계(1/10/50 [mA]) ···························· 1대
(4) 터널 다이오드(Ge type) ···························· 1대
(5) 저항(100 [Ω]) ···························· 1개
(6) 가변 저항기(2 [kΩ]) ···························· 1개
(7) 건전지 1.5 [V] ···························· 1개
(8) 만능 기판 ···························· 1개
(9) 리드선 ···························· 다수

4. 실험 방법

(1) 그림 5.4와 같이 회로를 결선한다. 단, 저항은 100 [Ω], 가변 저항기는 2 [kΩ]을 사용한다.

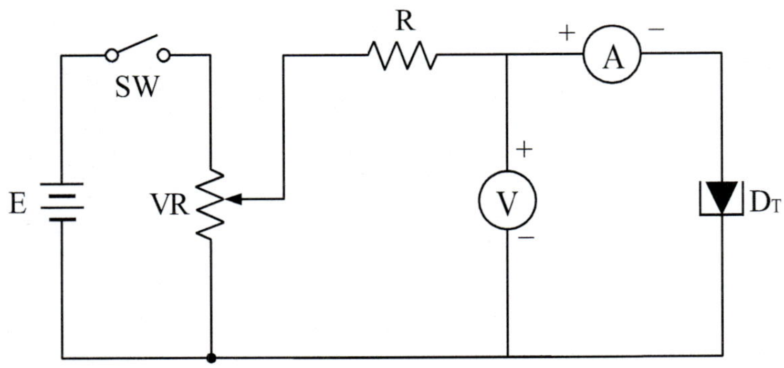

그림 5.4 **터널 다이오드의 전압-전류 특성 회로**

(2) 가변 저항기 VR을 가변시키면서 전압 E를 점차 증가시킬 때, 전류 I가 극대가 되는 전압 E_P와 I_P를 찾아 측정한 값을 표 5.2에 기록한다.

(3) 가변 저항기를 이용하여 전압 E를 0[V]로 하고, 다시 E_P까지 증가시킬 때, 즉 $(0 < E < E_P)$의 전압 구간에서의 전류 I를 측정하여 기록한다.

(4) 전압 E를 다시 E_P에서부터 증가시키면서 각각 E에 대해 I의 값을 기록하고, 전류가 극소값을 갖는 I_V와 E_V의 값을 조사하여 기록한다.

(5) 전압 E를 다시 E_V 이상으로 증가시키면서 각각 E에 대해 I의 값을 기록하고, 이때에도 전류가 I_P가 되는 E_f의 값을 조사하여 기록한다.

(6) 표 5.2에서 얻은 자료로부터 부성 콘덕턴스 g를 산출하여 기록한다.

표 5.2 터널 다이오드의 전기적 특성 측정값

E[V]	I[mA]	전기적 특성	
		E_P	
		I_P	
		E_V	
		I_V	
		E_f	
		g	

(7) 표 5.2로부터 터널 다이오드의 전압－전류 특성 곡선을 그림 5.5에 그린다.

그림 5.5 **전압–전류 특성 곡선**

5. 고찰 및 평가

(1) 터널 효과(tunnel effect)에 대하여 설명하라.

(2) 터널 다이오드의 부성 저항에 대하여 설명하라.

(3) 역방향 바이어스 상태에서 터널 다이오드와 일반 반도체 다이오드와의 차이점에 대하여 설명하라.

(4) 터널 다이오드의 응용 분야에 대하여 설명하라.

실험 06

트랜지스터의 동작 특성

1. 목적

1) 트랜지스터의 구조와 동작 원리 및 응용에 대해 고찰한다.
2) 트랜지스터의 입력 특성 및 출력 특성을 이해한다.

2. 이론

(1) 트랜지스터의 구조

트랜지스터(Transistor)는 두 개의 접합면으로 이루어져 있고, 이미터(emitter), 베이스(base), 컬렉터(collector)로 구성된 소자이다. 또 두 종류의 캐리어(정공, 전자)가 모두 작용하기 때문에 바이폴러 트랜지스터(bipolar transistor)라고도 한다.

두 접합면의 상호 작용으로 트랜지스터의 동작 및 작용이 이루어지고, 부피와 두께, 도핑 정도에 따라 물리적 특성이 변화한다. 또 접합 방법에 따라 PNP형 트랜지스터와 NPN형 트랜지스터의 두 종류로 나눌 수 있다.

두 접합면에서 베이스 영역은 가장 얇고 약하게 도핑되어 있으며, 이미터는 가장 강하게 도핑되어 있다. 또한 컬렉터는 베이스와 이미터의 중간 정도로 도핑되어 있으며, 대전력용 트랜지스터의 컬렉터는 케이스와 전기적으로 접속되어 열을 발산시키도록 되어 있다.

그림 6.1은 트랜지스터의 구조이고, 그림 6.2는 기호를 나타낸다.

트랜지스터는 외부 형태에 따라 모양과 크기가 다양하며 이미터, 베이스, 컬렉터 단자를 구별하는 방법도 여러 가지가 있다.

트랜지스터의 세 개의 리드선 단자가 일렬로 나와 있는 경우에 다른 두 선보다 넓게 떨어져 있거나 굵은 점이 찍혀 있는 것이 컬렉터를 나타내는 것이고, 이것을 기준으로 이미터와 베이스를 구분하는 방법을 그림 6.3에 나타내었다.

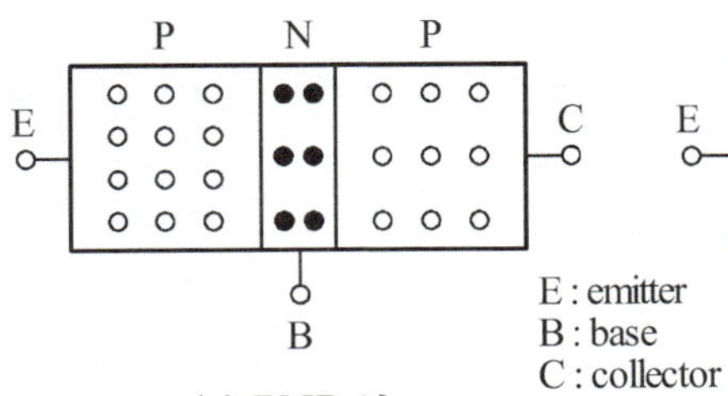

(a) PNP 형 (b) NPN 형

그림 6.1 트랜지스터의 구조

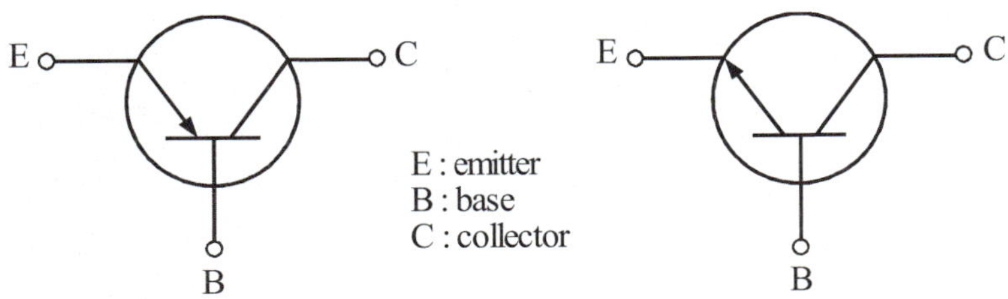

(a) PNP 형 (b) NPN 형

그림 6.2 트랜지스터의 기호

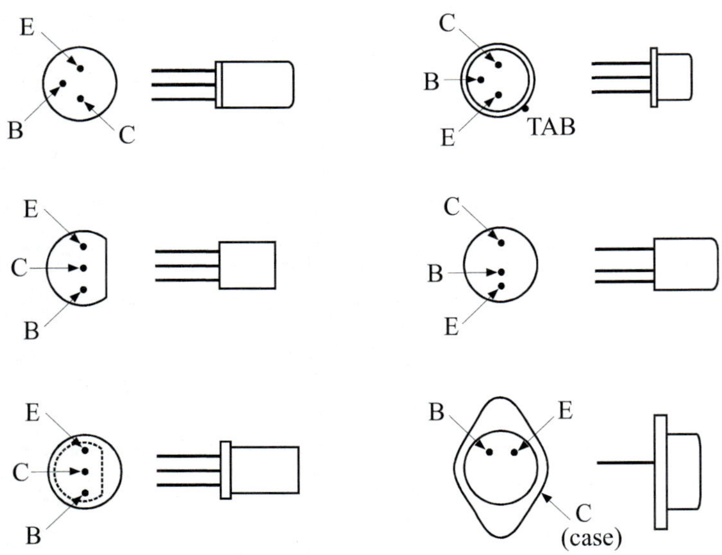

그림 6.3 트랜지스터의 구조와 소켓 배열

(2) 트랜지스터의 동작 원리

PNP형 트랜지스터와 NPN형 트랜지스터의 동작은 이미터(E)와 베이스(B)의 사이에 순방향 바이어스 전압을, 베이스(B)와 컬렉터(C) 사이에는 역방향 바이어스 전압을 가해야 하며, 이때 트랜지스터는 활성 영역(active region)에 있다고 한다.

트랜지스터에 바이어스 전압을 가하였을 때, 결정 속에서 일어나는 현상과 캐리어의 작용 및 동작 원리에 대해 알아본다.

1) PNP형 트랜지스터

그림 6.4(a)는 베이스와 컬렉터 사이에 역방향 바이어스 전압 V_{CB}에 의하여 NP접합부의 전위 장벽이 높아져 전류가 거의 흐르지 않는 것을 나타내고 있다.

그림 6.4(b)에서 이미터와 베이스 사이에는 순방향 바이어스 전압 V_{EB}에 의해 PN 접합부의 전위 장벽이 낮아진다. 이미터의 P형 반도체는 불순물이 강하게 도핑되어 정공이 많고, 베이스의 N형 반도체는 매우 얇고 약하게 도핑되어 전자가 극히 적다. 따라서 이미터 안의 정공은 확산에 의해 접합부를 뛰어 넘어 베이스 쪽으로 들어가서 그 일부는 베이스에 있는 소수의 전자와 재결합하여 소멸하고, 이 소수의 전자는 베이스 단자에서 지속적으로 공급되므로 이것이 약간의 베이스 전류 I_B로 된다.

그림 6.5는 그림 6.4(a)와 (b)를 결합한 PNP형 트랜지스터의 동작 회로이며, E−B 간에는 순방향 바이어스, C−B 간에는 역방향 바이어스 전압을 가한다.

E−B 간의 순방향 바이어스에 의해 베이스로 넘어온 정공들은 극소수가 베이스의 소수 전자와 재결합하여 베이스 전류를 만들고, 결합하지 못한 대부분의 정공들은 베이스가 얇고 컬렉터 쪽의 전압 V_{CB}의 전계에 의해 오른쪽 경계면(NP 접합부)에 도달하고 마침내 컬렉터 쪽으로 이동한다. 이것이 컬렉터 전류 I_C가 된다.

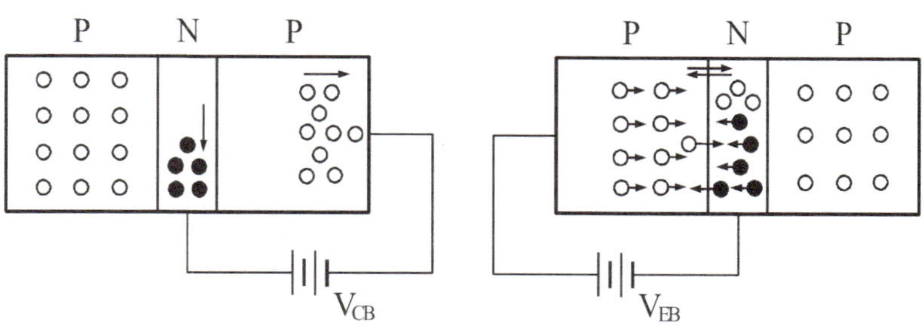

(a) 역방향 바이어스 (b) 순방향 바이어스

그림 6.4 PNP형 트랜지스터의 바이어스에 의한 기본 동작

또한 이미터의 정공은 이미터 단자(+)에 의해 지속적으로 보급되고, 이것이 이미터 전류 I_E가 된다.

따라서 이미터 전류 I_E의 대부분은 컬렉터 전류 I_C가 되며, 베이스 전류 I_B로 되는 것은 극히 적은 양이다. 즉 트랜지스터 내부에 흐르는 전류의 관계는

$$I_E = I_B + I_C \tag{6.1}$$

이고, 컬렉터 전류는 이미터 전류의 95 ~ 98 [%], 베이스 전류는 2 ~ 5 [%] 정도이다. 컬렉터 전류 I_C는 컬렉터 전압 V_{CB}에 의존하지 않으며, 이미터 전류 I_B에 의해서만 크게 좌우된다.

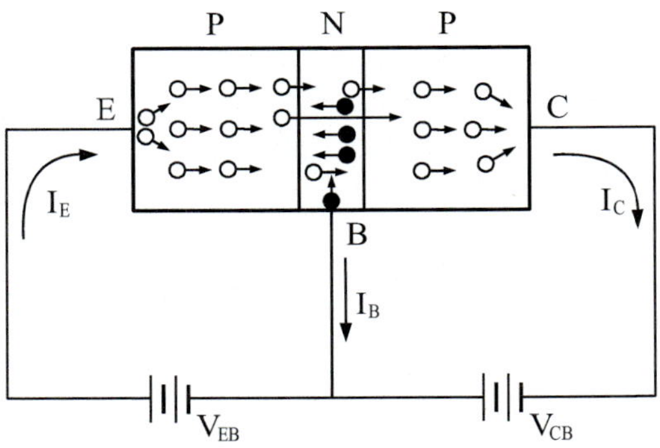

그림 6.5 **PNP형 트랜지스터의 동작 원리**

2) NPN형 트랜지스터

NPN형 트랜지스터의 기본 동작 원리는 PNP형 트랜지스터와 동일하며, 다른 점은 전원의 극성을 반대로 접속하지 않으면 안 된다. 그렇지만 기본적으로 이미터(E)와 베이스(B)의 사이에는 순방향 바이어스 전압을, 베이스(B)와 컬렉터(C) 사이에는 역방향 바이어스 전압을 가해야 한다는 것은 같다. 따라서 캐리어는 PNP형에서는 정공이었지만 NPN형에서는 전자가 된다.

그림 6.6(a)는 베이스와 컬렉터 사이에 역방향 바이어스 전압 V_{CB}에 의하여 PN접합부의 전위 장벽이 높아져 전류가 거의 흐르지 않는 것을 나타낸 것이다.

그림 6.6(b)에서 이미터와 베이스 사이에는 순방향 바이어스 전압 V_{EB}에 의해 NP 접합부의 전위 장벽이 낮아진다. 이 때 이미터의 N형 반도체는 불순물이 강하게 도핑되어 전자가 많고, 베이스의 P형 반도체는 매우 얇고 약하게 도핑되어 정공이 극히 적다. 따라서 이미터 안의 전자는 확산에 의해 접합부를 뛰어넘어 베이스 쪽으로 들어가고 그 일부는 베이스에 있는

소수의 정공과 재결합하여 소멸하고, 이 소수의 정공은 베이스 단자에서 지속적으로 공급되므로 이것이 약간의 베이스 전류 I_B로 된다.

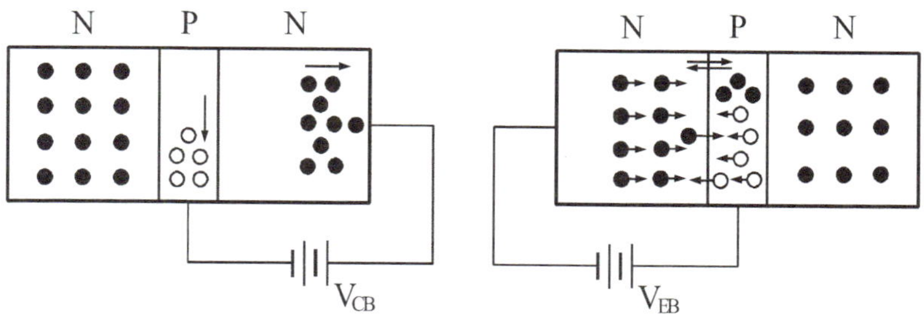

(a) 역방향 바이어스 (b) 순방향 바이어스

그림 6.6 NPN형 트랜지스터의 바이어스에 의한 기본 동작

그림 6.7은 그림 6.6(a)와 (b)를 결합한 NPN형 트랜지스터의 동작 회로이며, 이미터와 베이스(E−B) 사이에는 순방향 바이어스, 컬렉터와 베이스(C−B) 사이에는 역방향 바이어스 전압을 가한다.

E−B의 순방향 바이어스에 의해 베이스로 넘어온 전자들은 극소수가 베이스의 소수 정공과 재결합하여 베이스 전류를 이루고, 결합하지 못한 거의 대부분의 전자들은 베이스가 얇고 컬렉터 쪽의 전압 V_{CB}의 전계에 의해 오른쪽 경계면(PN 접합부)에 도달하고 마침내 컬렉터 쪽으로 이동한다. 이것이 컬렉터 전류 I_C가 된다.

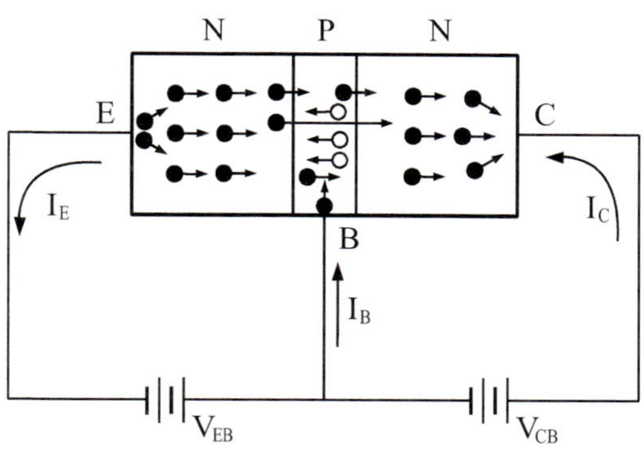

그림 6.7 NPN형 트랜지스터의 동작 원리

또한 이미터의 전자는 이미터 단자(−)에 의해 지속적으로 보급되고, 이것이 이미터 전류 I_B가 된다.

PNP형과 마찬가지로 이미터 전류 I_E 중 95 ~ 98 [%]는 컬렉터 전류 I_C가 되고, 2 ~ 5 [%] 정도는 베이스 전류 I_B가 된다.

(3) 트랜지스터의 증폭 작용

그림 6.8은 컬렉터에 큰 부하 저항 R_L을 연결하고, 이미터에 순방향 바이어스 전압과 컬렉터에 역방향 바이어스 전압을 인가한 상태에서 이미터에 작은 교류 입력 신호를 가한 회로이다.

이미터 저항($r_e = 40 \sim 300\,[\Omega]$)은 작아서 작은 교류 입력 신호 전압을 가해도 신호 전류가 잘 흐른다. 그리고 이 전류의 대부분은 컬렉터의 역방향 바이어스에 의한 큰 컬렉터 저항($R_C = 1 \sim 3\,[\text{M}\Omega]$)을 거쳐 부하 저항 R_L에 흘러 저항 양단에는 큰 출력 신호 전압으로 나타난다. 즉, 트랜지스터는 증폭 작용을 하고 있음을 알 수 있다.

컬렉터 전류의 변화량 ΔI_C와 이미터 전류의 변화량 ΔI_E의 비를 전류 이득 α 또는 h_{fb}라 하고, α는 다음 식으로 나타낸다.

$$\alpha = h_{fb} = -\left.\frac{\Delta I_C}{\Delta I_E}\right|_{V_{CB}\ \text{일정}} \tag{6.2}$$

전류 이득 α는 0.9에서 0.998의 값으로 항상 1 미만을 가지며, 상수가 아니라 이미터 전류, 컬렉터 전압 및 주위 온도 등에 따라 변화하는 값이다.

이 회로에서 입력 전압과 출력 전압의 비를 나타내는 전압 증폭도 A_v는

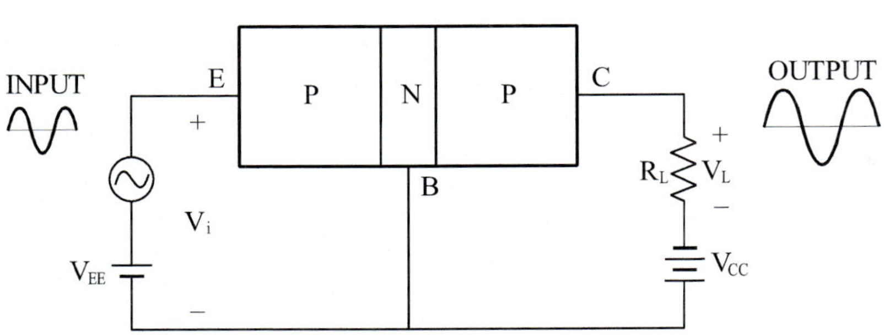

그림 6.8 트랜지스터의 증폭 작용

$$A_v = \frac{\Delta V_L}{\Delta V_i} = \frac{-R_L \Delta I_C}{r_e \Delta I_E} = -\frac{\alpha R_L}{r_e} \tag{6.3}$$

이 된다. 실리콘 트랜지스터인 경우에 이미터 저항 $r_e \fallingdotseq 52/I_E\,[\Omega]$의 값을 가진다.

일반적으로 부하 저항 R_L은 이미터 저항 r_e보다 매우 큰 저항을 회로에 접속시키기 때문에 식 (6.3)의 전압 증폭도는 매우 크다.

따라서 전류 이득은 1보다 약간 작으나 전압 증폭도는 상당히 큰 값을 나타내므로 이것으로부터 트랜지스터의 증폭 작용을 알 수 있다.

구체적으로 예를 들면, 트랜지스터 증폭 회로에서 교류 입력 저항 $r_e = 200\,[\Omega]$, 출력 저항 $R_C = 1\,[\mathrm{M\Omega}]$ 정도를 가진다. 이미터 전류의 변화량 $\Delta I_E = 1\,[\mathrm{mA}]$가 되도록 가한 교류 입력 전압 V_i는

$$V_i = \Delta I_E \times r_e = 0.2\,[\mathrm{V}] \tag{6.4}$$

가 된다. 또 컬렉터에 부하 저항 $R_L = 10\,[\mathrm{k\Omega}]$을 연결해도 출력 저항 $R_C = 1\,[\mathrm{M\Omega}]$이기 때문에 컬렉터 전류에는 그다지 영향을 미치지 않는다. 따라서 전류 증폭율 $\alpha = 0.95$라 하면 부하 저항 양단에 나타나는 출력 전압 V_L은

$$\begin{aligned} V_L &= \Delta I_C \times R_L = \alpha\, \Delta I_E \times R_L \\ &= 0.95 \times 1[\mathrm{mA}] \times 20[\mathrm{k\Omega}] \\ &= 19[\mathrm{V}] \end{aligned} \tag{6.5}$$

가 된다. 따라서 입력 전압과 출력 전압의 비를 나타내는 전압 증폭도 A_v는 다음과 같이 된다.

$$A_v = \frac{V_L}{V_i} = \frac{19}{0.2} = 95 \tag{6.6}$$

즉, 약간의 입력 전압으로 높은 출력 전압을 얻을 수 있으며, 이미터 전류를 바꿈으로써 출력 전압을 증감할 수 있다. 이것을 트랜지스터의 증폭 작용이라 한다.

(4) 트랜지스터의 형식

트랜지스터는 PNP형과 NPN형이 있다는 것을 이미 설명했는데, 여기서는 형식명에 대하여 설명하기로 한다.

트랜지스터는 공통적으로 2S로 시작하고(일본 제품에만 붙임), 다음에 붙이는 A, B, C, D 등의 문자는 PNP형과 NPN형의 구별 및 용도를 나타낸다. 이들의 문자 다음에 오는 숫자는 등록 순으로 부여한 번호이며, 숫자 다음의 마지막 영문 기호는 개량품이고 제작사의 입장에서 결정하는 용도나 등급을 나타내고 있다.

C1815A는 고주파용 트랜지스터이고 등록 번호는 1815이며, 최초의 개량품이라는 것을 의미한다.

표 6.1 반도체 소자의 형식

제 1 기호	제 2 기호	제 3 기호	제 4 기호	제 5 기호
2	**S**	**C**	**1815**	**A**
반도체 소자의 종류	반도체 소자 표시	종 별	등록 번호	개량 번호
1 : 다이오드 2 : 트랜지스터 (3단자) 3 : 4단자 사이리스터 FET 4 : 5단자 FET		A : PNP형 고주파용 B : PNP형 저주파용 C : NPN형 고주파용 D : NPN형 저주파용 F : 사이리스터 H : 단접합 Tr.(UJT) J : P 채널 FET K : N 채널 FET M : 쌍방향 정류 소자 P : 발광 소자 V : 가변용량 다이오드	11부터 시작되는 연속번호 ※ 2SC734-Y Y : 전류 증폭율(h_{fe}) O : 70~140 Y : 120~240 GR : 200~400 BL : 350~700	원형품을 개량한 순서대로 영문으로 표시(A, B, C, D, E, F, G, N, J, K) (극성이 반대인 다이오드에는 R을 붙임)
일본 제품에만 붙는 기호				

3. 사용기기 및 재료

(1) 직류 전원 공급 장치 ········ 1개
(2) 직류 전압계(1/10[V]) ········ 2대
(3) 직류 전류계(1/10/50[mA]) ········ 2대
(4) 회로 시험기 ········ 1대
(5) 트랜지스터(PNP형, NPN형) ········ 각 1개
(6) 저항(100[Ω], 1[kΩ]) ········ 각 1개
(7) 가변 저항(2[kΩ]) ········ 1개
(8) 건전지(1.5[V]) ········ 1개
(9) 만능 기판 ········ 1개
(10) 리드선 ········ 다수

4. 실험 방법

(PNP형 트랜지스터의 동작 특성)

(1) PNP형 트랜지스터의 형명을 기록하고, 세 단자 E, B, C를 구분하여 표시한다.

(2) 그림 6.9와 같이 회로를 구성한다. 단, 각 저항은 $R_1 = 100\,[\Omega]$, $R_2 = 2\,[\text{k}\Omega]$, $R_3 = 1\,[\text{k}\Omega]$으로 하고, 바이어스 전압은 $V_{EE} = 1.5\,[\text{V}]$, $V_{CC} = 6\,[\text{V}]$로 한다.

(3) R_2를 최대 저항값 2[kΩ]으로 하여 순방향 이미터 바이어스 전압을 최소가 되도록 한다. 여기서 저항 R_1은 회로 보호용이다.

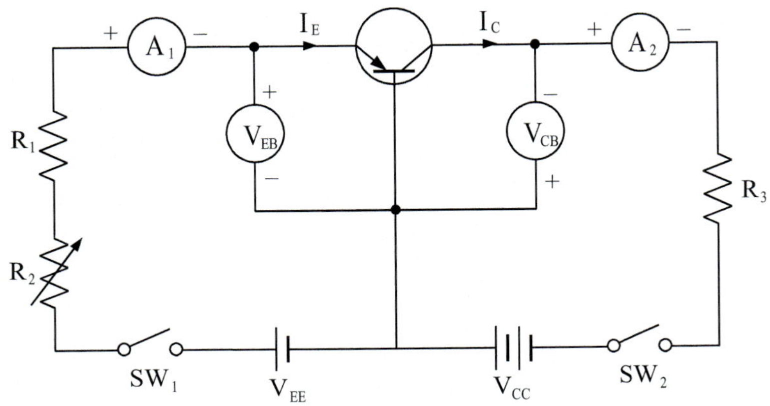

그림 6.9 PNP형 트랜지스터의 입력과 출력 동작 특성

(4) 스위치 SW_1만을 닫고, E−B 사이의 전압 V_{EB}와 이미터에 흐르는 전류 I_E를 측정하여 표 6.2에 기록한다.

(5) 가변 저항을 표 6.2와 같이 감소시키면서 실험 방법 (4)항을 반복하고 V_{EB}와 I_E를 표 6.2에 기록한다. 단, 저항 감소할 때 V_{EB}는 1[V], I_E는 50[mA] 이상이 되면 소손될 우려가 있으므로 주의하도록 한다.

표 6.2 PNP형 트랜지스터의 입력 동작 특성

R_2[Ω]	V_{EB}[V]	I_E[mA]
2000		
1000		
500		
200		
100		
0		

(6) 측정한 실험 방법 (5)항의 이미터와 베이스 사이의 전압과 전류의 관계에서 일반 다이오드와 어떤 차이점이 있는지 설명한다.

(7) R_2를 2 [kΩ]으로 한 상태에서 스위치 SW_1, SW_2를 모두 닫고, E−B, C−B 사이의 전압과 전류를 측정하여 표 6.3에 기록한다.

표 6.3 PNP형 트랜지스터의 입력과 출력 동작 특성

$R_2[\Omega]$	$V_{EB}[V]$	$V_{CB}[V]$	$I_E[mA]$	$I_C[mA]$	$I_C/I_E \times 100\,[\%]$
2000					
1000					
500					
200					
100					
0					

(8) 가변 저항을 표 6.3과 같이 감소하면서 E−B, C−B 사이의 전압과 전류를 측정하여 기록한다.

(9) 표 6.3의 결과에서 컬렉터 전류 I_C는 이미터 전류 I_E의 대략 몇 [%]가 되는지 표 6.3에 기록한다.

(10) 스위치 SW_1은 열고, 스위치 SW_2만 닫아서 이미터−베이스 회로를 개방시킨다. 이 때 컬렉터−베이스 사이의 전압을 측정하고 컬렉터 전류 I_C도 측정하여 기록한다. 이 컬렉터 전류는 이 회로에서 I_{CBO}의 값이 된다.

$$\begin{cases} V_{CB} \ : \\ I_C = I_{CBO} \ : \end{cases}$$

(NPN형 트랜지스터의 입력과 출력 동작 특성)

(11) 트랜지스터의 형명을 기록하고, 세 단자 E, B, C를 구분하여 표시한다.

(12) 그림 6.10과 같이 PNP형 대신에 NPN형으로 교체하고, 전원 및 계측기의 극성을 모두 바꾼다.

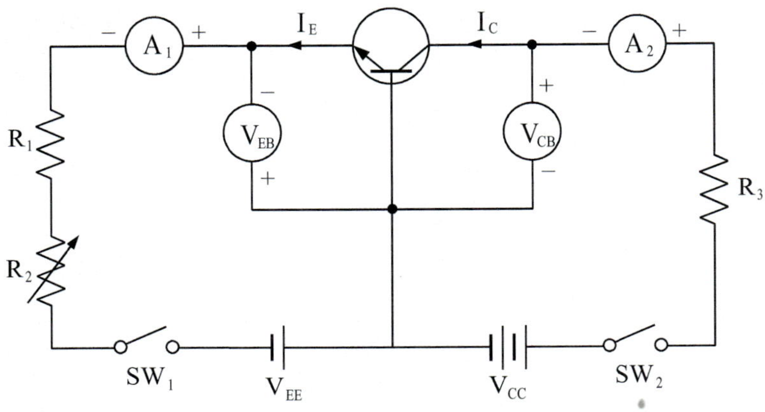

그림 6.10 **NPN형 트랜지스터의 입력과 출력 동작 특성**

(13) R_2를 최대 저항값 2 [kΩ]으로 하여 순방향 이미터 바이어스 전압을 최소가 되도록 한다. 여기서 저항 R_1은 회로 보호용이다.

(14) 스위치 SW_1만을 닫고, E−B 사이의 전압 V_{EB}와 이미터에 흐르는 전류 I_E를 측정하여 표 6.4에 기록한다.

(15) 가변 저항을 표 6.4와 같이 감소시키면서 실험 방법 (14)항을 반복하고 V_{EB}와 I_E를 표 6.4에 기록한다.

(16) 측정한 실험 방법 (15)항의 이미터와 베이스 사이의 전압과 전류의 관계에서 일반 다이오드와 어떤 차이점이 있는지 설명한다.

표 6.4 NPN형 트랜지스터의 입력 동작 특성

$R_2[\Omega]$	V_{EB}[V]	I_E[mA]
2000		
1000		
500		
200		
100		
0		

(17) R_2를 2 [kΩ]으로 한 상태에서 스위치 SW_1, SW_2를 모두 닫고, E−B, C−B 사이의 전압과 전류를 측정하여 표 6.5에 기록한다.

표 6.5 NPN형 트랜지스터의 입력과 출력 동작 특성

$R_2[\Omega]$	V_{EB}[V]	V_{CB}[V]	I_E[mA]	I_C[mA]	$I_C/I_E \times 100$ [%]
2000					
1000					
500					
200					
100					
0					

(18) 가변 저항을 표 6.5와 같이 감소시키면서 E−B, C−B 사이의 전압과 전류를 측정하여 기록한다.

(19) 표 6.5의 실험 결과에서 컬렉터 전류 I_C는 이미터 전류 I_E의 대략 몇 [%]가 되는지 표 6.5에 기록한다.

(20) 스위치 SW_1은 열고, 스위치 SW_2만 닫아서 이미터−베이스 회로를 개방시킨다. 이 때 컬렉터−베이스 사이의 전압을 측정하고 컬렉터 전류 I_C도 측정하여 기록한다. 이 컬렉터 전류는 이 회로에서 I_{CBO}의 값이 된다.

$$\begin{cases} V_{CB} \ : \\ I_C = I_{CBO} \ : \end{cases}$$

5. 고찰 및 평가

(1) PNP형과 NPN형 반도체에 대하여 설명하라.

(2) 트랜지스터의 동작 특성에서 활성 영역이 되도록 바이어스를 가하는 방법에 대하여 설명하라.

(3) 이미터 전류와 컬렉터 전류의 관계를 설명하라.

(4) 트랜지스터의 중요한 특성 중 증폭 작용과 스위칭 작용을 들 수 있다. 트랜지스터의 증폭 작용에 대하여 설명하라.

실험 07 베이스 공통 접지 회로

1. 목적

1) 베이스 공통 접지 회로의 입력 특성과 출력 특성을 고찰한다.
2) 베이스 공통 접지 회로의 증폭 작용과 증폭도를 이해한다.

2. 이론

트랜지스터의 특성을 이용한 기본적인 회로는 증폭 회로이다. 증폭 회로는 베이스 공통 접지 회로(CB), 이미터 공통 접지 회로(CE), 컬렉터 공통 접지 회로(CC)의 세 종류로 나누어진다.

(1) 베이스 공통 접지 회로의 입력과 출력 특성

베이스 공통 접지 회로는 그림 7.1과 같이 베이스 공통 단자에 입력은 이미터, 출력은 컬렉터로 되어 있는 구조이다.

트랜지스터가 활성 영역에서 동작하기 위하여 바이어스 전압을 가하는 방법은 E−B 사이에 순방향 바이어스 전압, C−B 사이에 역방향 바이어스 전압을 가해야 한다.

즉 극성 관계를 고려하면, PNP형에서 순방향 바이어스된 이미터 접합부의 V_{EB}는 양(+), 역방향 바이어스된 컬렉터 접합부의 V_{CB}는 음(−)이고, 이미터 전류 I_E는 양(+), 컬렉터 전류 I_C와 베이스 전류 I_B는 음(−)이 된다.

반면에 NPN형 트랜지스터에서의 전압 및 전류의 극성은 PNP형과 반대의 극성을 가진다. 즉 PNP형과 NPN형 트랜지스터의 극성 관계는 활성 영역에서 이미터 전류가 트랜지스터 기호의 이미터 화살표와 동일한 방향이면 양(+)이고, 베이스 전류와 컬렉터 전류는 같은 부호를 갖고 이미터 전류와는 반대의 부호를 갖는다.

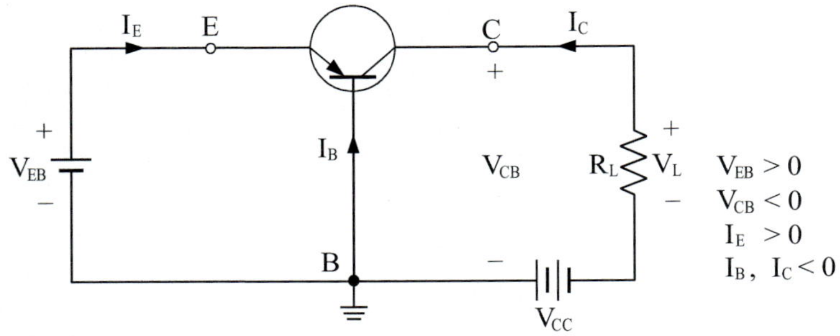

그림 7.1 **베이스 공통 접지 회로(PNP형)**

1) 입력 특성

베이스 공통 접지 회로에서 입력 특성은 이미터 특성을 의미하고, 그림 7.2는 PNP형에서 컬렉터 전압 V_{CB}를 파라미터로 한 이미터 전압 V_{EB}와 이미터 전류 I_E의 입력 특성 곡선을 나타낸 것이다.

여기서 입력 특성은 컬렉터와 베이스 사이를 개방한 경우에 반도체 다이오드의 순방향 특성과 같으며, 단락한 경우에는 이미터에서 베이스로 넘어온 정공을 컬렉터에서 끌어들이기 때문에 이미터 전류는 잘 흐르게 된다. 또한 컬렉터와 베이스 사이에 역방향 바이어스 전압 V_{CB}을 걸어 주면 베이스에 있는 정공은 더 잘 컬렉터로 이끌리기 때문에 이미터 전류 I_E는 더욱

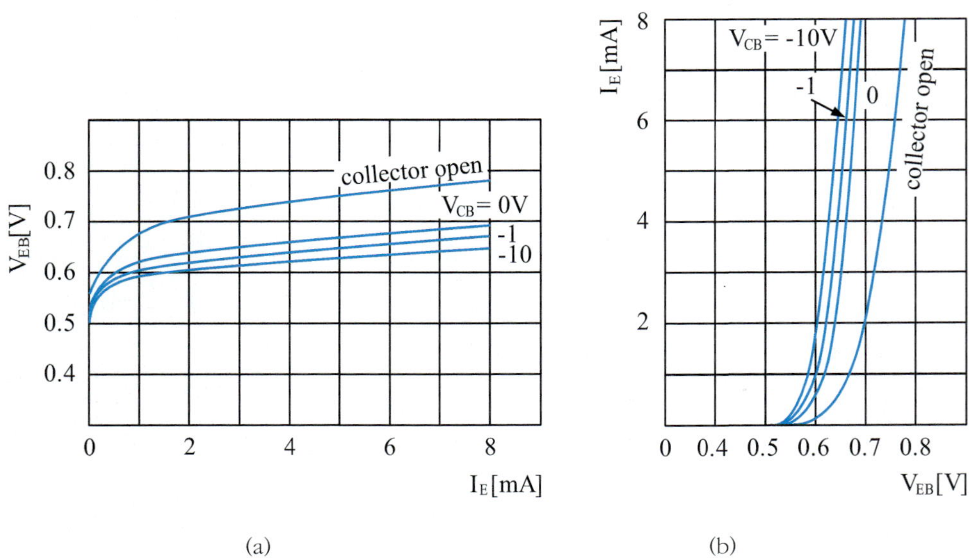

그림 7.2 **베이스 공통 접지 회로의 입력 특성(PNP형)**

더 크게 흐르는 것이다. 그림 7.2(b)와 같이 동일한 V_{EB}에서 V_{CB}가 클수록 이미터 전류 I_E가 크게 흐르는 것을 볼 수 있다. 이와 같은 특성을 베이스 공통 접지 회로의 입력 특성이라 한다.

2) 출력 특성

출력 특성은 컬렉터 특성을 의미하고, 그림 7.3은 PNP형에서 이미터 전류 I_E를 파라미터로 한 컬렉터 전압 V_{CB}와 컬렉터 전류 I_C의 출력 특성 곡선을 나타낸 것이다.

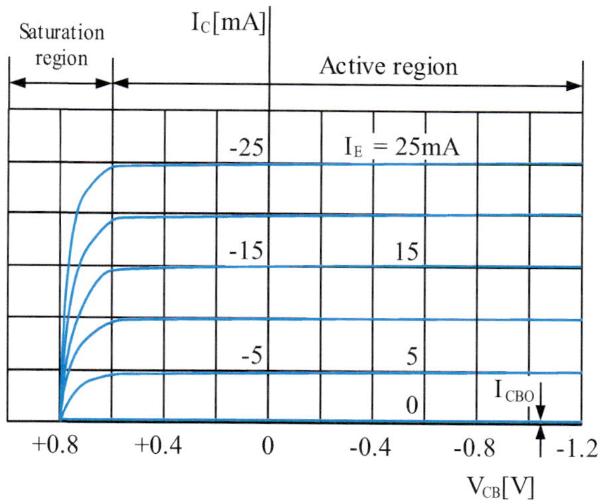

그림 7.3 **베이스 공통 접지 회로의 출력 특성(PNP형)**

활성 영역(active region)에서 바이어스 전압의 인가 방법은 이미터 전압 V_{EB}는 순방향 바이어스, 컬렉터 전압 V_{CB}는 역방향 바이어스를 인가하는데, 이 때 PNP형에서 이미터 전압과 전류 V_{EB}, I_E는 양(+)이고, 컬렉터 전압과 전류 V_{CB}, I_C는 음(−)이 된다.

이미터가 개방($I_E = 0$) 되고 컬렉터에 역방향 바이어스를 가한 상태에서의 컬렉터 전류 I_C는 다이오드와 같이 역포화 전류 I_{CBO}만이 흐르게 된다. 지금 순방향의 이미터 전류 I_E를 흘려주면 이미터 전류의 대부분이 컬렉터에 도달하여 컬렉터 전류 I_C가 나타난다. 또한 $|V_{CB}|$에 의한 $|I_C|$의 증가는 극히 적고(약 5[%] 정도), $|V_{CB}|$에 관계없이 거의 일정한 포화 전류를 그림 7.3에서 확인할 수 있다.

따라서 활성 영역에서 컬렉터 전류는 본질적으로 역바이어스를 가한 컬렉터 전압 V_{CB}와는 무관하며, 단지 이미터 전류에 의존한다는 것을 알 수 있다.($I_C \fallingdotseq I_E$)

만약 컬렉터와 베이스 사이에 순방향 바이어스 V_{CB}가 인가된다면 그림 7.3의 좌측 영역과 같이 약간의 순방향 전압($V_{CB} > +0.6\,[\mathrm{V}]$)의 인가에도 컬렉터 전류는 이미터 전류에 관계없이 급격히 감소하다가 반대 방향으로 전류가 급증하게 되면서 포화 상태를 보이는데, 이 영역을 포화 영역(saturation region)이라 한다. 즉 이미터와 컬렉터의 접합부 모두가 순방향으로 바이어스된 상태를 포화 영역이라 하는 것이다.

또 이미터가 개방($I_E = 0$)된 상태에서 역포화 전류 $I_C = I_{CBO}$가 흐르고, I_{CBO}와 $I_C = 0$ 사이의 영역을 차단 영역(cutoff region)이라 한다.

특히 역포화 전류 I_{CBO}를 베이스 접지 컬렉터 차단 전류라 하고, 이것은 실리콘용 nA, 게르마늄용 μA 정도이다. 차단 영역은 이미터와 컬렉터의 접합부 모두 역방향 바이어스 상태이다.

표 7.1은 트랜지스터의 동작 영역에 따른 바이어스 방법을 나타낸 것이다.

표 7.1 트랜지스터의 동작 영역에 따른 바이어스 방법

트랜지스터 동작 영역	접합부 전압(바이어스)		트랜지스터의 출력 전류
	J_E	J_C	
활성 영역	순방향	역방향	$I_C = -I_E$
포화 영역	순방향	순방향	I_C는 급증(I_E와 무관) 부하 및 V_{CC}에 의해 결정
차단 영역	역방향	역방향	$I_C = I_{CO}$($I_E = 0$의 경우)

(2) 베이스 공통 접지 회로의 증폭 작용

베이스 공통 접지 회로에서는 이미터 전류의 변화에 의해 컬렉터 전류가 제어된다. 따라서 베이스 공통 접지 회로는 트랜지스터의 전류 이득에 대한 증폭 회로이다. 이 회로에서 이미터 전류는 입력 전류이고, 컬렉터 전류는 출력 전류이며, 컬렉터 전류에 대한 이미터 전류의 비를 직류 순방향 전류 이득이라 한다.

기호는 α 또는 h_{FB}로 나타내고 다음의 식으로 표시된다.

$$\alpha = h_{FB} = \frac{I_C}{I_E} \tag{7.1}$$

전류 이득 α는 0.9에서 0.998의 값으로 항상 1 미만을 가지며, 상수는 아니다.

또한 이미터의 입력 신호가 교류 신호일 때 순방향 전류 이득은 컬렉터 전압이 일정할 때 컬렉터 전류의 변화량 $\Delta I_C(-)$에 대한 이미터 전류의 변화량 $\Delta I_E(+)$의 비로 표현하며, 기호는 α 또는 h_{fb}이다.

h_{fb}는 교류 순방향 전류 이득을 의미한다. 베이스 공통 접지 회로에서 교류에 대한 전류 이득은 다음 식으로 정의한다.

$$\alpha = h_{fb} = -\left.\frac{\Delta I_C}{\Delta I_E}\right|_{V_{CB}\ \text{일정}} \tag{7.2}$$

또한 입력 전압과 출력 전압의 비를 나타내는 전압 이득인 전압 증폭도 A_v는 다음과 같이 나타낸다.

$$A_v = \frac{\Delta V_L}{\Delta V_i} = \frac{-R_L \Delta I_C}{r_e \Delta I_E} = -\frac{\alpha R_L}{r_e} \tag{7.3}$$

베이스 공통 접지 회로에서 전형적인 전압 증폭비는 20~100 정도이며, 이와 같은 전압 증폭은 입력단의 낮은 저항 회로에서 출력단의 높은 저항 회로로 전류가 거의 그대로 전달($\alpha \fallingdotseq 1$)됨으로써 발생된다.

베이스 공통 접지 회로의 특징은 낮은 입력 임피던스(40 ~ 300 [Ω])와 높은 출력 임피던스(1 ~ 3 [MΩ])를 갖는다는 것이다.

따라서 전류 이득은 1에 가깝고 적게 나타나지만, 전압 이득은 입·출력 임피던스의 특징으로 인하여 매우 큰 값을 나타낸다. 전압 이득과 전류 이득의 곱으로 표현하는 전력 이득은 보통의 값을 갖는다.

베이스 공통 접지 회로는 단독으로 저주파 회로에서 사용하는 경우가 거의 없으며, 양호한 주파수 특성으로 고주파 회로에서 간혹 사용된다.

3. 사용기기 및 재료

(1) 건전지(1.5 [V]) 또는 직류 전원 공급 장치 ··········· 각 1대
(2) 직류 전압계(1/10/50 [V]) ··········· 2대
(3) 직류 전류계(1/10/50 [mA]) ··········· 2대
(4) 회로 시험기 ··········· 1대
(5) 트랜지스터(NPN형) ··········· 1개
(6) 저항(100 [Ω], 1 [kΩ]) ··········· 각 1개
(7) 가변 저항(50 [kΩ]) ··········· 1개
(8) 만능 기판 ··········· 1개

4. 실험 방법

(베이스 공통 접지 회로의 입력 특성)

(1) NPN형 트랜지스터의 형명을 기록하고, 세 단자 E, B, C를 구분하여 표시한다.

(2) 베이스 공통 회로를 그림 7.4와 같이 구성한다. 저항 $R_1 = 100[\Omega]$, $R_2 = 1[\text{k}\Omega]$ 가변 저항 $VR_1 = 50[\text{k}\Omega]$으로 하고, 이미터의 바이어스 전압은 $V_{EE} = 1.5[\text{V}]$, 컬렉터의 바이어스 전압 V_{CC}는 직류 전원 공급 장치를 사용한다.

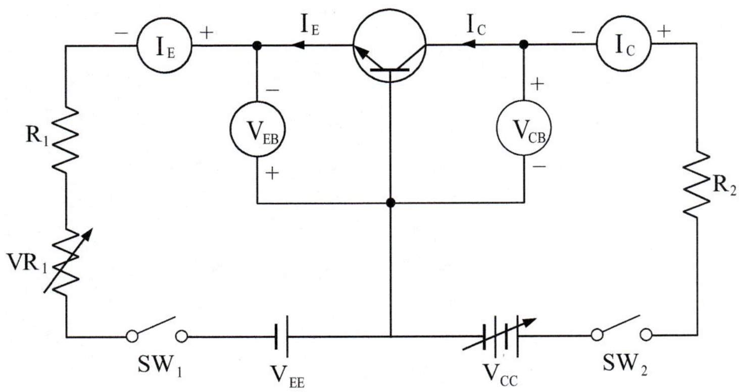

그림 7.4 베이스 공통 접지 회로의 입력 특성

(3) 가변 저항 VR_1을 최대로 하고 스위치 SW_1만을 닫는다. 그리고 VR_1을 줄이면서 전압계 V_{EB}와 전류계 I_E가 서서히 증가하는지 확인하여 본다.

(4) V_{EB}를 표 7.2와 같이 변화시킬 때 C-B open시의 I_E를 측정하여 표 7.2에 기록한다.

(5) 그림 7.4에서 V_{CC}를 단락하여 V_{CB}를 0[V]로 한 다음 스위치 SW_1, SW_2를 닫고, 표 7.2와 같이 V_{EB}를 변화시킬 때 I_E와 I_C를 각각 측정하여 기록한다.

(6) 그림 7.4에서 스위치 SW_1과 스위치 SW_2를 모두 닫고, V_{CC}를 조정하여 V_{CB}를 각각 5[V], 10[V]로 맞추었을 때, V_{EB}를 변화시키면서 각각의 V_{CB}에 대한 I_E와 I_C를 측정하여 표 7.2에 기록한다.

(7) 표 7.2에서 얻은 자료를 이용하여 베이스 공통 접지 회로인 $V_{EB}-I_E$의 입력 특성을 그림 7.5에 나타낸다.

표 7.2 베이스 공통 접지 회로의 입력 특성

V_{EB}[V]	$C-B$ Open	V_{CB}[V]					
		0		5		10	
	I_E	I_E	I_C	I_E	I_C	I_E	I_C
0							
−0.1							
−0.2							
−0.3							
−0.4							
−0.5							
−0.6							
−0.7							
−0.8							

그림 7.5 **베이스 공통 접지 회로의 입력 특성**

(베이스 공통 접지 회로의 출력 특성)

(8) 그림 7.4에서 가변 저항 VR_1을 최대로 한다.

(9) 스위치 SW_1을 열고($I_E = 0$), 스위치 SW_2를 닫은 상태에서 직류 전원 공급 장치 V_{CC}를 서서히 증가시킨다. 그 때 V_{CB}가 표 7.3과 같이 되었을 때 컬렉터 전류 I_C를 측정하여 표 7.3에 기록한다.

표 7.3 **베이스 공통 접지 회로의 출력 특성**

I_E[mA]	I_C[mA]					
	V_{CB}[V]					
	0	2	4	6	8	10
0						
−2						
−4						
−6						
−8						
−10						
−20						

(10) 스위치 SW_1, SW_2를 모두 닫고, V_{CC}를 조정하면서 I_E가 -2[mA]가 되도록 조정한다.

(11) V_{CC}를 서서히 증가시키면서 V_{CB}가 표 7.3과 같이 되었을 때 컬렉터 전류 I_C를 측정하여 표 7.3에 기록한다.

(12) I_E를 표 7.3과 같이 -4, -6[mA]등으로 변화시키면서 실험 방법 (10)과 (11)항의 실험을 반복하여 수행하고, 그 때의 컬렉터 전류 I_C를 측정하여 표 7.3에 기록한다.

(13) 표 7.3의 실험 결과에서 얻은 자료를 이용하여 $V_{CB}-I_C$의 출력 특성을 그림 7.6에 나타낸다.

그림 7.6 **베이스 공통 접지 회로의 출력 특성**

5. 고찰 및 평가

(1) 트랜지스터의 활성 영역, 포화 영역, 차단 영역에 대하여 설명하라.

(2) 베이스 공통 접지 회로의 입력 특성 실험으로부터 알 수 있는 중요한 특징을 설명하라.

(3) 베이스 공통 접지 회로에서 이미터 전류와 컬렉터 전류의 관계를 설명하라.

(4) 베이스 공통 접지 회로의 출력 특성 곡선으로부터 이미터 전류가 일정할 때, V_{CB}의 변화에 대한 I_C가 어떻게 변화하는지 설명하라.

(5) 베이스 공통 접지 회로의 출력 특성 실험으로부터 전류 증폭률 α을 구하라.

(6) 베이스 공통 접지 회로는 전압 증폭이 상당히 크다. 그 이유를 실험 결과로부터 설명하라.

(7) 베이스 공통 접지 회로 방식의 일반적인 특징을 설명하라.

실험 08

이미터 공통 접지 회로

1. 목적

1) 이미터 공통 접지 회로의 입력 특성과 출력 특성을 고찰한다.
2) 이미터 공통 접지 회로의 증폭 작용과 스위칭 작용을 이해한다.

2. 이론

트랜지스터의 공통 접지 방법 중 이미터 공통 접지 회로가 베이스 공통 접지 회로보다 오히려 일반적으로 사용되는 회로이다. 여기서 이미터 공통 접지 회로에 대한 기본 특성 및 입력과 출력 특성에 대해 알아본다.

(1) 이미터 공통 접지 회로의 입력과 출력 특성

이미터 공통 접지 회로는 그림 8.1과 같이 이미터 공통 단자에 입력 신호는 베이스와 이미터 단자에 입력되고, 출력 신호는 컬렉터와 이미터의 단자로 출력되는 구조이다. 베이스 공통 접지 회로와 마찬가지로 입력 전류에 대한 출력 전압 그리고 입력 전압에 대한 출력 전류는 각각 독립된 형태로 동작한다. 트랜지스터의 물리적 동작의 원리는 NPN형보다 PNP형이 이해하기 쉽기 때문에 이미 베이스 공통 접지 회로에서 PNP형을 중심으로 설명하였지만, 대부분의 제품은 NPN형 실리콘 트랜지스터이므로 본 이미터 공통 접지 회로에서는 이를 중심으로 설명한다.

그림 8.1의 이미터 공통 접지 회로와 같이 활성 영역에서 동작하기 위하여 베이스 전압 V_{BE}에 순방향 바이어스, 컬렉터 전압 V_{CE}에 역방향 바이어스 전압을 가해야 하며, 특히 컬렉터의 전위가 베이스의 전위보다 높게 해야 한다. 따라서 V_{CB}의 극성은 양(+)이 된다. 또한 NPN형에서 전류의 극성 관계는 컬렉터 전류 I_C가 양(+), 이미터 전류 I_E는 음(−)이 된다.

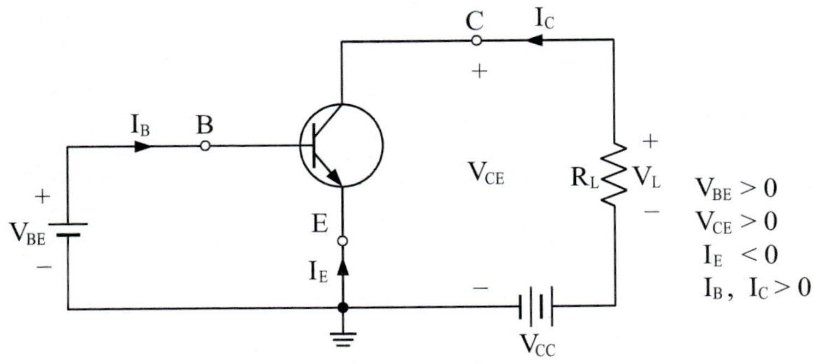

그림 8.1 **이미터 공통 접지 회로(NPN형)**

1) 입력 특성

이미터 공통 접지 회로에서 입력 특성은 베이스 특성을 의미하고, 그림 8.2는 NPN형에서 컬렉터 전압 V_{CE}를 파라미터로 한 베이스 전압 V_{BE}와 베이스 전류 I_B의 입력 특성 곡선을 나타낸 것이다.

여기서 입력 특성은 컬렉터와 이미터 사이를 단락($V_{CE} = 0\,[\mathrm{V}]$)한 경우에 반도체 다이오드의 순방향 특성과 본질적으로 같으며, 입력 전류 I_B는 동작 전압 $V_{BE} = 0.7\,[\mathrm{V}]$ 이상에서 지수함수적으로 급격히 증가한다.

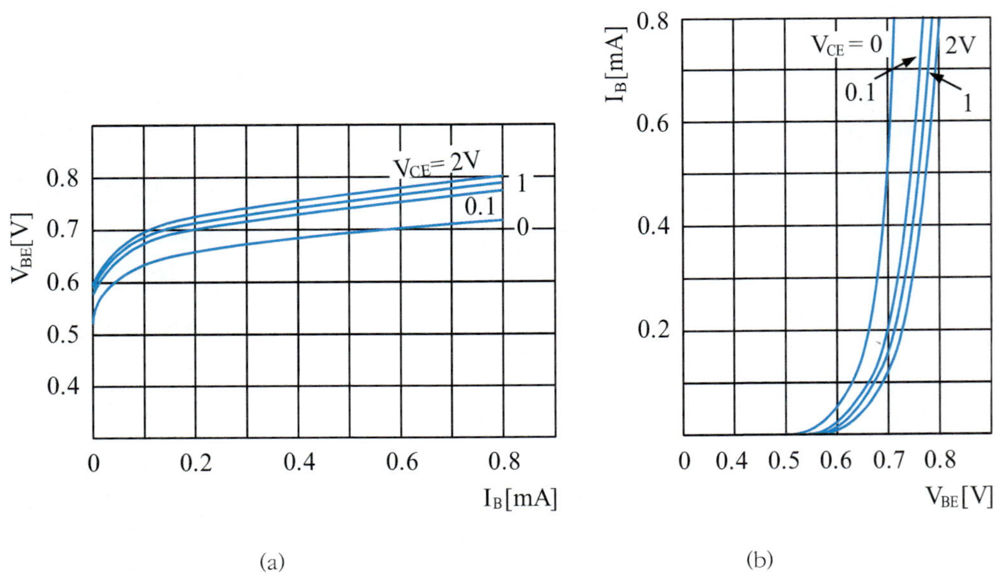

그림 8.2 **이미터 공통 접지 회로의 입력 특성(NPN형)**

또한 그림 8.2(b)에서와 같이 동일한 베이스 전압 V_{BE}에서 베이스 전류 I_B는 컬렉터 전압 V_{CE}가 증가할수록 감소함을 볼 수 있다.

이것은 컬렉터-이미터 사이의 바이어스 전압 V_{CE}가 클수록 컬렉터 단자 측의 (+)전위가 높아지기 때문에 이미터에서 베이스로 넘어온 전자 중에서 베이스 단자로 빠져나가는 전자의 비율은 낮아지고 그 결과 베이스 전류는 감소하게 된다.

이와 같은 특성을 이미터 공통 접지 회로의 입력 특성이라 한다.

이미터와 베이스 사이의 순방향 바이어스 전압 V_{BE}를 가하였을 때, 일반적인 동작 전압은 실리콘에서 0.7[V], 게르마늄에서 0.2[V]이다.

2) 출력 특성

출력 특성은 컬렉터 특성을 의미하며, 그림 8.3은 NPN형에서 입력 전류인 베이스 전류 I_B를 파라미터로 한 출력 전압과 출력 전류인 컬렉터 전압 V_{CE}와 컬렉터 전류 I_C의 이미터 공통 접지 회로의 출력 특성 곡선을 나타낸 것이다.

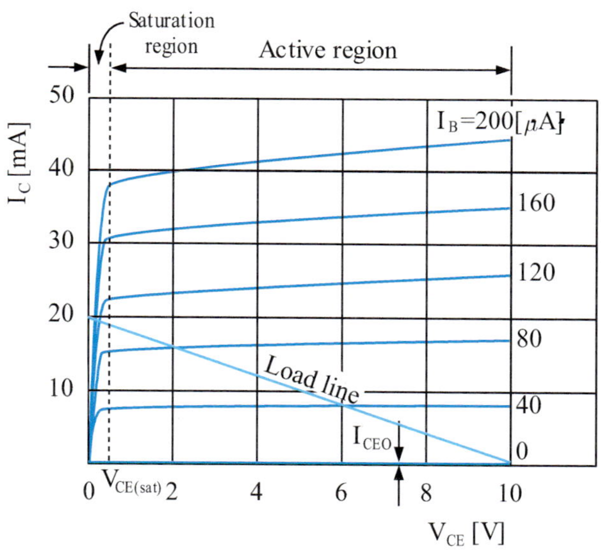

그림 8.3 **이미터 공통 접지 회로의 출력 특성 (NPN형)**

그림 8.3에서 출력 전류 I_C는 베이스 공통 접지 회로에서의 출력 전류 I_C와 같이 일정하지 않다. 이것은 컬렉터 전압 V_{CE}가 컬렉터 전류 I_C에 영향을 미치고 있음을 보여주기 때문이다.

즉 V_{CE}가 증가할수록 이미터로부터 방출되는 전자가 증가함과 동시에 컬렉터 단자 측으로 이끌리는 전자도 증가하기 때문이다.

활성 영역은 베이스 공통 접지 회로와 마찬가지로 이미터 접합부에 순방향 바이어스, 컬렉터 접합부에 역방향 바이어스를 가해지는 조건에서 이루어지며, 그림 8.3에서 $V_{CE(sat)}$축의 오른쪽과 $I_B = 0$의 이상이 되는 범위의 영역이 된다. 활성 영역에서 출력 전류는 입력 신호에 대해 민감하게 응답한다.

포화 영역은 $V_{CE(sat)}$ 종축 경계선의 좌측이고, 차단 영역은 $I_B = 0$ 이하의 영역이 된다. $I_B = 0$에 대응하는 I_{CEO}는 이미터 접지 컬렉터 차단 전류라 한다.

(2) 이미터 공통 접지 회로의 증폭 작용

이미터 공통 접지 회로에서 전류 이득은 가장 중요한 트랜지스터의 특성이며, 이 회로에서 베이스 전류는 입력 전류이고, 컬렉터 전류는 출력 전류이다. 이미터 공통 접지 회로에서 컬렉터 전류에 대한 베이스 전류의 비를 직류 순방향 전류 이득이라 한다. 기호는 β 또는 h_{FE}로 나타내고 다음의 식으로 표시된다.

$$\beta = h_{FE} = \frac{I_C}{I_B} \tag{8.1}$$

또한 베이스의 입력 신호가 교류 신호일 때 순방향 전류 이득은 컬렉터 전압이 일정할 때 컬렉터 전류의 변화량 $\Delta I_C(+)$에 대한 베이스 전류의 변화량 $\Delta I_B(+)$의 비로 표현하며, 기호는 β 또는 h_{fe}이다.

h_{fe}는 교류 순방향 전류 이득을 의미한다. 이미터 공통 접지 회로에서 교류에 대한 전류 이득은 다음 식으로 정의한다.

$$\beta = h_{fb} = -\left.\frac{\Delta I_C}{\Delta I_B}\right|_{V_{CE}\ \text{일정}} \qquad 8.2)$$

이미터 공통 접지 회로의 전류 이득 β와 베이스 공통 접지 회로의 전류 이득 α의 관계는 다음과 같이 성립한다.

$$\beta = \frac{\alpha}{1-\alpha} \tag{8.3}$$

따라서 위의 관계식에서 α가 0.98이라면 $\beta = 49$가 된다. 이와 같이 이미터 공통 접지 회로에서 전류 증폭률 β가 1보다 크기 때문에(약 10~200배 정도) 다른 공통 접지방식보다 큰 전류 이득, 전압 이득과 전력 이득을 얻을 수 있다.

따라서 약간의 베이스 전류로 큰 컬렉터 전류를 얻을 수 있고, 또한 베이스 전류로 컬렉터 전류의 크기를 증감할 수 있다. 이것을 트랜지스터의 증폭 작용이라 하며, 특히 이미터 공통 접지 회로에서 이 증폭 작용이 우수하기 때문에 가장 널리 사용되고 있는 회로이다.

트랜지스터의 전류는 키르히호프 법칙에 의해 다음과 같이 나타낼 수 있다.

$$I_B = I_E - I_C \tag{8.4}$$

베이스 전류는 이미터와 컬렉터 전류에 비하여 매우 작으며, 두 전류값의 차와 같다. 그리고 일반적인 계산에서 이미터 전류와 컬렉터 전류는 서로 같다고 가정하여 적용하는 경우가 많다.

이미터 공통 접지 회로는 베이스 공통 접지 회로에 비하여 높은 입력 임피던스와 낮은 출력 임피던스를 갖고, 높은 전압 이득과 전력 이득을 얻을 수 있다. 그러나 입력 신호와 출력 신호의 위상차는 180°의 관계가 있다.

표 8.1에 각종 공통 접지방식에 따른 특징을 비교하여 나타내었다.

표 8.1 각종 공통 접지방식의 특징

공통 접지 회로	이미터	베이스	컬렉터
전류 이득	대	소	대
전압 이득	대	대	소
전력 이득	대	중	소
입력 임피던스	중	소	대
출력 임피던스	중	대	소
고주파 특성	불량	가장 양호	양호

(3) 트랜지스터의 스위칭 작용

트랜지스터의 특징 중 대표적으로 증폭 작용과 스위칭 작용이 있으며, 베이스의 소전류에 의해 컬렉터의 대전류를 얻을 수 있는 증폭 작용에 대하여 이미 앞 절에서 설명하였다.

여기서는 트랜지스터의 스위칭 작용에 관하여 설명하기로 한다.

1) 트랜지스터의 스위칭 작용

증폭 작용에서 입력 전류인 베이스 전류에 의해 출력 전류(컬렉터 전류)가 의존한다는 것을 알았다. 이것은 베이스 전류를 ON, OFF 함으로써 이미터와 컬렉터 사이를 ON, OFF 제어할 수 있다는 것을 의미한다. 이것은 트랜지스터의 증폭 작용 중의 한 작용으로써 트랜지스터의 스위칭 작용이라 한다.

계전기(relay)는 여자 코일에 흐르는 전류를 ON, OFF 함으로써 접점을 개폐시키므로 여자 전류는 트랜지스터의 베이스 전류와 같은 역할을 한다. 즉, 트랜지스터는 계전기의 기계 접점을 사용하지 않고 동일한 스위칭 작용을 하는 무접점 스위치가 된다.

트랜지스터의 스위칭 작용은 계전기와 비교하여 스위칭 동작이 빠르고, 무접점이기 때문에 기계적 소음이 없으며 베이스 전류를 증감하면서 컬렉터 전류를 제어할 수 있는 장점이 있다.

이미터 공통 접지 회로에서 트랜지스터의 스위칭 동작에 필요한 베이스 전류(입력)에 대한 컬렉터 전류(출력)에 관하여 영역별로 구분해 본다.

① 포화 영역 : 베이스 전류를 크게 해도 컬렉터 전류는 그 이상 증가하지 않는 영역
② 활성 영역 : 베이스 전류의 변화에 따라 컬렉터 전류가 변화하는 영역
③ 차단 영역 : 베이스 전류가 없기 때문에 전류가 흐르지 않는 영역

따라서 트랜지스터의 스위칭 동작은 다음의 표 8.2와 같이 정리할 수 있다.

표 8.2 트랜지스터의 스위칭 동작

스위칭 동작	적 용 방 법
ON(단락)	베이스 전류가 크게 흐르고 있는 포화 영역에서 사용할 것
OFF(개방)	베이스 전류가 전혀 흐르지 않는 차단 영역에서 사용할 것

2) 트랜지스터의 스위칭 동작

지금까지 트랜지스터의 기초 지식을 가지고 간단한 이미터 공통 접지 회로를 이용하여 스위칭 동작에 관하여 알아본다.

① 베이스 전류 $I_B = 0$인 경우(차단 영역)

베이스 전류가 0일 때, 식 (8.1)에 의해 컬렉터 전류는

$$I_C = \beta I_B = \beta \times 0 = 0 \tag{8.5}$$

이 된다. 즉 저항 R_L에는 전류가 흐르지 않고, 저항 양단에 전압 강하도 일어나지 않기 때문에 컬렉터 전압 V_{CE}는 V_{CC}와 같다.

따라서 베이스 전류가 0인 경우는 트랜지스터를 개방한 상태와 같게 되어 부하 저항 R_L에 전원을 차단하는 스위칭 효과를 준다.

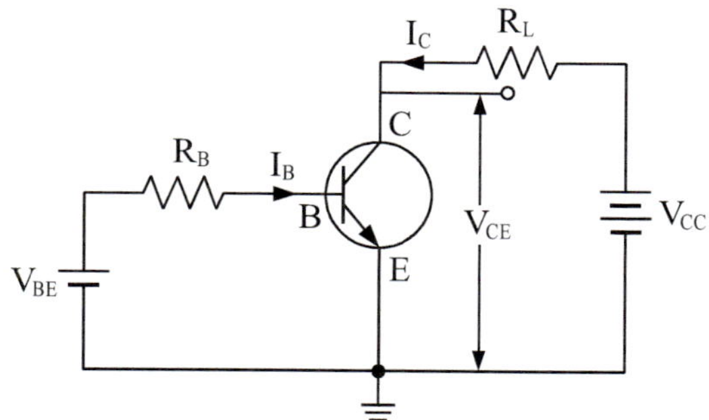

그림 8.4 **트랜지스터의 동작 특성**

② 베이스 전류 I_B가 흐르는 경우

컬렉터 전류 I_C와 부하 저항 R_L의 양단에 걸리는 전압 강하 V_L은 다음과 같다.

$$I_C = \beta I_B \tag{8.6}$$

$$V_L = I_C \times R_L \tag{8.7}$$

그러므로 트랜지스터의 컬렉터와 이미터 사이의 전압 V_{CE}는 전원 전압 V_{CC}에서 부하 저항 양단의 전압 강하 V_L의 차가 되므로 다음과 같다.

$$V_{CE} = V_{CC} - V_L \tag{8.8}$$

이들의 관계식들로부터 활성 영역 범위에서 베이스 전류가 적게 흐르는 경우, 부하 저항의 전압 강하와 컬렉터 전압은 각각 발생하고, 베이스 전류의 변화에 컬렉터 전류가 민감하게 반응을 하게 됨을 알 수 있다.

만약 베이스 전류를 많이 흐르게 하면, 식 (8.6)과 식 (8.7)에 의해 컬렉터 전류는 더욱 커지고 부하 저항 양단의 전압 강하도 증가하게 된다. 따라서 컬렉터 전압 V_{CE}는 작아지게 된다. 여기에 베이스 전류를 더욱 많이 흐르게 하면, 결국 V_{CE}는 0[V]가 된다.

이 경우에는 베이스 전류를 아무리 증가시켜도 컬렉터 전류는 증가하지 않고 일정하게 흐르며, 이 상태를 포화 상태라 한다.

또 이때의 컬렉터 전류를 포화 전류라 한다. 포화 상태에서는 식 (8.6)이 성립하지 않고, 컬렉터 전압 V_{CE}는 부하 저항의 전압 강하 V_L에 의해 결정되는 것을 알 수 있다.

즉 $V_{CE} = 0\,[\mathrm{V}]$의 포화 상태에서는 트랜지스터를 단락시킨 상태와 같게 되어 부하 저항에 전원을 직접 투입한 스위칭 효과를 주게 된다.

3. 사용기기 및 재료

(1) 직류 전원 공급 장치 ················ 1대
(2) 직류 전압계(1/10/50 [V]) ················ 2대
(3) 직류 전류계(50/250 [μA]) ················ 2대
(4) 회로 시험기 ················ 1대
(5) 트랜지스터(NPN형) ················ 1개
(6) 저항(500 [Ω]) ················ 1개
(7) 가변 저항(20 [kΩ]) ················ 2개
(8) 건전지(1.5 [V]) ················ 1개
(9) 만능 기판 ················ 1개
(10) 리드선 ················ 다수

4. 실험 방법

(이미터 공통 접지 회로의 입력 특성)

(1) NPN형 트랜지스터의 형명을 기록하고, 세 단자 E, B, C를 구분하여 표시한다.

(2) 이미터 공통 접지 회로를 NPN형 트랜지스터를 이용하여 그림 8.5와 같이 구성한다. 단, 저항은 $R_1 = 500\,[\Omega]$, 가변 저항은 VR_1, $VR_2 = 20\,[\mathrm{k\Omega}]$으로 하고, 베이스와 컬렉터의 바이어스 전압은 각각 $V_{BB} = 1.5\,[\mathrm{V}]$과 $V_{CC} = 20\,[\mathrm{V}]$로 한다.

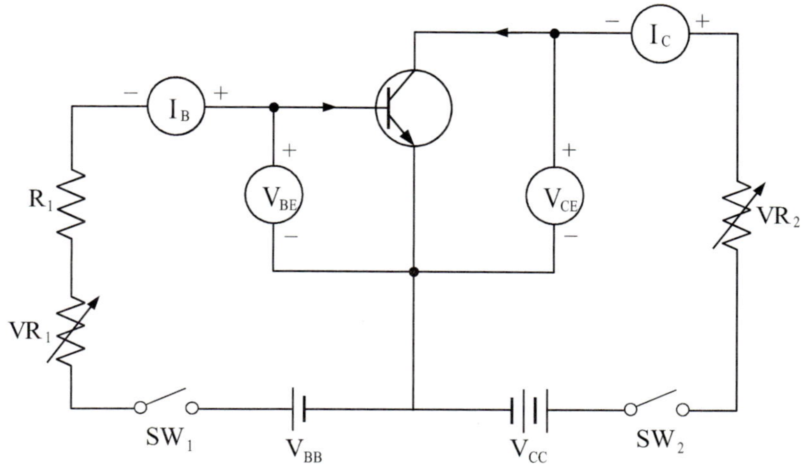

그림 8.5 이미터 공통 접지 회로의 입력 특성

(3) 가변 저항 모두를 최대로 하고 스위치 SW_1만을 닫는다. 그리고 VR_1을 줄이면서 전압계 V_{BE}와 전류계 I_B가 서서히 증가하는지 확인한다.

(4) V_{BE}를 표 8.3과 같이 변화시킬 때 I_B를 측정하여 표 8.3에 기록한다.

(5) 그림 8.5에서 V_{CE}가 0[V]가 되도록 한 다음 스위치 SW_1을 닫았을 때, 표 8.3과 같이 V_{BE}를 변화시키면서 그 때의 I_E와 I_C를 각각 측정하여 기록한다.

(6) 그림 8.5에서 스위치 SW_1과 스위치 SW_2를 모두 닫고, 가변 저항 VR_2를 변화시켜 각각 V_{CE}를 5[V], 10[V]로 조정하였을 때, V_{BE}를 변화시키면서 각각의 V_{CE}에 대한 I_E와 I_C를 측정하여 기록한다.

표 8.3 이미터 공통 접지 회로의 입력 특성

V_{BE}[V]	$C-E$ Open	V_{CE}[V]					
		0		5		10	
	I_B	I_B	I_C	I_B	I_C	I_B	I_C
0							
0.1							
0.2							
0.3							
0.4							
0.5							
0.6							
0.7							
0.8							

(7) 표 8.3에서 얻은 자료를 이용하여 이미터 공통 접지 회로인 $V_{BE}-I_B$의 입력 특성을 그림 8.6에 나타낸다.

그림 8.6 이미터 공통 접지 회로의 입력 특성

(이미터 공통 접지 회로의 출력 특성)

(8) 그림 8.5에서 가변 저항 모두를 최대로 한다.

(9) 스위치 SW_1을 열고($I_B = 0$), 스위치 SW_2를 닫은 상태에서 가변 저항 VR_2를 서서히 감소시킨다. 그 때 V_{CE}가 표 8.4와 같이 되었을 때 컬렉터 전류 I_C를 측정하여 표 8.4에 기록한다.

(10) 스위치 SW_1, SW_2를 닫고, VR_1을 조정하면서 I_B가 50[μA]가 되도록 조정한다.

(11) 가변 저항 VR_2를 서서히 감소시키면서 V_{CE}가 표 8.4와 같이 되었을 때, 컬렉터 전류 I_C를 측정하여 표 8.4에 기록한다.

(12) I_B를 표 8.4와 같이 100, 150[μA] 등으로 변화시키면서 실험 방법 (10)과 (11)항의 실험을 반복하여 수행하고, 그 때의 컬렉터 전류 I_C를 측정하여 표 8.4에 기록한다.

표 8.4 이미터 공통 접지 회로의 출력 특성

I_B[μA]	I_C[μA]					
	V_{CE}[V]					
	0	1	2	4	6	8
0						
50						
100						
150						
200						
250						
300						

(13) 표 8.4의 실험 결과에서 얻은 자료를 이용하여 $V_{CE}-I_B$의 출력 특성을 그림 8.7에 나타낸다.

그림 8.7 **이미터 공통 접지 회로의 출력 특성**

5. 고찰 및 평가

(1) 이미터 공통 접지 회로의 출력 특성에서 임의의 곡선을 취하여 전류 증폭률 β를 구하라.

(2) 공통 접지 회로 방식 중에서 가장 일반적으로 사용하는 접지회로 방식을 쓰고, 그 이유를 설명하라.

(3) NPN형 트랜지스터의 베이스 공통 접지 회로와 이미터 공통 접지 회로에서 동작시키기 위한 바이어스 방법에 대하여 설명하라.

(4) 이미터 공통 접지 회로에서 입력 신호와 출력 신호의 위상 관계를 설명하라.

(5) 이미터 공통 접지 회로 방식의 일반적인 특징을 설명하라.

(6) 이미터 공통 접지 회로에서 증폭 작용과 스위칭 작용에 관하여 설명하라.

실험 09

전계효과 트랜지스터(FET)의 특성

1. 목적

1) 전계 효과 트랜지스터의 구조와 성능을 이해한다.
2) 전계 효과 트랜지스터의 게이트에 의한 드레인 특성과 사용 용도에 관하여 고찰한다.

2. 이론

이미 배운 트랜지스터(접합형)는 공학적 측면에서 고주파용 소자의 제작이 어렵고, 소수 캐리어의 축적 효과 때문에 스위칭 속도에 제약이 뒤따른다. 또한 좁은 베이스의 폭으로 컬렉터 전압에 한계가 있고, 출력이 작은 문제점 등이 있다.

트랜지스터의 본질적인 문제점을 해결하기 위하여 전압 제어가 가능한 채널(channel)을 설정하여 다수 캐리어를 자유로이 제어할 수 있도록 개발한 반도체 소자를 전계 효과 트랜지스터(Field Effect Transistor, FET)라 한다.

높은 입력 임피던스와 출력 임피던스를 가진 전압 제어형 반도체 소자인 전계 효과 트랜지스터는 접합형 전계 효과 트랜지스터(Junction FET)와 MOS형 전계 효과 트랜지스터(Metal-Oxide-Semiconductor FET)가 있다.

(1) 접합형 전계 효과 트랜지스터의 구조

접합형 FET는 N 채널형과 P 채널형의 두 종류가 있다. 그림 9.1의 N 채널형은 평판형 N형 반도체에 불순물을 강하게 도핑한 P형을 접합하여 제작한 PN 접합 반도체의 구조로 되어 있다.

N형 반도체의 양단에 취부한 전극을 소스(source, S)와 드레인(drain, D), P형 반도체의 전극을 게이트(gate, G)라고 하는 세 단자로 구성되어 있다. 소스와 드레인 전극의 구분은 N형 반도체에 전압을 인가하는 (+) 전원 측의 전극을 드레인(D), (−) 전원 측의 전극을

소스(S)라고 한다.

또한 P 채널형은 그림 9.2와 같이 N형 반도체 대신에 평판형의 P형 반도체를 사용하고 불순물을 강하게 도핑한 N형을 접합하여 제작한 구조로 되어 있다. 세 단자의 전극은 P형 반도체의 양 전극인 소스와 드레인, 그리고 N형 반도체의 전극인 게이트로 구성된다.

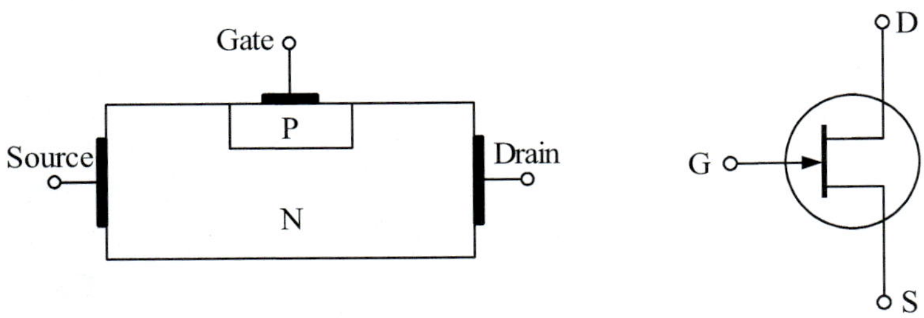

그림 9.1 접합형 FET(N 채널)의 구조와 기호

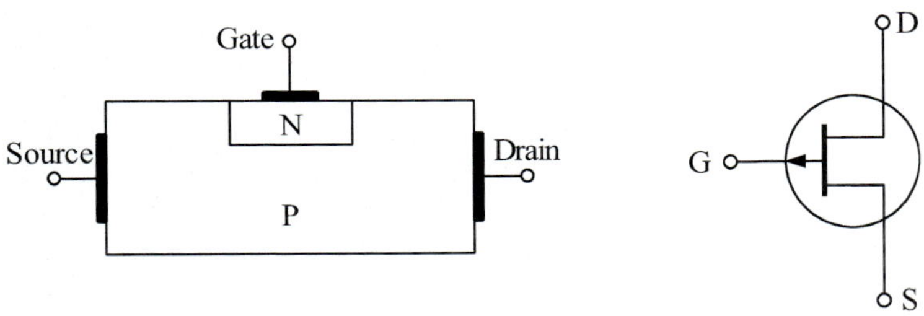

그림 9.2 접합형 FET(P 채널)의 구조와 기호

(2) 접합형 FET의 동작 원리

전계 효과 트랜지스터는 전류 제어 소자인 접합 트랜지스터와 동작 원리가 전혀 다르고 전압 제어 소자이다. 접합형 FET의 동작 원리를 알아보기 위해 그림 9.3의 회로를 생각하고, N 채널형을 중심으로 설명한다.

드레인에 (+), 소스에 (−) 전압을 인가하여 드레인−소스 사이의 전압 V_{DS}를 항상 $V_{DS} > 0$ 이 되도록 하고, 또 게이트와 소스 사이인 PN 접합부의 게이트 전압 V_{GS}는 역방향 바이어스가 되도록 한다. 이 인가 조건은 P 채널 접합형 FET에도 마찬가지로 적용된다.

드레인 전압 V_{DS}를 인가하면 다수 캐리어인 전자는 소스에서 N형 반도체 내의 채널을 통해 드레인으로 이동하고 이 때 전류 I_D는 드레인에서 소스로 흐른다.

한편 게이트 전압 V_{GS}에 역방향 바이어스를 가하면 PN 접합부에서는 공핍층이 생기고, 이 공핍 영역은 게이트에 가하는 역전압 V_{GS}의 크기에 좌우된다.

따라서 게이트를 개방하였을 때 PN 접합부에는 공핍층이 발생하지 않기 때문에 V_{DS}에 의한 소스에서 드레인으로 이동하는 전자의 수는 많지만, 반면에 게이트에 역전압이 인가되면 공핍 영역이 형성되어 전자가 이동할 수 있는 통로(채널)의 폭은 상대적으로 좁아지고 전자의 수는 감소하게 된다.

이와 같이 게이트 전압은 공핍 영역을 발생시키고 이 영역에 의해 채널의 폭은 상대적으로 변화하게 된다. 따라서 채널의 폭의 변화로 전자의 수를 증감시킴으로써 드레인에서 소스로 흐르는 전류를 제어한다. 즉, 게이트 전압에 의해 드레인 전류를 제어하는 것이다.

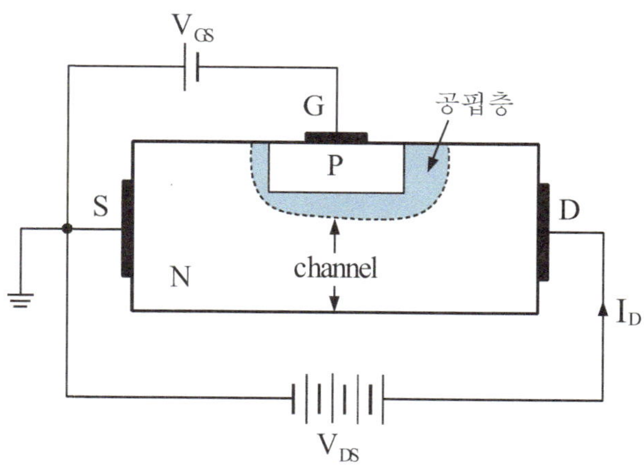

그림 9.3 N 채널 접합형 FET의 기본 동작

(3) 접합형 FET의 드레인 특성

그림 9.4는 게이트 전압 V_{GS}를 파라미터로 한 드레인 전압 V_{DS}와 드레인 전류 I_D의 관계를 나타낸 특성 곡선이다.

게이트 전압 $V_{GS} = 0\,[\mathrm{V}]$에서 드레인 전압 V_{DS}를 인가하여 전류가 흐르기 시작하면 드레인-게이트 접합부(PN 접합부)에 역방향 바이어스에 의해 공핍 영역이 발생한다. 드레인 전압 V_{DS}가 증가됨에 따라 옴성의 드레인 전류 I_D도 증가하고, 또 공핍 영역은 더욱 확장되어 결국 드레인-소스 사이의 저항은 증가하게 된다. 전압 V_{DS}가 더욱 증가하면 공핍 영역이 확대하여 채널을 봉쇄하는 상태가 된다.

이와 같이 채널이 완전히 차단되는 임계 전압을 핀치 오프 전압(pinch-off voltage) V_P라 한다. V_P는 대략 1 ~ 3[V] 정도에서 나타난다.

핀치오프 영역에서 드레인 전류 I_D는 전압 V_{DS}가 증가해도 일정한 포화 전류가 된다. 이것은 다수 캐리어인 전자가 핀치오프 영역에서 공핍층의 고전계 내에 공간전하 제한전류 형식으로 나타나기 때문에 일정한 포화 전류가 흐르는 것이다.

V_{GS}를 증가하면 접합부의 공핍 영역을 더 확장시키기 때문에 채널을 차단하기 위한 전류는 점점 작아진다. 이것은 그림 9.4의 $V_{GS} = -1$[V], -2[V] 등의 곡선에서 보이고 있는 현상이다. 즉 게이트 전압은 일정한 드레인 전압에서 드레인 전류를 감소시키는 제어원으로 동작한다. 또 V_{GS}를 더욱 증가하여 어느 한계 전압에 도달하면 드레인 전압에 관계없이 전류가 전혀 흐르지 않는 상태가 나타난다.

드레인 특성 곡선의 점선부에 나타난 것과 같이 채널이 차단(pinch-off)될 때 전류가 차단되어 일정한 드레인 전류가 흐르고, 차단 효과는 V_{GS}값이 작을 때 발생한다.

한편 옴성 영역에서는 V_{DS}가 변화하면 I_D도 변화한다. 이것은 동작 저항(D−S의 저항)이 포화 시에 비해서 상당히 작아지고 있음을 의미하며, 실제의 값에서도 수 10~수 100[Ω]까지 작아진다. 이 동작 저항은 V_{GS}에 의해서 제어할 수 있으므로 전자 가변 저항이나 스위치로 사용할 수 있다.

핀치 오프 영역에서는 V_{DS}의 변화에 의해 I_D는 거의 변화하지 않는 포화 상태이므로 동작 저항은 매우 높다고 할 수 있다.

따라서 증폭 회로나 정전류 회로 등에 사용할 때에는 이 영역을 사용한다.

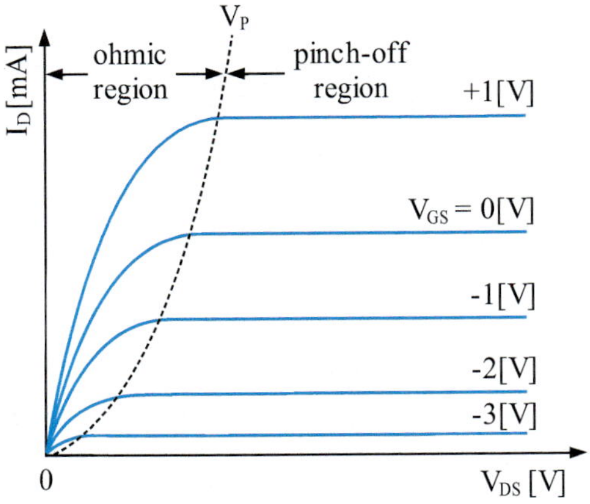

그림 9.4 FET의 드레인 특성 곡선(N채널)

(4) 접합형 FET의 전달 특성

그림 9.3의 기본 동작 회로에서 FET는 전압 제어 소자이므로 게이트–소스 간의 전압 V_{GS}로 드레인 전류 I_D를 제어할 수 있다. 그 관계는 다음과 같이 나타낼 수 있다.

$$I_D = I_{DSS}[1-(V_{GS}/V_P)]^2 \tag{9.1}$$

$$\begin{cases} I_{DSS} : V_{GS}=0\text{일 때의 드레인 전류} \\ V_P : I_D=0\text{이 될 때의 게이트–소스간 전압} \end{cases}$$

식 (9.1)를 그래프로 표현한 접합형 FET의 전달 특성을 그림 9.5에 나타내었다. $V_{GS}=0$에서 I_D는 최대, V_{GS}를 역바이어스 상태로 증가시키면 I_D는 점점 작아져 $V_{GS}=V_P$의 점에서 $I_D=0$이 된다.

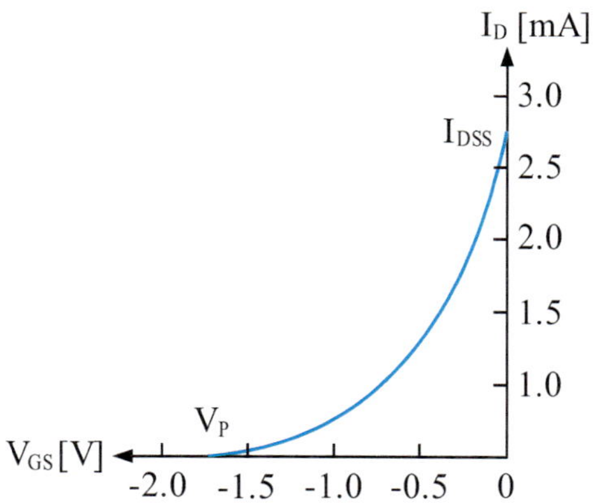

그림 9.5 접합형 FET의 전달 특성

(5) MOS형 전계 효과 트랜지스터

MOS형 FET는 접합형 FET와 원리적으로 완전히 동일하고, 절연 게이트의 구조는 Metal-Oxide-Silicon으로 되어 있다. P형 반도체에 N형 영역을 만들어 그 사이의 실리콘 산화막 위에 전극을 만들어 놓은 간단한 구조이다.

금속의 게이트 전극이 절연 피막을 통하여 반도체에 부착되어 있으므로 MOS형 FET는 절연 게이트형 FET(Insulated Gate FET, IGFET)라고도 한다.

반도체 표면 위에 만들어진 절연 피막에 만든 금속 전극에 가하는 전압 제어에 의해 드레인과 소스 사이에 흐르는 전류를 제어할 수 있다.

트랜지스터와 FET의 차이점을 표 9.1에 정리한다.

표 9.1 트랜지스터와 FET의 차이점

구 분	트랜지스터	FET
제어 방식	전류 제어형 소자	전압 제어형 소자
구 조	간단하고 저가	복잡하고 고가
동작 캐리어	소수 캐리어 소자	다수 캐리어 소자
스위칭 동작	상대적으로 느림 (축적 효과의 영향)	트랜지스터에 비해 고속 (축적 효과가 없기 때문)
병렬접속	전류 밸런스 관계로 복잡	트랜지스터에 비해 용이

3. 사용기기 및 재료

(1) 직류 전원 공급 장치 ··············· 1대
(2) 직류 전압계(1/10/50[V]) ··············· 2대
(3) 직류 전류계(1/10[mA]) ··············· 1대
(4) 접합형 FET(N 채널) ··············· 1개
(5) 가변 저항(20[kΩ]) ··············· 1개
(6) 건전지(1.5[V]) ··············· 2개
(7) 만능 기판 ··············· 1개
(8) 리드선 ··············· 다수

4. 실험 방법

(1) 접합형 FET의 형명을 기록하고, 실험에 사용하는 소자의 기호를 그린다.

(2) 접합형 FET의 N 채널형을 이용하여 그림 9.6과 같이 회로를 결선한다. 단, 가변 저항 $VR = 20$ [kΩ], 게이트에 공급하는 전원 $E_{GG} = 3$ [V], 드레인-소스간의 전원 E_{DD}는 직류 전원 공급 장치를 이용한다.

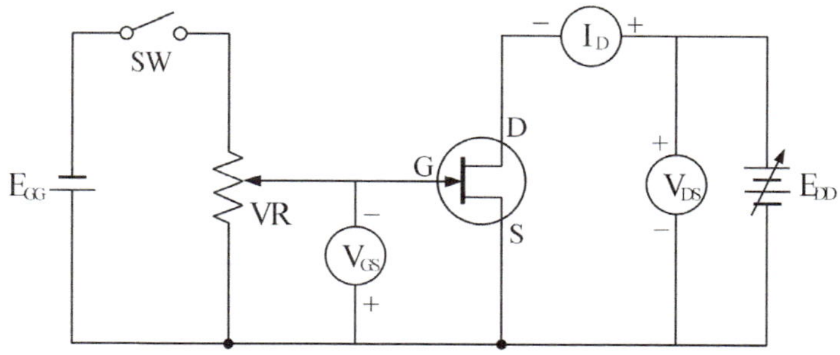

그림 9.6 접합형 FET의 특성 회로

(3) 게이트와 소스간의 전압 V_{GS}가 0이 되도록 가변 저항 VR를 조정한다.

(4) 드레인과 소스간의 전압 V_{DS}를 표 9.2와 같이 변화시키면서 드레인 전류 I_D를 측정하여 기록한다.

(5) 또 가변 저항 VR를 조정하면서 표 9.2의 V_{DS}를 맞추고 실험 방법 (4)항을 반복하여 측정값을 표 9.2에 기록한다.

(6) 표 9.2에서 얻은 자료를 이용하여 $V_{DS}-I_D$ 특성 곡선을 그림 9.7에 나타낸다.

(7) 또한 표 9.2를 이용하여 일정한 드레인 전압 V_{DS}, 즉 4[V], 10[V]일 때의 $V_{GS}-I_D$의 전달 특성 곡선도 그림 9.8에 그린다.

표 9.2 접합형 FET의 드레인 특성 실험

V_{DS}[V]	I_D[mA]				
	V_{GS}[V]				
	0	−0.4	−0.8	−1.2	−1.5
0					
0.5					
1					
1.5					
2					
4					
8					
10					

그림 9.7 접합형 FET의 드레인 전압 특성

그림 9.8 **접합형 FET의 전달 특성 곡선**

5. 고찰 및 평가

(1) 접합형 FET와 일반 트랜지스터의 특성을 비교 설명하라.

(2) FET 소자는 무엇에 의한 제어를 하는 소자인지 설명하라.

(3) 핀치 오프 상태는 FET의 내부에서 무슨 현상이 일어난 것인지 설명하라.

(4) FET를 스위칭 소자로써 사용할 때에 일반 트랜지스터에 비해 무슨 장점이 있는지, 또 그 이유를 설명하라.

(5) FET의 기본 구조와 동작 원리를 설명하라.

(6) FET의 사용 용도에 관하여 설명하라.

실험 10

사이리스터(SCR)의 특성

1. 목적

1) 사이리스터의 기본 구조와 동작 원리를 이해한다.
2) 사이리스터의 게이트에 의한 제어 특성을 고찰한다.

2. 이론

사이리스터(thyristor)는 차단 상태에서 도통 상태로 되거나, 그 반대 상태로 변환될 수 있는 세 가지 이상의 접합으로 된 반도체 소자로 정의된다. 즉, PNPN 접합을 갖는 반도체 소자의 총칭으로 SCR, SSS, GTO, 트라이악 등이 있으며, 대표적으로 사이리스터라 하면 일반적으로 SCR을 의미한다.

(1) 사이리스터(SCR)의 구조와 동작 원리

일반 다이오드는 정류 작용만 하고 자체적으로 제어 능력이 없지만, 실리콘 제어 정류기인 SCR(Silicon Controlled Rectifier)은 대전류까지도 제어할 수 있는 게이트단자를 갖는 반도체 스위칭 소자이다.

SCR은 그림 10.1과 같이 PNPN 4층의 구조로 되어 있고 애노드(A), 캐소드(K), 게이트(G)의 3단자 전극으로 이루어져 있다. 또한 게이트 단자의 신호에 의해 전류를 제어할 수 있는 구조로 구성되어 있다.

SCR은 Tr_1(PNP형)과 Tr_2(NPN형) 두 개의 트랜지스터를 이용하여 구성한 등가 회로를 그림 10.2에 나타내었다.

그림 10.2(b)를 이용하여 SCR의 기본적인 동작 상태를 간단히 설명하기로 한다.

SCR은 도통(ON) 상태와 차단(OFF) 상태의 두 종류의 동작 상태로 이루어져 있으며, 각각의 동작 상태를 구분하여 설명하기로 한다.

① 도통(ON) 상태

Tr_2의 베이스 전류가 증가하면 컬렉터 전류가 증가하기 시작하여 Tr_1의 베이스 전류를 증가시킨다. 또한 증가하는 Tr_1의 베이스 전류에 의해 Tr_2의 베이스 전류도 증가하게 된다. 이 동작들을 Tr_1과 Tr_2가 포화될 때까지 반복하게 되어 SCR은 도통(ON)하게 된다.

② 차단(OFF) 상태

Tr_2의 베이스 전류가 감소하면 컬렉터 전류가 감소하기 시작하여 Tr_1의 베이스 전류를

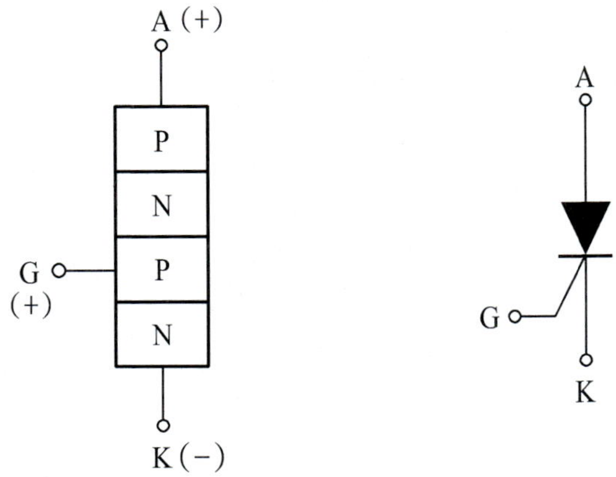

(a) 구조　　　(b) 기호

그림 10.1 SCR의 구조와 기호

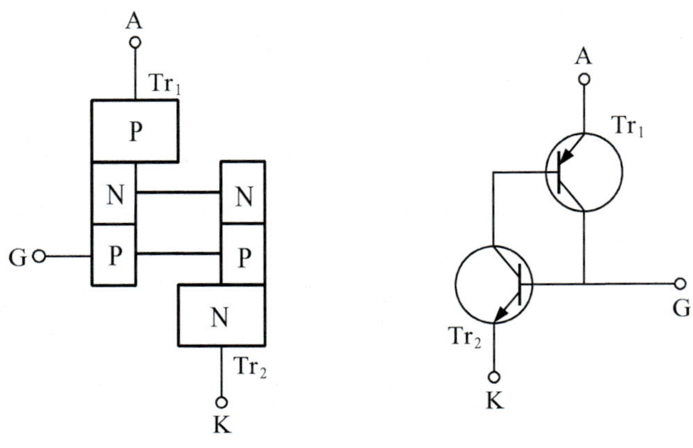

(a)　　　(b)

그림 10.2 SCR의 트랜지스터를 이용한 등가 회로

감소시킨다. 또한 감소하는 Tr_1의 베이스 전류에 의해 Tr_2의 베이스 전류도 감소하게 된다. 이 동작들을 Tr_1과 Tr_2가 차단될 때까지 반복하게 되어 SCR은 차단(OFF)하게 된다.

SCR의 도통 상태는 애노드(+)와 캐소드(−) 사이의 전압 V_{AK}를 순방향 바이어스 상태로 하여 애노드에서 캐소드 방향으로 흐르는 전류 I_A를 의미한다. 차단 상태는 어느 방향으로도 전류를 보내지 못한다.

일반적으로 차단 상태에서 도통 상태로 변환하는 것을 턴온(turn on), 반대로 도통 상태에서 차단 상태로 변환하는 것을 턴오프(turn off)라 한다.

(2) SCR의 전압-전류 특성

그림 10.3은 SCR의 전압-전류 특성 곡선을 나타낸 것이다.

게이트 전류를 흘리지 않은 조건($I_G = 0$)에서, SCR에 순방향 바이어스 전압을 인가하면 순저지 상태가 되어 SCR은 차단 상태를 유지한다. 그러나 계속 순방향 바이어스를 증가시켜 항복 전압(V_{BR})에 도달하면 누설 전류의 급격한 증대로 SCR은 도통 상태로 된다.

한편, 역방향 바이어스에서는 항상 저지 영역에 있는 일반 다이오드와 같은 동작 특성을 나타낸다.

게이트 전류 I_G를 계속 증가(+)시키면 항복 전압인 브레이크 오버 전압(V_{BR})이 점차 작아지고, 마침내 순저지 영역이 없는 상태가 되어 일반 다이오드와 같은 특성이 되며 정류 작용이 시작된다.

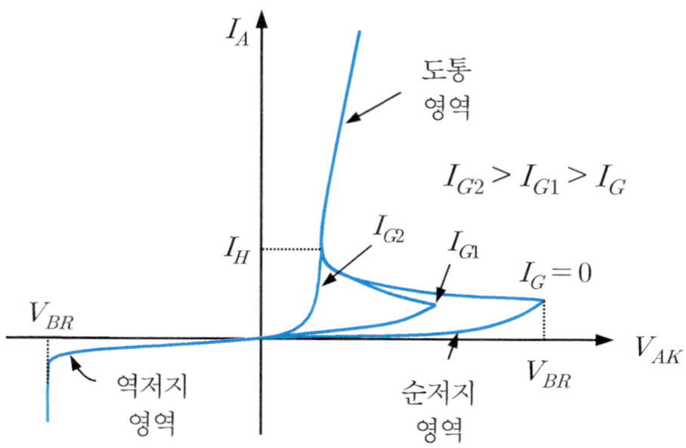

그림 10.3 SCR의 전압-전류 특성 곡선

일반적으로 SCR은 V_{BR} 이하에서 사용하며 게이트 전류에 의해 도통된다. 일단 도통(턴온)이 된 SCR은 게이트 전류를 0으로 하여도 차단(턴오프)되지 않고 지속적으로 도통(ON) 상태를 유지하는 특성이 있다.

도통 상태의 SCR을 차단(턴오프) 상태로 하기 위해서는 애노드 전류 I_A를 유지 전류 I_H 이하로 해야 한다. 즉 인가전압인 애노드 전압을 0[V], 또는 역전압을 걸어 주어야 하며, 게이트 전극 자체로는 제어 능력이 없다.

SCR의 도통시키는 방법은 앞에서 설명한 가장 일반적인 게이트 전류에 의한 방법과 전압 및 전압 변화율에 의한 방법, 온도 상승 및 광에너지에 의한 방법 등이 있다.

이상에서와 같이 SCR은 단방향성(역저지형)의 3단자 소자로 위상 제어, 스위칭 제어, 인버터, 초퍼, 모터 속도 제어(위상, 속도, 주파수 제어) 등에 이용된다.

[참고자료]

◆ 사이리스터의 종류와 특징

사이리스터에는 여러 가지 종류가 있지만, 표 10.1에 가장 많이 실용화되고 있는 것들의 대표적인 종류와 특징을 나타내었다.

표 10.1 사이리스터의 종류와 특징(1)

사이리스터 종 류	기 호	특징 및 용도
SCR 실리콘 제어 정류기	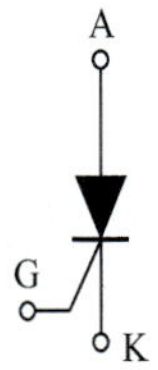	① 단방향(역저지) 3단자 사이리스터(P 게이트형) ■ PUT : 단방향 3단자 트리거 소자(N 게이트형) ② PNPN 접합의 4층 구조 ③ 게이트의 트리거전류에 의해 도통(게이트전류 0으로 해도 차단되지 않음. 단, 유지 전류 이하로 되면 다시 차단) ■ 자기 소호 능력이 없음 ④ 특성 곡선에서 부성 저항이 있음(다이오드는 없음) ⑤ 용도가 많고, AC 및 DC 전력 및 위상 제어

표 10.1 사이리스터의 종류와 특징 (1)

사이리스터 종 류	기 호	특징 및 용도
Triac 트라이악	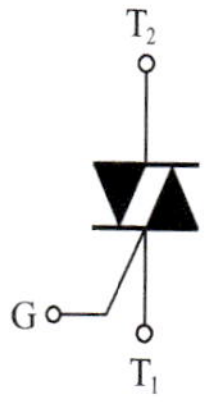	① 쌍방향 3단자(3극) 사이리스터 ② 2개의 사이리스터(SCR)가 역병렬로 접속된 구조 ③ 게이트 신호의 극성에 관계없이 도통 ④ 부성 저항이 없음, 교류 전력 제어용
SSS (Silicon Symmetrical Switch)		① 쌍방향 2단자(2극) 사이리스터 ② NPNPN의 5층 구조, 전기적 특성은 다이악과 유사 ③ 주회로 전압에서 펄스 전압을 중첩하여 트리거하고 SSS를 도통함
SCS (Silicon Controlled Switch)	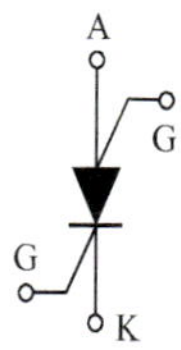	① 단방향 4단자(역저지 4극) 사이리스터 ② 게이트 전극 2개(양쪽 게이트의 어느 하나에 신호를 인가하여 도통시킬 수 있음)

표 10.1 사이리스터의 종류와 특징 (2)

사이리스터 종 류	특징 및 용도
LASCR (Light Activated Silicon Controlled Rectifier)	① 단방향(역저지) 3단자 사이리스터 ② 일반적으로 광 다이오드라 함 ③ 구조는 SCR과 비슷하고 빛의 입사에 의해 도통 ④ 대전력용은 제조상의 문제로 그다지 실용화가 안됨
GTO (Gate Turn Off)	① 게이트에 (+)의 펄스 신호를 가하면 도통하고, (−)의 펄스 신호를 가하면 차단되는 자기 소호 능력이 있는 소자로 매우 편리한 소자 ■ SCR : 자기 소호 능력이 없음 ② 제작상의 어려움으로 실용화에 곤란

3. 사용기기 및 재료

(1) 직류 전원 공급 장치 ………………………………………… 2대
(2) 직류 전압계(100/500 [V]) ………………………………………… 1대
(3) 직류 전류계(1/10 [mA], 100/500 [mA]) ………………………………………… 2대
(4) 저항(200 [Ω], 1 [kΩ]) ………………………………………… 각 1개
(5) 가변 저항(50 [kΩ]) ………………………………………… 1개
(6) 콘덴서(0.22 [μF]) ………………………………………… 1개
(7) 오실로스코프 ………………………………………… 1대
(8) 만능 기판 ………………………………………… 1개
(9) 리드선 ………………………………………… 다수

4. 실험 방법

(1) 실험용으로 사용된 SCR의 형명을 기록한다.

(2) 그림 10.4와 같이 회로를 결선한다. 단, 저항은 $R_1 = 500\,[\Omega]$과 $R_L = 2\,[\mathrm{k\Omega}]$으로 한다.

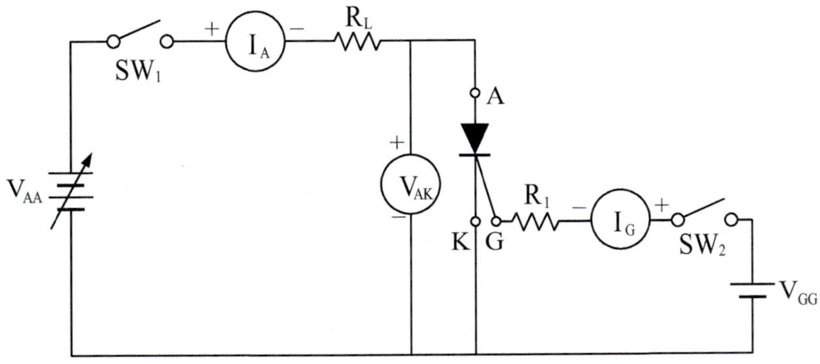

그림 10.4 **SCR의 특성 실험 회로**

(3) 스위치 SW_1을 개방한 상태에서 V_{AA}를 50[V], V_{GG}를 0[V]로 고정한다. 그 다음에 SW_2를 닫고 I_G에 1[mA]가 되도록 V_{GG}를 조정한다.

(4) 스위치 SW_1을 닫고 전류계를 본다. SCR이 도통 상태에 있다면, 애노드 전류 I_A는 다음과 같이 계산된다.

$$I_A \fallingdotseq \frac{V_{AA}}{R_1} =$$

(5) SCR이 차단 상태이면 SW_1을 열고 V_{GG}를 조정하여 2[mA]가 되도록 한다.

(6) 스위치 SW_1을 닫고 전류계를 본다. 만약 도통 상태가 되지 않았다면 도통 상태가 될 때까지 실험 방법 (5)항을 반복하면서 V_{GG}를 조정한다.

(7) 도통 상태에 도달하면 그 때의 게이트 전류 I_G, 애노드 전류 I_A, 애노드와 캐소드 사이의 전압 V_{AK}를 표 10.2에 기록한다.

(8) SCR이 도통 상태에서 V_{AA}를 천천히 감소시킨다. 애노드 전류가 급격히 감소하는 상태가 있는지 확인한다. 이 때 갑자기 감소하기 직전의 전류가 유지 전류 I_H이다. 이 값을 표 10.2에 기록한다.

표 10.2 SCR의 $V_{AK}-I_A$ 특성 곡선

V_{AA} [V]	V_{AK} [V]	I_G [mA]	I_A [mA]	I_H [mA]
50				
100				
150				

(9) V_{AA}를 100[V], 150[V]로 바꾸면서 실험 방법 (3)~(8)항을 반복한다.

(10) 표 10.2에서 얻은 실험값에서 각각의 I_G에 대한 $V_{AK}-I_A$ 특성 곡선을 그림 10.5에 그린다.

그림 10.5 SCR의 전압-전류 특성 곡선

5. 고찰 및 평가

(1) SCR의 구조와 특성에 대하여 설명하라.

(2) SCR을 도통(턴온)시키는 방법을 설명하라.

(3) SCR을 차단(턴오프)시키는 방법을 설명하라.

(4) SCR의 구조를 트랜지스터와 등가시킬 때 어떤 형의 트랜지스터와 같은지 설명하라.

(5) SCR은 자기 소호 능력이 있는지 설명하라.

(6) SCR과 GTO 소자의 턴오프 방법의 차이점에 대하여 설명하라.

(7) SCR의 용도에 관하여 설명하라.

실험 11

트라이악(Triac)의 특성

1. 목적

1) 트라이악의 기본 구조와 동작 원리를 이해한다.
2) 트라이악의 사용 용도 및 응용에 관하여 고찰한다.

2. 이론

(1) 트라이악의 구조

쌍방향 3단자 사이리스터는 트라이악이라는 명칭으로 잘 알려져 있으며, 3단자(Triode) 교류(AC) 스위치(Switch)로 많이 사용되어 TRIAC이라는 이름으로 명명되었다.

트라이악은 대표적인 교류 전력 제어용의 스위칭 소자로써, 여러 가지 형태의 교류 부하를 ON, OFF 제어하거나, 사이리스터(SCR)와 같이 위상 제어를 함으로써 조명기구의 조광 제어, 모터의 속도 제어, 전열기의 온도 제어 등을 할 수 있다.

트라이악의 기본적인 구조와 기호를 그림 11.1과 그림 11.2에 나타낸다.

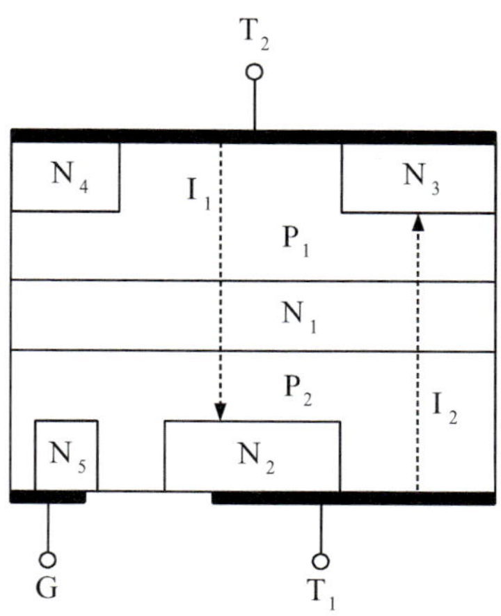

그림 11.1 트라이악의 구조

그림 11.1과 그림 11.2에서와 같이 트라이악은 2개의 사이리스터(SCR)가 역병렬로 접속된 구조를 하고 있으며, 게이트 단자의 제어 신호에 의해 양방향 제어가 가능한 일종의 사이리스터 소자이다. 따라서 트라이악의 동작 원리는 양방향에 대하여 사이리스터와 매우 유사한

방법으로 신호를 제어한다.

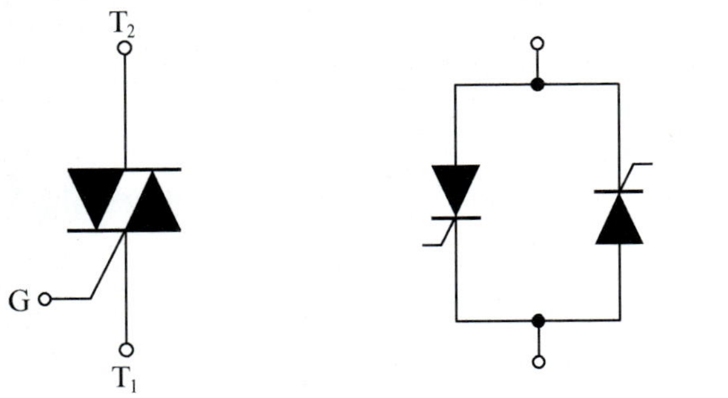

(a) 기호　　　　(b) 등가 회로(SCR의 역병렬)

그림 11.2 트라이악의 기호 및 등가 회로

(2) 트라이악의 동작 원리

그림 11.3은 트라이악의 전압–전류 특성 곡선을 나타낸 것이다.

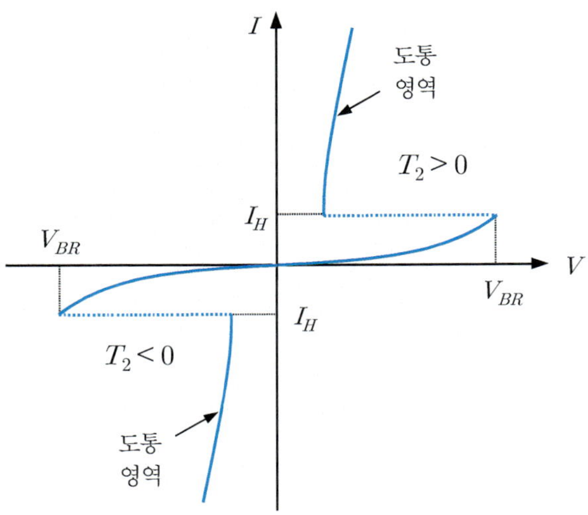

그림 11.3 트라이악의 전압–전류 특성 곡선

트라이악은 순방향과 역방향 모두 저지 상태로 있고, 또 어느 방향으로도 도통되는 것을 보이고 있다. 또한 트라이악도 SCR과 같은 유지 전류 I_H가 있다.

게이트 전류가 0일 때 트라이악은 브레이크 오버 전압 V_{BR}까지 양방향 모두 차단 상태이지만, V_{BR}을 넘으면 도통된다. 트라이악에서는 이 항복 현상이 양방향에서 일어나므로 SCR과는 달리 항복 전압에 대한 보호 기능을 가지고 있다. 즉 항복 전압이 인가되면 트라이악은 곧바로 도통하며, 부하 전류가 정격 이하이면 파괴되지 않는다.

게이트 전류가 인가되면, 양방향 모두 저지 상태가 감소하면서 없어지고 일반 다이오드의 순방향 특성과 같아진다. 단, 게이트 신호의 극성은 (+), (−)에 관계없이 도통시킬 수 있다.

트라이악은 포토 커플러(발광 다이오드+다이악)와 조합하여 전파 위상 제어 및 조명용 스위칭 소자로도 활용한다.

3. 사용기기 및 재료

(1) 교류 전압 조정기 ············ 1대
(2) 트라이악 ············ 1개
(3) 저항(200 [Ω], 1 [kΩ]) ············ 각 1개
(4) 가변 저항(50 [kΩ]) ············ 1개
(5) 콘덴서(0.22 [μF]) ············ 1개
(6) 오실로스코프 ············ 1대
(7) 만능 기판 ············ 1개
(8) 리드선 ············ 다수

4. 실험 방법

(1) 실험용으로 사용된 트라이악의 형명을 기록한다.

(2) 그림 11.4와 같이 회로를 결선한다. 단, 저항과 가변저항은 $R = 1$ [kΩ]과 $VR = 50$ [kΩ]으로 하고, 콘덴서는 $C = 0.22$ [μF]이다. 저항은 $R_L = 200$ [Ω]으로 한다.

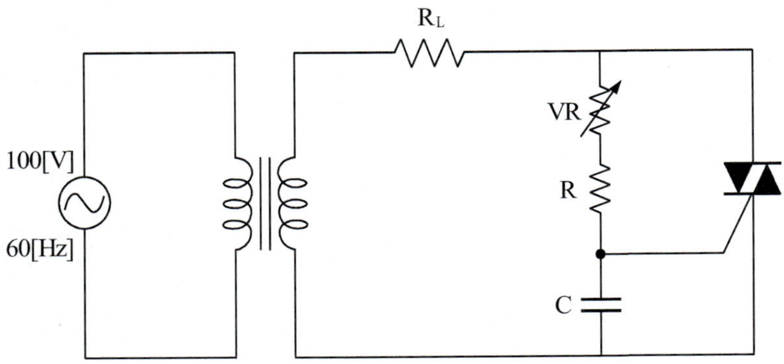

그림 11.4 **트라이악의 특성 실험 회로**

(3) 전원을 투입하고 콘덴서 양단에 오실로스코프를 연결한 다음, 가변 저항을 적은 값에서부터 큰 값으로 변화시키면서 파형을 관찰하여 그림 11.5에 그린다.

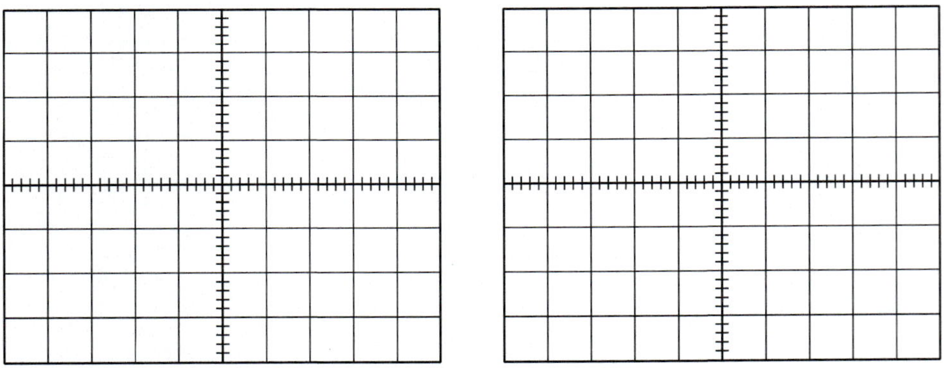

(a) 가변 저항 작은 값 (b) 가변 저항 큰 값

그림 11.5 **콘덴서 양단 파형**

(4) 오실로스코프를 저항 R_L의 양단에 연결한 다음, 가변 저항을 적은 값에서부터 큰 값으로 변화시키면서 파형을 관찰하여 그림 11.6에 그린다.

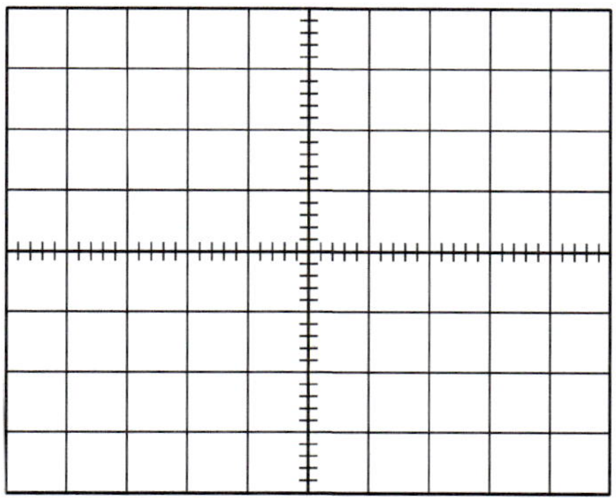

(a) 가변 저항 작은 값

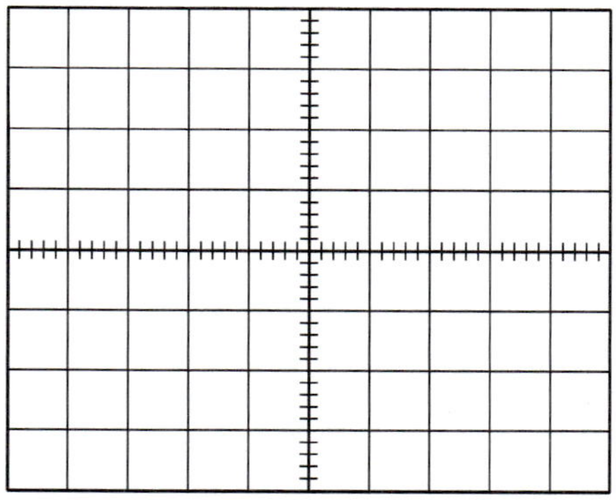

(b) 가변 저항 큰 값

그림 11.6 **저항 R_L 양단 파형**

5. 고찰 및 평가

(1) SCR과 트라이악의 구조와 특징에 관하여 비교하여 설명하라.

(2) 트라이악은 무엇을 대표적으로 제어하는지 말하라.

(3) 트라이악은 부성 저항을 갖는지에 대하여 설명하라.

(4) 트라이악의 용도에 관하여 설명하라.

(5) 트라이악을 동작시키기 위한 게이트 신호의 극성은 무엇인지 설명하라.

실험 12 다이악(Diac)의 특성

1. 목적

1) 다이악의 기본 구조와 동작 원리를 이해한다.
2) 다이악의 사용 용도 및 응용에 관하여 고찰한다.

2. 이론

다이악(Diac)은 2단자(Diode) 교류(AC) 스위치(Switch)로부터 붙여진 명칭이고, 양방향에서 도통시킬 수 있는 평행 역조합의 쌍방향 2단자 사이리스터이다.

그림 12.1은 다이악의 구조와 기호를 나타낸다. 다이악은 NPN의 3층 구조로 되어 있고, 조광 장치에 이용하며, 또한 교류 전원에서 직접 트리거 펄스를 얻는 회로에 사용되는 트리거 소자이다.

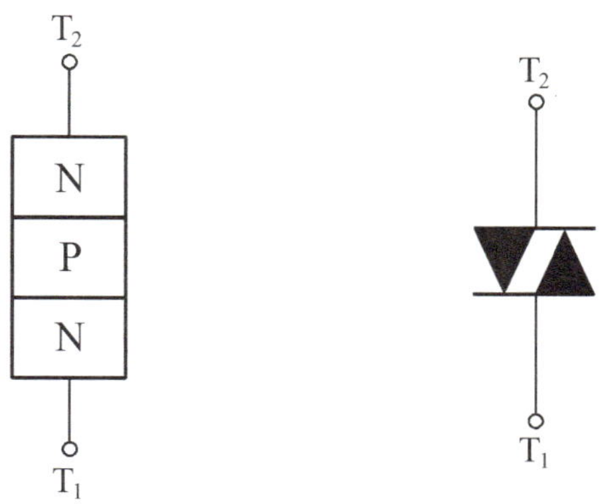

(a) 구조 (b) 기호

그림 12.1 다이악

그림 12.2는 다이악의 전압–전류 특성을 나타낸 것이다. 양방향에 대칭적으로 항복 전압을 가지고 있기 때문에 부성 저항을 이용한 트라이악의 트리거 소자로 많이 이용되고 있다.

다이악의 항복 전압은 최소 28[V]에서 최대 42[V]의 범위에 있다. 따라서 실험용의 다이악 소자를 선정할 때에는 다이악의 항복 전압까지 인가할 수 있는 직류 전원 공급 장치가 필요하다.

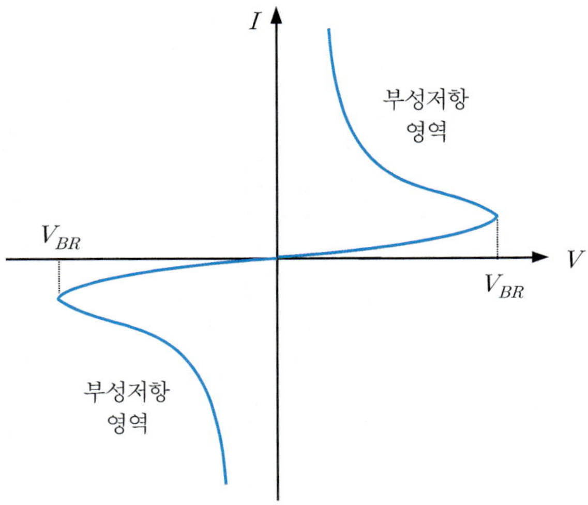

그림 12.2 **다이악의 전압–전류 특성 곡선**

3. 사용기기 및 재료

(1) 직류 전원 공급 장치 ······························ 1대
(2) 직류 전압계(10/100[V]) ······························ 1대
(3) 직류 전류계(1/3/10[mA]) ······························ 1대
(4) 회로 시험기 ······························ 1대
(5) 다이악 ······························ 1개
(6) 저항(5[kΩ]) ······························ 1개
(7) 가변 저항(20[kΩ]) ······························ 1개
(8) 만능 기판 ······························ 1개
(9) 리드선 ······························ 다수

4. 실험 방법

(다이악의 순방향 특성)

(1) 실험용으로 주어진 다이악의 형명을 기록한다.

(2) 그림 12.3과 같이 회로를 결선한다. 단, 저항 및 가변 저항은 $R = 5$ [kΩ]과 $VR = 20$ [kΩ]으로 한다.

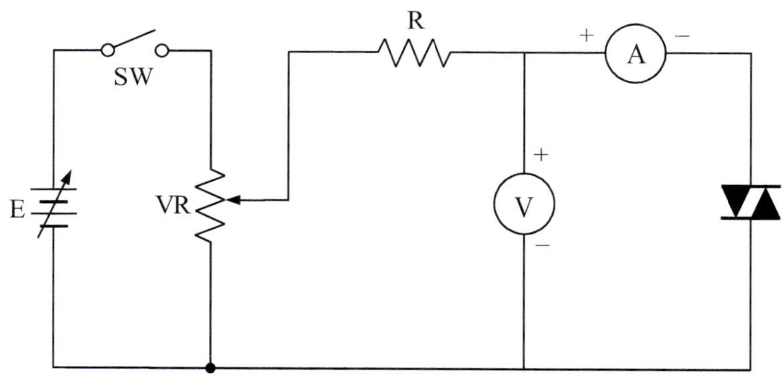

그림 12.3 **다이악의 특성 실험 회로**

(3) 직류 전원 공급 장치의 전원을 30 ~ 50 [V]의 범위에서 고정시킨다. 위의 그림 12.2의 특성 곡선과 같이 소자의 항복 전압 범위 내에서 실험을 하기 위한 것이다.

(4) 가변 저항 VR를 서서히 증가시키면서 전압계와 전류계의 지시값을 표 12.1에 기록한다. 단, 다이악의 항복 전압 V_{BR}값과 그 때의 전류값은 반드시 기록한다.

(5) 스위치 SW를 열고, 전원 스위치를 내린다.

(다이악의 역방향 특성)

(6) 다이악 소자를 결선 회로에서 극성이 반대가 되도록 바꾸어 준다.

(7) 실험 방법 (3)~(4)항을 반복 실험하고 실험값들을 표 12.1에 기록한다.

(8) 실험에서 얻은 표 12.1의 결과 값을 이용하여 다이악의 전압-전류 특성 곡선을 그림 12.4에 그린다.

표 12.1 다이악의 전압-전류 특성 실험

바이어스			
순방향		역방향	
V[V]	I[mA]	V[V]	I[mA]

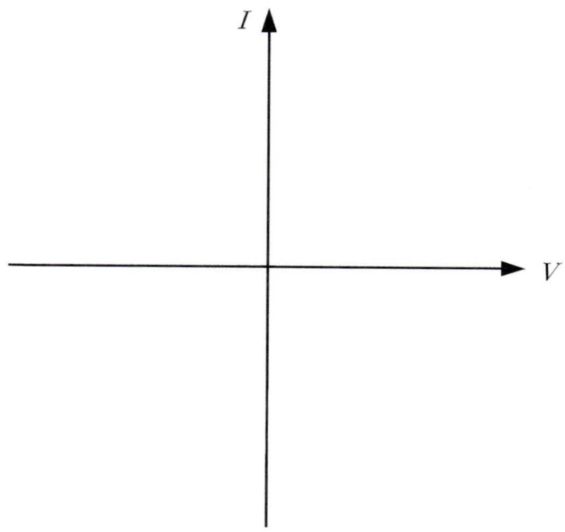

그림 12.4 다이악의 전압-전류 특성 곡선

5. 고찰 및 평가

(1) 다이악의 구조와 특징에 대하여 설명하라.

(2) 다이악의 용도에 관하여 설명하라.

(3) 트리거 소자에 대하여 설명하라.

(4) 트라이악과 다이악의 차이점에 관하여 설명하라.

(5) 조명 제어에서 트라이악의 게이트 제어로 이용되는 소자는 무엇인지 설명하라.

실험 13 단일 접합 트랜지스터의 특성

1. 목적

1) 단일 접합 트랜지스터의 기본 구조와 동작 원리를 이해한다.
2) 단일 접합 트랜지스터의 사용 용도 및 응용에 관하여 고찰한다.

2. 이론

단일 접합 트랜지스터(Uni-Junction Transistor, UJT)는 특성이 우수하고 가격이 저렴하기 때문에 트리거 회로, 발진 회로, 톱니파 발생기, 주파수 제어, 전압 및 전류 제어 등 매우 다양한 분야에 사용되고 있다.

그림 13.1은 단일 접합 트랜지스터(UJT)의 구조와 기호를 나타낸 것이다. N형 반도체 봉의 양단에 전극 단자 B_1, B_2를 부착하고, 반도체 봉의 아래쪽에 전극 E를 붙어 P형 층이 생기도록 한다. 여기서 P형 층의 전극 단자를 이미터(E), N형 반도체 양단 전극을 베이스(B_1, B_2)

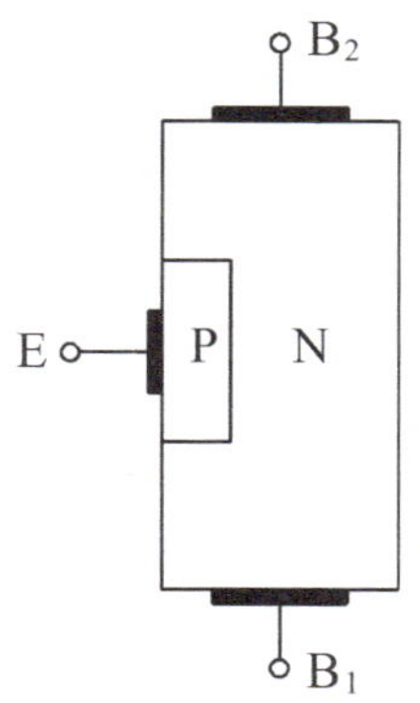

(a) 구조

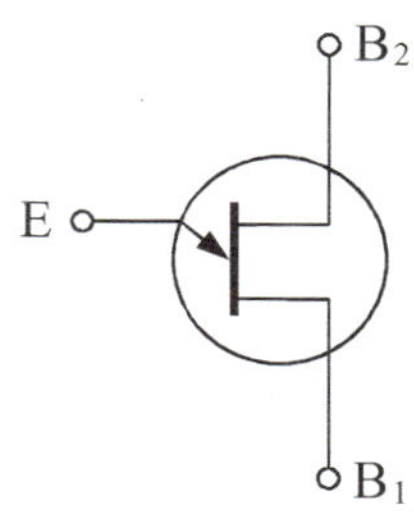

(b) 기호

그림 13.1 단일 접합 트랜지스터의 구조와 기호

라고 한다. 이것은 접합부가 PN 접합의 한 개만 있기 때문에 단일 접합 트랜지스터라 한다.

그림 13.2는 UJT의 동작 특성 회로, 그림 13.3은 UJT를 PN 접합 다이오드와 저항으로 등가시킨 동작 특성 등가 회로를 나타낸 것이다.

베이스 B_1, B_2 사이의 저항은 대략 $R_{BB} = 5 \sim 10\,[\mathrm{k\Omega}]$ 정도이다.

B_1, B_2 사이에 V_{BB}의 전압을 가하면 N형 반도체 내에서 다수 캐리어인 전자의 이동에 의하여 전류 I_{B2}가 흐르게 된다. 또 이미터의 위치에 의하여 N형 반도체의 내부 저항 성분이 R_1, R_2로 나누어질 때 외부 인가 전압 V_{BB}에 의하여 이미터 E와 B_1의 베이스 단자에 걸리는 전압, 즉 저항 R_1에서의 전압 강하 V_1은 다음과 같이 된다.

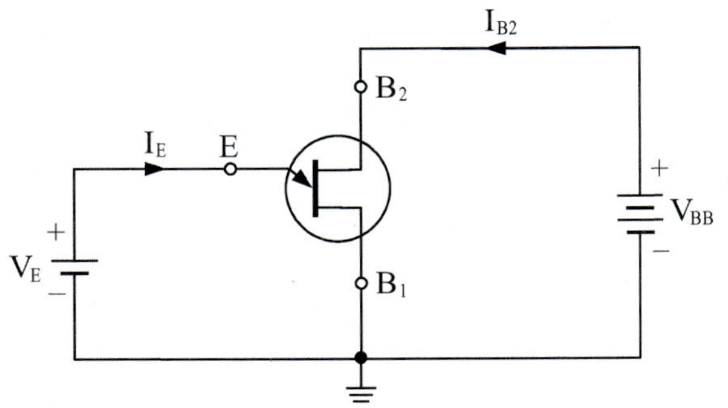

그림 13.2 UJT의 동작 특성 회로

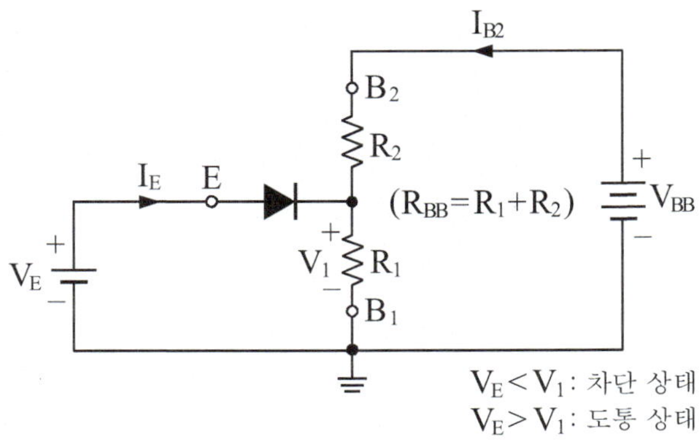

그림 13.3 UJT의 동작 특성 등가 회로

$$V_1 = \frac{R_1}{R_1 + R_2} V_{BB} = \frac{R_1}{R_{BB}} V_{BB} = \eta V_{BB} \tag{13.1}$$

여기서 V_1은 분리 전압이라고도 하며, R_{BB}는 N형 반도체의 전체 내부 저항이다.

이미터 전압 $V_E = 0$일 때 PN 접합부에는 분리 전압 V_1만큼 역바이어스가 되어 이미터 전류 I_E는 정류용 다이오드의 역방향 바이어스와 같은 특성인 역포화 전류만이 흐르게 된다. 또 이미터 전압을 인가하여 이 전압이 분리 전압 V_1보다 낮을 때까지는 역포화 전류만이 흐르게 된다. 그러나 외부에서 인가하는 이미터 전압이 분리 전압보다 높아지면 PN 접합부에 순방향 바이어스 전압이 걸리기 때문에, 이미터 전류는 흐르기 시작하고 순방향의 정류용 다이오드와 동일한 특성을 나타낸다.

그림 13.4는 UJT의 전압－전류 특성을 나타낸 것이다. 이미터 전압 $V_E = 0$일 때 정류용 다이오드와 비슷한 역포화 전류 I_{EO}가 흐르고, 이 영역을 차단 영역이라 한다. V_E가 V_P에 도달하면 도통하게 되고, 이미터 전압이 이미터 전류의 증가와 더불어 감소하는 부성 저항 영역이 나타난다. 결국은 계곡점(valley point)에 도달하게 되어 이미터 전류는 증가해도 전압이 일정한 포화 영역에 들어가게 된다. 따라서 두 개의 베이스 단자에 일정 전압을 가하고 이미터전압을 서서히 증가시키면 어느 전압 V_P ($\fallingdotseq \eta V_{BB} + 0.7$)에서 이미터가 순방향바이어스가 되어 특성 곡선과 같은 부성 저항이 나타난다. UJT는 다이악과 마찬가지로 부성 저항 특성을 이용한 트리거 소자이며, 트리거 펄스를 발생시키는 이장 발진 회로에 사용한다.

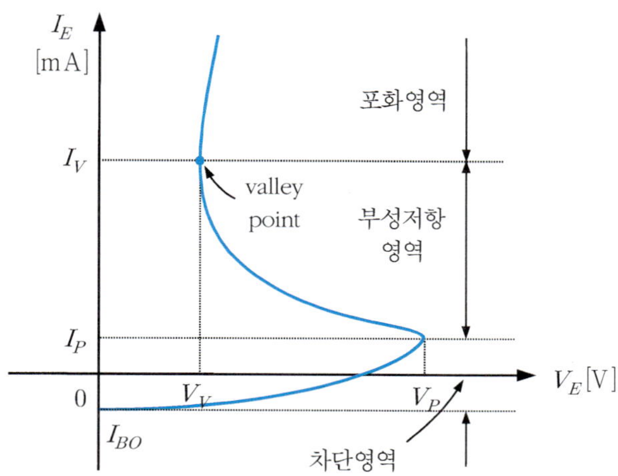

그림 13.4 UJT의 전압－전류 특성 곡선

[참고자료]

◆ 트리거용 반도체 소자

게이트에 펄스를 입력하여 도통(턴온)시키는 사이리스터의 트리거 회로에는 여러 가지가 있지만 트리거용 반도체 소자가 많이 사용되고 있다.

트리거용 반도체 소자는 대부분 부성 저항 특성을 가지고 있으며, 일반적으로 트리거 펄스를 발생시키는 이장 발진 회로에 이용된다.

부성 저항 소자에는 여러 가지 종류가 있지만, 표 13.1에 대표적인 트리거용 반도체 소자의 종류와 특징을 나타내었다.

표 13.1 트리거용 반도체 소자의 종류와 특징

트리거 반도체 소자	기호	특징 및 용도
UJT (단접합 Tr.)	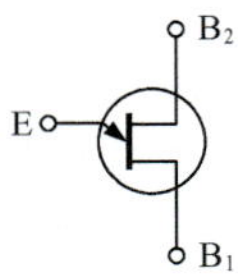	① 최초로 개발한 사이리스터의 트리거 소자 ② PN 접합의 2층 구조로 된 3단자 소자 ③ 이장 발진 회로에 사용하여 트리거 펄스를 얻음
Diac (다이악)		① NPN의 3층 구조 ② 쌍방향 2단자 사이리스터 ③ 트라이악의 트리거 소자로 많이 이용 ④ 교류전원에서 직접 트리거 펄스를 얻는 회로에 사용 ⑤ SSS와 비슷한 동작 특성 (쌍방향 2단자, 단 NPNPN의 5층 구조)
SBS (실리콘 쌍방향 스위치)	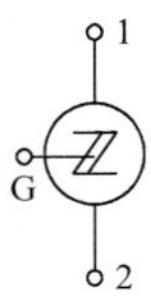	① 2개의 SCR과 2개의 제너 다이오드로 구성 ② 쌍방향 3단자 사이리스터 ③ 단자 1-2간에서 제너 전압 이상이 되면 게이트 전류가 흘러 도통 상태를 이용
PUT (프로그래머블 단접합 Tr.)	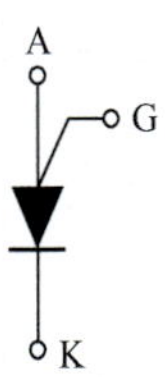	① N 게이트형의 단방향(역저지) 3단자 사이리스터 ■ (SCR : P 게이트형의 단방향 3단자 사이리스터) ② 발신의 안정도를 UJT보다 높이기 위해 개발

3. 사용기기 및 재료

(1) 직류 전원 공급 장치 ······ 1대
(2) 직류 전압계(10/50 [V]) ······ 2대
(3) 직류 전류계(10/50 [mA]) ······ 1대
(4) 회로 시험기 ······ 1대
(5) UJT ······ 1개
(6) 건전지(1.5 [V]) ······ 2개
(7) 저항(50 [Ω]) ······ 1개
(8) 저항(500 [kΩ]) ······ 2개
(9) 가변 저항(20 [kΩ]) ······ 1개
(10) 오실로스코프 ······ 1대
(11) 만능 기판 ······ 1개
(12) 리드선 ······ 다수

4. 실험 방법

(1) 실험에서 사용된 UJT의 형명을 기록하고, $E \sim B_1$과 $E \sim B_2$ 사이의 순방향 저항을 측정하여 기록한다.

$$\text{순방향 저항} \begin{cases} E \sim B_1 \ : \\ \\ E \sim B_2 \ : \end{cases}$$

(2) 그림 13.5와 같이 회로를 결선한다. 단, 저항은 $R_1 = 50\,[\Omega]$, R_2, $R_3 = 500\,[\Omega]$과 가변 저항 $VR = 20\,[\mathrm{k\Omega}]$으로 하고, $V_{GG} = 3\,[\mathrm{V}]$, V_{BB}는 직류 전원 공급 장치를 이용한다.

(3) 직류 전원 공급 장치 V_{BB}를 2[V]로 조정하고, 가변 저항을 조절하여 이미터 전원 V_{GG}를 증가시키면서 이미터 전압 V_E와 이미터 전류 I_E를 표 13.2에 기록한다.

(4) 또한 이미터 전압이 반전될 때 전압의 최대값 V_P와 V_P일 때의 이미터 전류 I_P도 표 13.2에 기록한다.

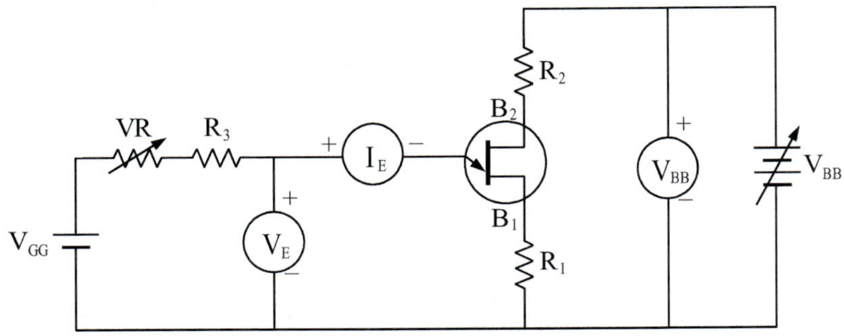

그림 13.5 UJT의 특성 실험 회로

(5) 계속하여 V_{GG}를 증가시킬 때 감소되는 이미터 전압 V_E의 값과 이에 대한 이미터 전류 I_E를 표 13.2에 기록한다.

표 13.2 UJT의 전압-전류 특성 실험

V_{BB}[V]	V_E와 I_E의 측정값								
2	V_E[V]								
	I_E[mA]								
4	V_E[V]								
	I_E[mA]								
6	V_E[V]								
	I_E[mA]								
8	V_E[V]								
	I_E[mA]								
10	V_E[V]								
	I_E[mA]								

(6) 직류 전원 V_{BB}를 각각 4, 6, 8, 10[V]로 조정할 때, 실험 방법 (3)~(5)항을 반복하여 실험하고 표 13.2에 기록한다.

(7) 표 13.2의 측정 결과를 이용하여 이미터 전압과 이미터 전류의 특성 곡선을 그림 13.6에 그린다.

그림 13.6 UJT의 전압-전류 특성 곡선

(8) 그림 13.5의 저항 R_1의 양단에 오실로스코프의 프로브를 연결하여 가변 저항의 변화에 대한 오실로스코프의 파형을 관찰하고 그림 13.7에 그린다.

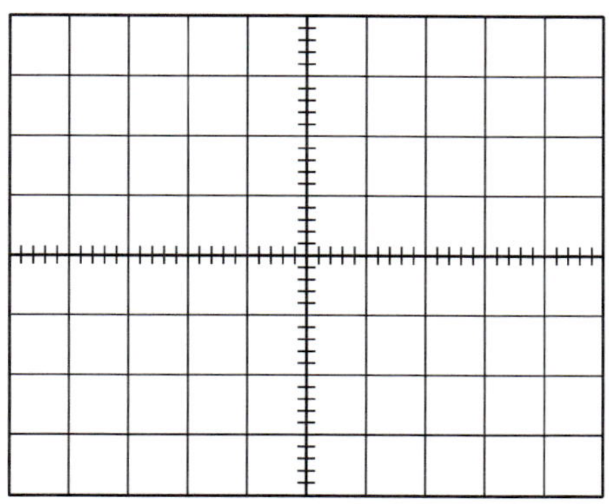

(a) 가변저항 작은 값

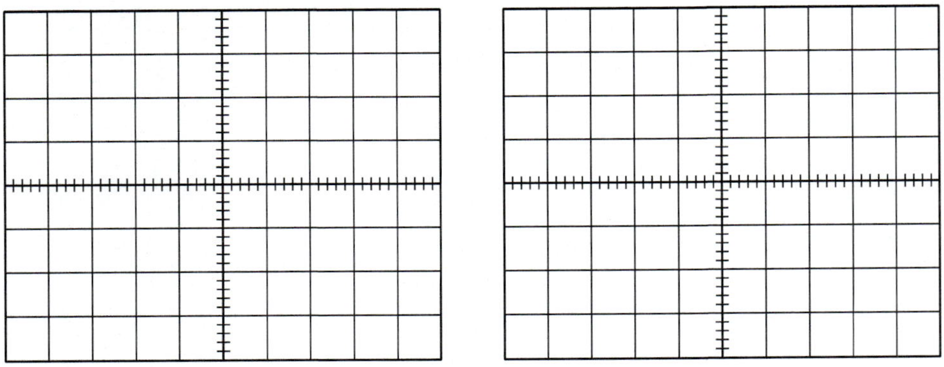

(b) 가변저항 중간 값 (c) 가변저항 큰 값

그림 13.7 **오실로스코프 파형**

5. 고찰 및 평가

(1) UJT의 동작 원리에 대하여 설명하라.

(2) UJT의 주요 특징과 용도를 설명하라.

(3) UJT의 부성 저항에 관하여 설명하라.

(4) 트리거 소자의 종류와 특징을 설명하라.

실험 14 발광 다이오드(LED)의 특성

1. 목적

1) 발광 다이오드의 기본 구조와 동작 원리를 실험을 통하여 이해한다.
2) 광전자 공학에 관련된 소자들에 관하여 고찰한다.

2. 이론

광학(optics)과 전자공학(electronics)을 결합한 학문 분야를 광전자 공학(optoelectronics)이라 하며, 광통신 및 광메모리 분야의 주요 기술로 되고 있다.

광전자 공학에서 주로 사용되는 광반도체는 발광 소자와 수광 소자로 나눌 수 있으며, 발광소자는 발광 다이오드(Light Emitting Diode, LED)와 레이저 다이오드가 있고, 수광 소자는 포토 다이오드와 포토 트랜지스터가 있다.

또한 발광 소자와 수광 소자를 절연 상태로 복합시킨 포토 커플러(photo-coupler)가 있다.

(1) 발광 다이오드의 기본 특성

발광 다이오드(LED)는 기본적으로 빛을 발산하는 것으로 정류용 다이오드의 PN 접합부에 순방향 바이어스를 인가하여 나오는 특성과 같다. 즉 발광 다이오드에 순방향 바이어스를 가하면 순방향 전류가 흐르고 이 전류에 의해 빛을 발산하는 것이며, 전기 에너지를 빛 에너지로 변환시키는 발광 소자이다.

1) 발광 다이오드의 구조 및 기본 특성

발광 다이오드에서의 빛의 발산은 그림 14.1(a)와 같이 P형과 N형 반도체로부터 각각의 다수 캐리어인 정공과 전자가 순방향 바이어스에 의해 PN 접합부의 공핍층을 지나가면서 접합부에서 재결합되면서 생기는 것이다.

즉 에너지를 많이 가지고 있는 자유 전자는 정공과 접합부에서의 재결합을 통하여 낮은 에너지 준위로 떨어지고 자신은 중성으로 바뀌게 되면서 이 때 낮아진 에너지 준위만큼의 에너지는 외부로 빛을 방출하게 되는 것이다.

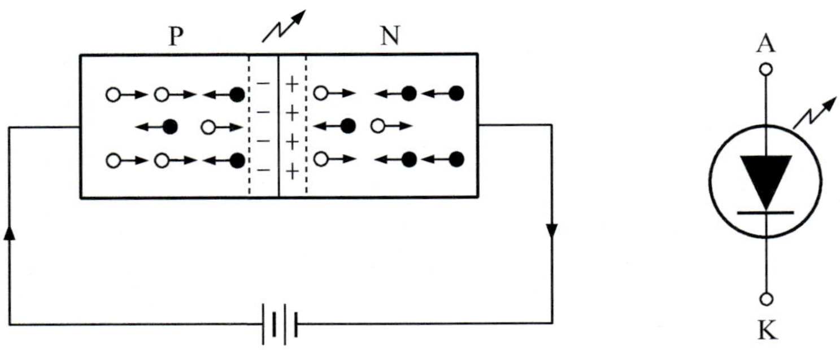

(a) 구조 (b) 기호

그림 14.1 LED의 구조와 기호

4가 반도체인 실리콘(Si)이나 게르마늄(Ge)을 모재로 한 PN 접합 반도체는 불투명하기 때문에 외부로 빛을 방출할 수 없다. 그러나 3가나 5가의 화합물 반도체인 GaP, GaAs, GaAsP, GaAlAs, GaN 등의 갈륨(Ga)을 주성분으로 한 PN 접합 반도체는 반투명성을 가지고 있기 때문에 외부로 빛의 일부가 방출되므로 발광 소자로 사용할 수 있다.

현재 실용화되고 있는 발광 다이오드는 기본적인 3가나 5가의 화합물 반도체에 약간의 첨가물 등을 넣어 적색, 녹색, 황색, 청색 등의 다양한 색상을 발산하도록 하여 제작하고 있다. 그림 14.1(b)는 발광 다이오드의 기호를 나타낸 것이다.

발광 다이오드는 점광원, 면광원 및 7세그먼트로 대표되는 숫자, 문자, 기호 등을 나타내는 디지털 표시기 등에 이용되고, 특히 적외선 LED는 도난 경보 시스템 등에 자주 이용된다.

2) 발광 다이오드의 전압−전류 특성

그림 14.2는 발광 다이오드의 기본 동작 회로이고, 그림 14.3은 순방향 바이어스 전압−전류 특성 곡선이다. LED의 동작은 순바이어스 전압 1.5 ~ 2.5[V](대략 2[V])가 필요하고, 전류는 10 ~ 50[mA] 정도이다.

그림 14.2의 저항 R은 소자를 보호하기 위한 전류 제한용이고, 저항의 선정은 다음과 같다.

LED의 동작 전류를 10[mA]로 설정하려고 할 때의 전압은 그림 14.3에서 대략 2[V]이다.

따라서

$$R = \frac{E - V_F}{I_F} = \frac{5-2}{10 \times 10^{-3}} = 300\,[\Omega] \tag{14.1}$$

이 된다. 간단한 LED의 회로를 조립할 때 기본적인 위의 저항 계산 방식을 알고 있으면 쉽게 해결할 수 있다.

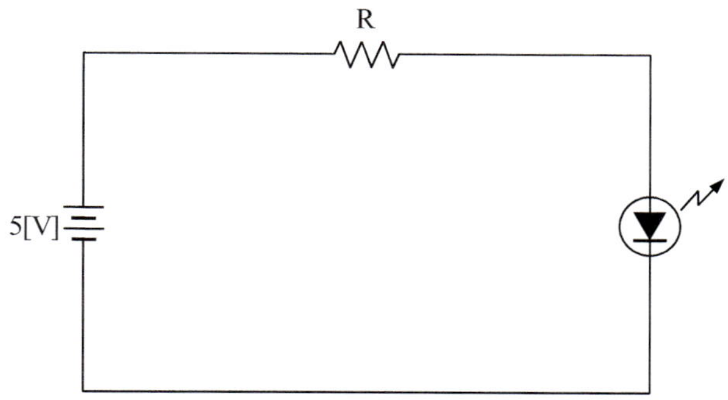

그림 14.2 LED의 기본 동작 회로

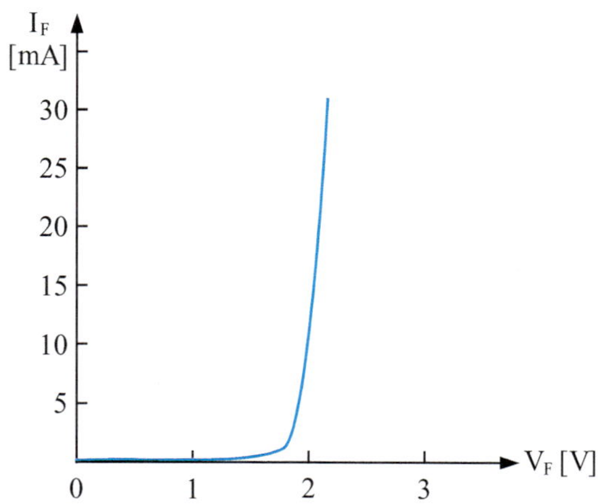

그림 14.3 LED의 순방향 특성

여러 개의 LED를 회로에 접속하여 사용할 경우에는 동일한 형명의 소자라 할지라도 구조가 다르기 때문에 순방향 전압 V_F 값은 약간씩 다르다. 따라서 LED를 직접 회로에 병렬로 접속하면 소자의 열화 또는 밝기의 차이가 나타나기 때문에 그림 14.4(a)의 LED 병렬접속과 같이 각각의 LED에 저항을 접속하여 사용하는 것을 기본으로 한다.

또한 그림 14.4(b)는 LED 직렬 접속하는 경우의 회로이고, 전압이 높은 경우에 접속하는 방법이다.

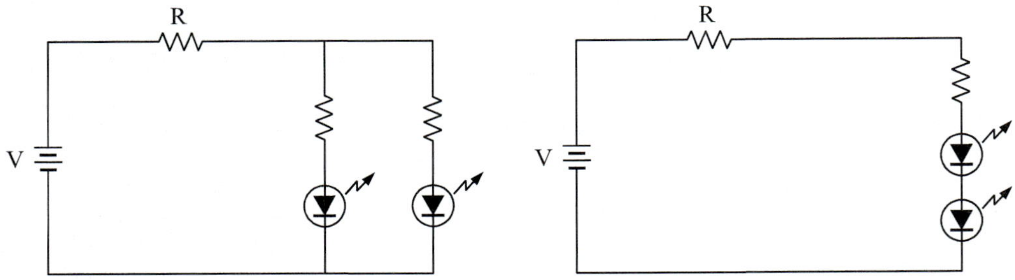

(a) LED의 병렬접속 (b) LED의 직렬접속

그림 14.4 LED의 접속에 의한 사용 방법

역방향 바이어스 전압에서 견딜 수 있는 내압은 3~6[V] 정도밖에 보증되어 있지 않다. 이것은 일반 정류용 다이오드와 크게 다른 점이며, 역 내압을 크게 하면 외부로 방출하는 빛의 양이 급격히 감소하는데 이는 역 내압을 높이지 못하는 이유가 된다.

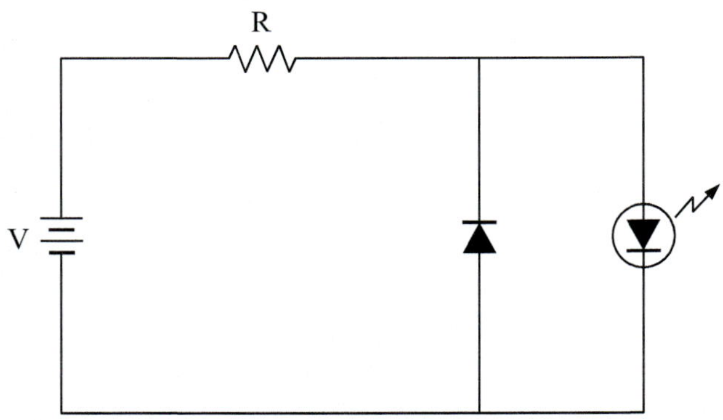

그림 14.5 LED의 역 내압 보호회로

발광 다이오드는 역 내압이 매우 낮기 때문에 역 내압 이상의 전압이 인가되지 않도록 보호 대책이 필요하며 그림 14.5와 같이 일반적으로 정류용 실리콘 다이오드를 발광 다이오드와 병렬로 접속하여 사용한다. 따라서 발광 다이오드에 걸리는 역전압은 최대에서도 실리콘 다이오드의 문턱 전압인 0.7[V] 정도가 된다.

[참고자료]

◆ 광전자 소자

(1) LED 디스플레이

LED 디스플레이는 숫자, 문자, 기호 등을 나타내기 위해 여러 개의 LED를 접속시킨 LED 그룹 소자이다.

그림 14.6(a)는 a부터 g까지 7개의 LED로 구성하여 각각의 LED에서 빛을 내는 7세그먼트 소자이고 현재 가장 많이 쓰이고 있다. 각각의 LED 세그먼트에 순방향 전압을 인가하여 원하는 숫자나 문자 등을 표현해 낼 수 있다.

그림 14.6(b)는 LED의 애노드를 공통으로 하고 반대쪽에 각각의 단자가 한 개씩 나와 있는 구성도를 나타낸 것이다. 애노드 공통 단자에 (+) 전압을 인가하고 전류 제한용 저항을 거쳐 한 개 또는 여러 개의 캐소드를 접지 또는 (−) 극에 접속시켜 원하는 숫자나 문자, 영문 및 기호까지도 나타낼 수 있다. 예를 들어 숫자 "0"을 점등시키려면 a, b, c, d, e, f의 LED에 전류를 흘려주면 된다. 또 숫자 "9"를 점등시키려면 a, b, c, d, f, g에 전류를 흘려주면 되는 것이다. 또한 LED의 캐소드를 공통으로 하고 반대쪽에 각각의 애노드 단자가 나와 있는 구성의 7세그먼트도 있다.

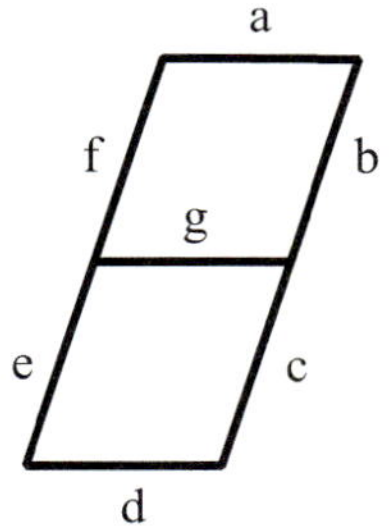

(a) 7세그먼트 소자

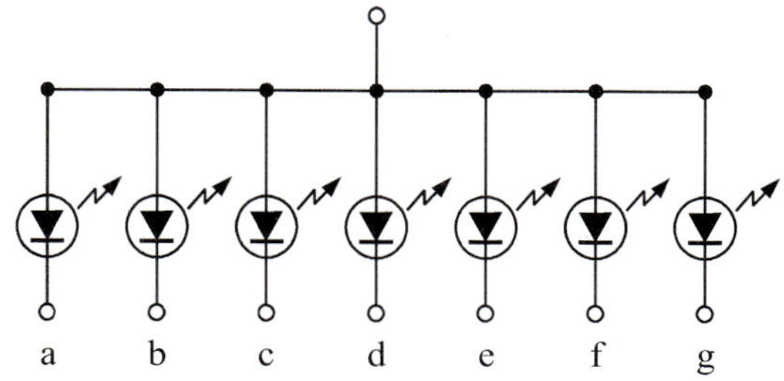

(b) 구성도

그림 14.6 LED 디스플레이

몇 개의 세그먼트를 점등시킬 것인가에 대한 데이터는 일반적으로 BCD(Binary Coded Decimal) 코드로 전송되어 오고 이 BCD 코드를 7세그먼트 데이터에 디코드하는 전용의 IC가 있다.

(2) 광 다이오드

광 다이오드(photo diode)는 빛에 민감하게 응답하도록 만든 PN 접합 소자이며, 빛에 의한 감도가 높고 동작 속도가 빠르기 때문에 광통신용 수광 소자로 사용되고 있다.

그림 14.7은 광 다이오드의 기호를 나타낸 것이다.

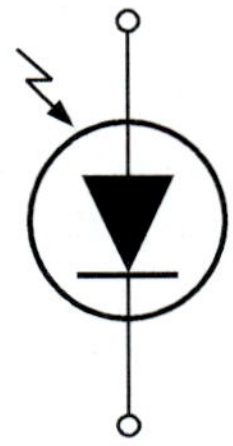

그림 14.7 **광 다이오드의 기호**

광 다이오드는 정류용 다이오드에 역방향 바이어스를 가한 경우와 마찬가지로 PN 접합부에 역방향 바이어스가 되도록 전압을 인가하면 전압의 크기에 관계없이 소수 캐리어의 이동에 의해 일정한 역포화 전류가 흐르는 원리를 이용한 것이다. 이 때 역포화 전류는 소수 캐리어의 생성에 비례하며, 소수 캐리어의 생성에 미치는 요소는 온도와 빛이 된다. 즉 역바이어스를 인가한 광 다이오드에 광량이 증가하면 이것에 비례하여 소수 캐리어의 증대로 광 전류가 증가하는 것이며, 광 다이오드의 동작 원리는 광 기전력 효과를 이용한 것이다.

광 다이오드는 조명의 밝기를 측정하는 조도계나 광량계로 이용되거나 시간적으로 변화하는 광학적 신호를 전기적 신호로 변환하는 광 검출기로 이용된다. 그러나 역바이어스 전압에 의한 매우 적은 전류로 일반 전기회로와의 결합이 어렵기 때문에 일반적인 용도로 사용하기에는 어려운 점이 있다.

(3) 광 트랜지스터

광 트랜지스터(photo transistor)는 빛의 조사로 생성되는 캐리어에 의해 베이스 전류를 조절하여 출력 전류를 증폭시키는 대표적인 수광 소자이다.

광 트랜지스터의 구조는 일반적인 트랜지스터와 마찬가지로 PNP형과 NPN형이 있지만, 베이스 전류가 빛의 조사에 의해 이루어지기 때문에 그림 14.8과 같이 베이스 단자가 없다. 그러나 다른 전기 회로와의 접속을 원활히 하기 위해 베이스 단자를 붙인 것도 있다.

광 트랜지스터는 광 다이오드와 트랜지스터를 결합한 등가 회로로 해석하면 편리하다.

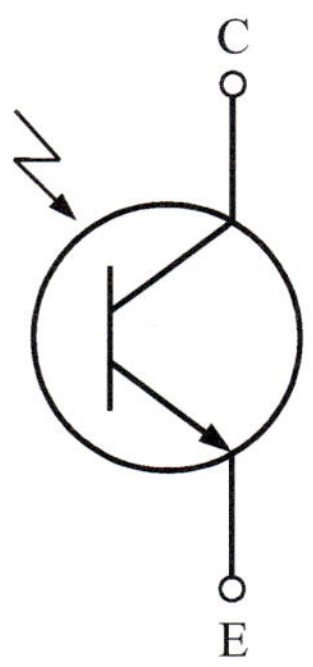

그림 14.8 **광 트랜지스터의 기호**

(4) 포토 커플러

포토 커플러(photo coupler)는 전기 에너지를 빛 에너지로 변환하는 발광 소자와 빛 에너지를 전기 에너지로 변환하는 수광 소자를 한 패키지 내에 수용한 소자로 전기 신호를 발광부에서 빛으로 변환하고 이 빛을 수광부에서 받아 다시 전기 신호로 환원시키는 광복합 소자를 의미하는 것이다.

포토 커플러는 발광 소자(LED)와 수광 소자(광 다이오드, 광 트랜지스터, CdS셀)의 조합에 따라 여러 종류가 있다.

3. 사용기기 및 재료

(1) 직류 전원 공급 장치 1대
(2) 직류 전압계(1/10 [V]) 1대
(3) 직류 전류계(10/50 [mA]) 1대
(4) 회로 시험기 1대
(5) 다이오드(Si) 1개
(6) 발광 다이오드(적색, 녹색, 황색, 청색) .... 각 1개
(7) 저항(200 [Ω]) 1개
(8) 만능 기판 1개
(9) 리드선 .... 다수

4. 실험 방법

(1) 그림 14.9와 같이 회로를 결선한다. 저항 R은 LED를 보호하기 위한 전류 제한용 저항이며, 200 [Ω]으로 한다. 다이오드는 실리콘용 다이오드, LED는 적색을 사용하여 회로를 구성한다.

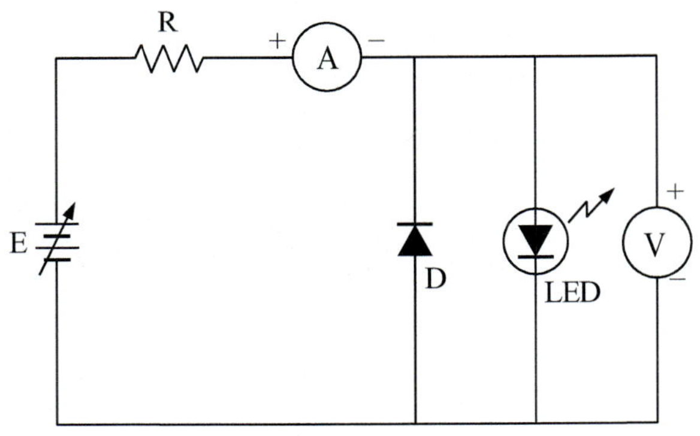

그림 14.9 LED의 특성 실험 회로

(2) 전원 E를 서서히 증가시켜 LED에 불빛이 보일 때의 전류 I_{F0}와 전압 V_{F0}을 기록한다. 또 전압을 더 증가시키면서 LED에 흐르는 전류가 1[mA]가 되도록 한 다음, 직류 전압계로 LED의 양단 전압 V를 측정하여 표 14.1에 기록한다.

(3) LED에 흐르는 전류를 표 14.1과 같이 변화시키면서 그 때의 LED의 양단 전압을 측정하여 실험 방법 (2)항을 반복하면서 표 14.1에 기록한다.

(4) 녹색, 황색 및 청색의 LED를 위의 실험 회로에서 교체 접속하여 실험 방법 (2), (3)을 반복하여 실험하고, 측정값을 표 14.1에 기록한다.

표 14.1 LED의 전압-전류 특성 실험

I_F [mA]		1	2	5	10	15	20	30	40
적 색	V_F [V]								
녹 색									
황 색									
청 색									

(5) 표 14.1의 실험 결과를 이용하여 LED의 전압-전류 특성 곡선을 그림 14.10에 그린다.

그림 14.10 LED의 전압-전류 특성 곡선

5. 고찰 및 평가

(1) 발광 다이오드(LED)의 동작 원리에 대하여 설명하라.

(2) LED는 일반적으로 대략 몇 [V]의 순방향 전압에서 사용하는지 설명하라.

(3) LED는 역방향 바이어스에서 견딜 수 있는 전압은 대략 어느 정도이며, 역방향 전압에서 소손되지 않기 위한 방법은 무엇인지 설명하라.

(4) 발광 소자와 수광 소자의 종류를 설명하라.

실험 15 만능 기판 사용법

1. 목적

1) 만능 기판의 구조를 실험을 통하여 익힌다.
2) 만능 기판을 이용한 회로 결선 및 사용 방법을 익혀 실험의 효율성을 높인다.

2. 이론

만능 기판(bread board)은 전원 및 각종 회로의 전기·전자 부품(저항, 인덕터, 콘덴서, 다이오드, 트랜지스터, IC 등)을 납땜이나 다른 방법을 이용하지 않고 직접 회로를 구성하여 실험할 수 있도록 만든 실험 보조 기구이다.

만능 기판을 이용하면 회로 부품의 교체 및 회로의 수정을 간단히 할 수 있기 때문에 실험 시간을 단축시켜 효율성을 높일 수 있고, 실험의 극대화를 꾀할 수 있는 장점이 있다.

그림 15.1은 만능 기판의 외관을 나타낸 것이다. 일반적으로 만능 기판은 버스선, 가로 방향의 연결 접점, 중앙 분리선 등으로 구분된다.

A, B의 영문 대문자로 표기된 외곽 및 내부에 두 줄로 배열되어 있는 버스선(BUS line)들은 서로 연결되어 있지 않고 분리되어 있지만, 위쪽의 A에서 아래쪽 A까지 또 위쪽의 B에서 아래쪽 B까지는 내부적으로 연결되어 있다. 이들 버스선들은 주로 결선한 회로에 전원 공급을 위한 것으로 사용된다.

가로 방향의 연결 접점 a, b, c, d, e와 f, g, h, i, j는 각각 5개의 점이 서로 내부적으로 연결되어 있지만, 두 그룹은 e와 f 사이의 굵은 홈이 파인 중앙 분리선에 의하여 서로 연결되어 있지 않다.

또한 a, b, c, d, e와 f, g, h, i, j의 세로 방향은 서로 이웃한 점과 분리되어 있다. 즉 1부터 숫자로 씌어 있는 세로 방향의 점들은 서로 연결되어 있지 않다.

만능 기판을 이용한 회로의 구성은 가능한 부품의 배치를 교재의 회로도와 일치하도록 하여 회로의 오결선을 줄이고 회로의 점검 및 수정을 쉽게 할 수 있도록 한다.

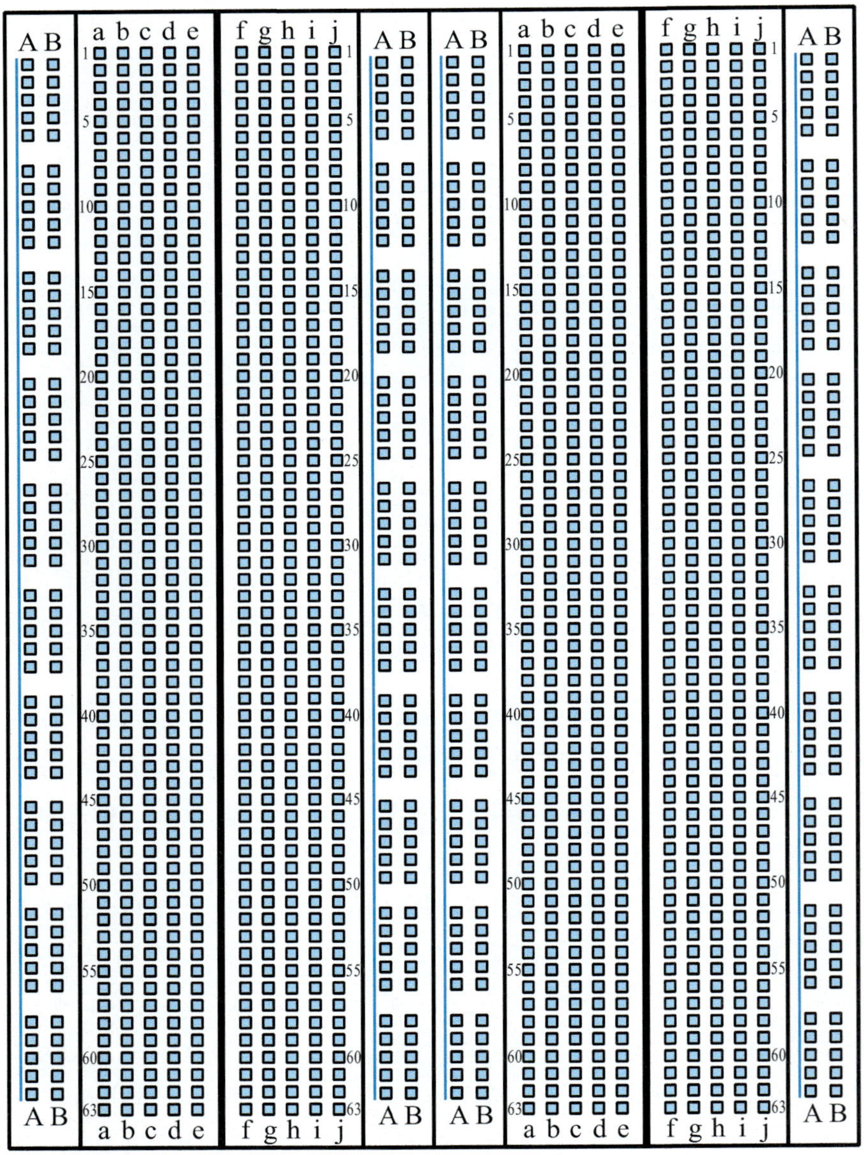

그림 15.1 만능 기판의 외관

3. 사용기기 및 재료

(1) 직류 전원 공급 장치 ………………………………………………………………… 1대
(2) 회로 시험기 ……………………………………………………………………………… 1대
(3) 저항(500 [Ω]) …………………………………………………………………………… 1개
(4) 만능 기판(bread board) ……………………………………………………………… 1개
(5) 리드선 ……………………………………………………………………………………… 다수

4. 실험 방법

(1) 그림 15.1과 같은 만능 기판을 이용하여 리드선을 영문 대문자 A의 첫 번째 점과 마지막 점에 삽입한 후 회로 시험기로 단락 상태를 확인한다.

(2) 실험 방법 (1)항과 같은 방법으로 영문 대문자 B에서도 반복한다.

(3) A와 B에서 각각 한 개씩의 점을 선택하여 리드선을 삽입한 후 회로 시험기로 단락 유무를 확인한다.

(4) 가로 방향의 연결 접점 a, b, c, d, e 중에서 두 점을 선택하여 저항 500 [Ω]을 삽입한 다음, 회로 시험기로 저항값을 측정하고 단락 유무를 확인한다.

(5) 가로 방향의 연결 접점 f, g, h, i, j 중에서 두 점을 선택하여 저항을 삽입한 다음, 실험 방법 (4)항을 반복하여 실험한다.

(6) 가로 방향의 연결 접점 a, b, c, d, e와 f, g, h, i, j의 두 그룹에서 각각 한 점씩 선택하여 저항을 삽입한 후 실험 방법 (4)항을 반복하여 실험한다.

(7) a, b, c, d, e의 세로 방향으로 두 점을 선택하여 저항을 삽입한 후 회로 시험기로 저항값을 측정하고 단락 유무를 확인한다.

(8) f, g, h, i, j의 세로 방향으로 두 점을 선택하여 저항을 삽입한 후 실험 방법 (7)항을 반복하여 실험한다.

(9) A의 한 점과 a, b, c, d, e 중의 한 점을 선택하여 리드선을 삽입한 후 회로 시험기를 사용하여 단락 유무를 확인한다.

(10) A의 한 점과 f, g, h, i, j 중의 한 점을 선택하여 리드선을 삽입한 후 회로 시험기를 사용하여 단락 유무를 확인한다.

(11) 직류 전원에 저항을 직렬로 접속되도록 만능 기판에서 구성한다. 직류 전원 공급 장치의 (+) 극성을 만능 기판의 A, (−) 극성을 B에 리드선을 이용하여 삽입하고 저항과 직렬접속하여 저항 양단에 걸린 전압을 측정하여 기록한다.

5. 고찰 및 평가

(1) 만능 기판을 사용하는 목적에 관하여 설명하라.

(2) 실험 결과로부터 고찰할 수 있는 만능 기판의 구조를 간단히 설명하라.

실험 16 부품의 납땜 및 전자기기 배치법

1. 목적

1) 각종 회로 부품을 접속하고 조립하는 데 기본이 되는 납땜의 원리를 이해하고 기법을 익힌다.
2) 전자 기기 및 전기 회로의 부품 배치 및 배선 방법을 익힌다.

2. 이론

납땜은 전자 기기 및 전기 회로의 조립이나 제작에 필수적인 작업의 하나로 제품의 성능과 수명에 가장 크게 영향을 미치는 작업이다.

부품과 부품을 서로 부착시키는 방법은 여러 가지가 있지만 전기 부품의 접속은 단지 붙어 있는 것이 아니라 전기적으로 완전히 접속되어 있어야 한다.

(1) 납땜의 기초

땜납은 주석(Sn)과 납(Pb)의 합금으로 되어 있고, 표시는 H60과 같이 H 및 주석 성분의 %로 표시한다. 일반적으로 사용되는 땜납은 H50~H60의 범위에 있다.

납땜의 온도는 250℃가 적당하며 보통 280~350℃ 범위에서 사용하고 납땜 시간은 모재의 크기에 따라 다르지만 1~5초(통상 2초 전후) 동안에 하는 것이 좋다.

땜납은 주로 실납이 사용되고, 보통은 실납 중심부의 구멍에 용제인 송진 계통의 플럭스(flux)가 들어 있는 제품이 많이 나와 있다. 그러나 용제가 없는 실납을 사용할 때에는 플럭스 역할을 하는 송진 계통의 페이스트(paste)를 별도로 준비하여 사용해야 한다.

플럭스나 페이스트는 납땜을 원활히 해 주는 역할을 한다.

송진 계통의 플럭스는 활성화 수지로서 실납에 열이 가해지면 납보다 먼저 녹아 접속할 금속의 산화 피막화된 표면을 깨끗이 닦아주고 산화를 방지해 준다. 또한 납의 표면 장력을 작게 하여 쉽게 퍼지게 할 뿐만 아니라 접속할 금속과 융합이 잘 되도록 도와준다.

페이스트는 가열된 인두 끝에 약간 묻힌 다음 납을 인두에 대어서 납땜 작업을 한다. 페이스트는 인두 끝에 묻어있는 납이 인두로부터 잘 분리될 수 있도록 도와주는 역할도 한다.

납땜 작업이 끝난 후에는 인두에 남아 있는 페이스트를 반드시 천 등으로 깨끗이 청소해야 한다.

(2) 납땜용 전기인두

납땜용 전기인두는 납이 녹는 온도 이상으로 가열하여 납땜을 직접 하는 도구이다. 전기인두는 용도에 따라 소비 전력과 인두 팁의 굵기로 구분하고, 일반적으로 전자 소자인 다이오드 등은 소비 전력 30[W], 직경 4[mm] 정도를 사용하고 있다.

오른손에 전기인두, 왼손에 실납을 잡고, 인두를 충분히 가열한 다음 인두 팁 끝에 납을 대어 입히고 나서 사용한다. 단, 인두가 너무 과열되어 있으면 납이 붙지 않고 굴러 떨어지는 현상이 일어나기도 하므로 과열되지 않도록 주의한다.

인두의 온도 조절은 여러 가지 방법이 있으나 일반적으로 인두의 팁 길이를 조절하여 사용하지만 전압 조정기를 이용하여 조절하는 방법도 있다.

전기인두를 사용한 후에는 인두 끝을 줄이나 사포 등으로 깨끗이 청소하고 납을 약간 입힌 상태로 보관한다.

(3) 기판에서 리드선 처리 방법

그림 16.1은 기판에서 부품의 리드선 처리 방법을 순서대로 나타낸 것이고, 납땜하기 위한 사전 작업을 나타낸 것이다. 부품이나 선을 기판에 납땜을 할 때에는 우선 리드선에 피복이 있으면 피복을 벗기고 사포나 줄로 문지른다.

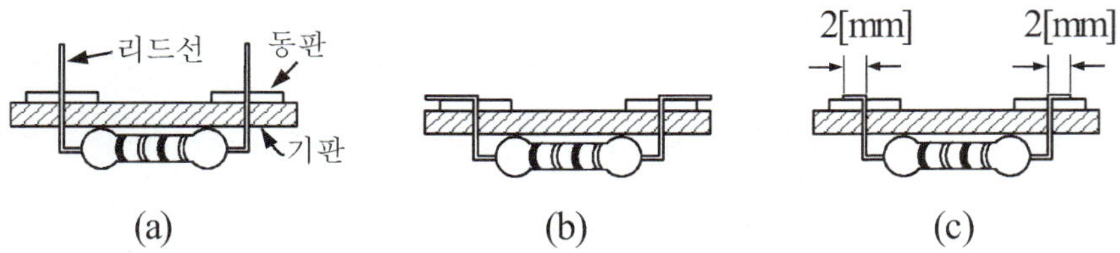

그림 16.1 부품 리드선 처리 방법

(a) 부품의 리드선을 기판에 닿는 곳까지 삽입한다. 단, 다이오드와 트랜지스터는 5[mm] 정도, 전해 콘덴서는 2[mm] 정도를 세워서 하지만 다이오드와 트랜지스터의 높이는 전해 콘덴서 높이보다 높지 않도록 한다.
(b) 기판의 아래 부분에서부터 직각으로 구부린다.
(c) 리드선을 2[mm] 정도가 남도록 니퍼로 절단하여 납땜할 준비를 한다.

(4) 납땜의 작업 순서

납땜의 작업 순서는 그림 16.2와 같다.

(a) 납땜을 부착할 장소 근처에 납과 인두를 가까이 한다.
(b) 인두 끝을 납땜하려는 장소에 2초 정도 대어 가열시킨다.
(c) 기판과 인두 끝의 중간에 땜납을 대어 적당한 양만큼 녹인다.
(d) 적당한 양의 납이 녹으면서 흘러 들어가면 납을 땜한다.
(e) 녹은 납이 기판과 합금이 되어 매끄럽게 흐르면 인두 끝을 기판에서 땜한다.

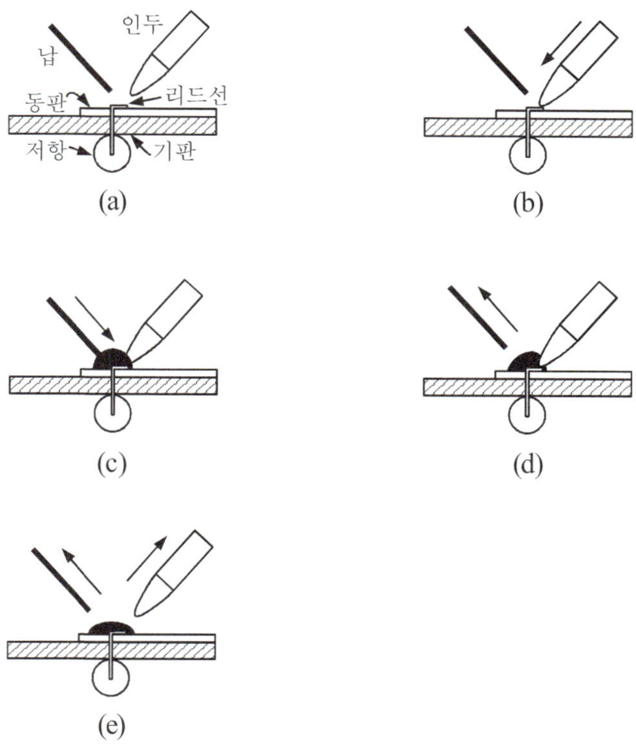

그림 16.2 납땜 작업 순서

동판에 납땜을 할 때 땜납이 동판 위에 얹히는 것처럼 보이지만 단면의 상태를 살펴보면 동판 속에 합금층이 만들어지는 것이다. 따라서 납땜은 동판과 납이 분자 간 결합을 한 것이고, 합금층의 상태가 이루어져야 광택이 나게 되며, 납이 잘 퍼지게 되어 양호한 것으로 볼 수 있다.

납땜의 외관이 얼룩지거나 표면이 꺼칠꺼칠하고 틈이 생기지 않도록 해야 하며, 또한 납이 부족하거나 열 부족, 과열이 되지 않도록 하여야 깨끗이 작업을 마무리 할 수 있다.

특히 다이오드나 트랜지스터, 저항, 전해 콘덴서 등과 같이 열에 약한 부품은 직접 열이 가해지지 않도록 조심해야 한다. 이와 같은 열에 약한 부품들은 핀셋이나 롱 노즈 등으로 리드선을 잡고 작업을 하면 부품으로 전달되는 열을 흡수할 수 있다. 저항은 약 80℃ 정도에서 저항값이 다르게 될 수 있고, 트랜지스터는 대략 80℃에서 소손된다.

(5) 부품의 배치

부품의 배치 및 배선을 할 때에는 다음 사항을 유의하여 작업한다.

(a) 신호가 들어오는 순서로 부품을 배치하여 입력과 출력 사이의 간섭을 피하고 교차가 없도록 한다.
(b) 외부로 연결된 단자는 기판의 가장자리로 나오게 한다.
(c) 부품의 리드선은 겹치지 않고 직선적으로 끼울 수 있도록 한다.
(d) 회로도와 동일한 순서와 동일한 배치를 한다.

(6) 납땜시의 유의 사항

(a) 가열된 인두는 300℃ 정도의 고열이므로 항상 주의해야 하고, 인두 받침대를 사용하도록 한다.
(b) 납땜의 작업 시간이 짧을 경우에는 인두가 과열이 되지 않도록 전원을 끄거나 전압 조정기를 사용하도록 한다.

3. 사용기기 및 재료

(1) 납땜용 전기인두(30[W]) ······ 1개
(2) 롱 노우즈 ······ 1개
(3) 니퍼 ······ 1개
(4) 기판(20홀×20홀) ······ 2장
(5) 땜납 ······ 1통
(6) 페이스트 ······ 1통
(7) 리드선 ······ 1.5m

4. 실험 방법

(1) 전기인두를 전원에 연결하고 예열 상태를 확인한다.

(2) 리드선의 피복을 니퍼로 벗겨 낸 후 그림 16.3(a)와 같이 기판 위에 일직선이 되도록 윗줄부터 차례로 동판 구멍마다 납땜을 한다.

(3) 그림 16.3(b)와 같이 기판 위에 나선형의 형태로 동판의 각 구멍마다 납땜을 한다.

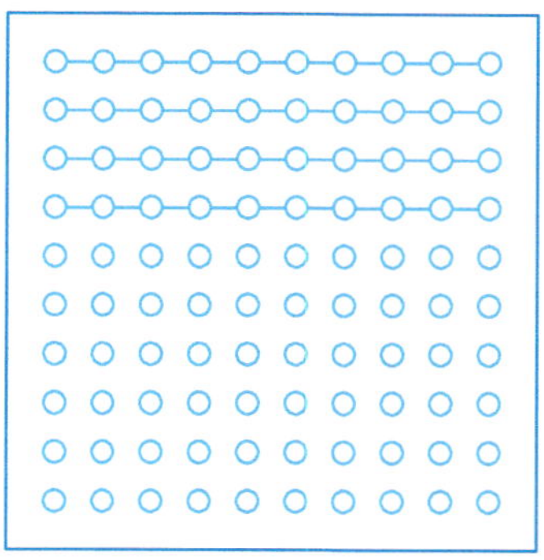

(a)

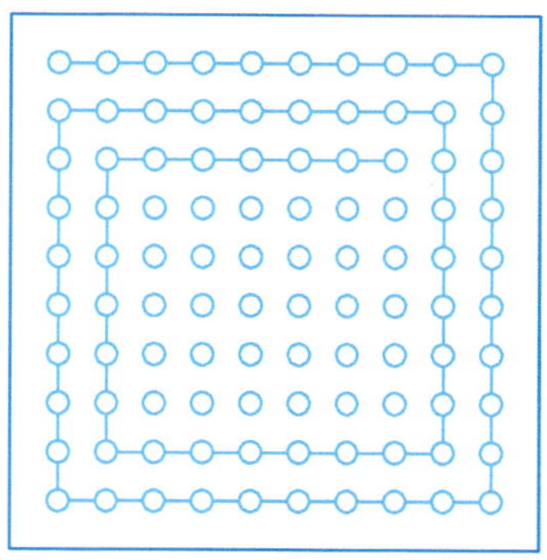

(b)

그림 16.3 기판을 이용한 납땜 작업 실습

5. 고찰 및 평가

(1) 전기인두로 기판 위에서 납땜을 할 때 작업 순서를 설명하라.

(2) 납땜 작업을 할 때 페이스트(paste)를 사용하는 이유를 설명하라.

찾아보기

(라)

(마)

(바)

(사)

(아)

(자)

(차)

(카)

(타)

(파)

(하)

실무와 예제로 배우는

전기전자 기초실험

3판 3쇄 2025년 2월 20일

저 자 임헌찬/박구범/김종수/이주원
발행인 송광헌
발행처 도서출판 복두(더)
주 소 서울특별시 영등포구 경인로82길 3-4
센터플러스 807호 (우) 07371
전 화 02-2164-2580
FAX 02-2164-2584
등 록 1993. 11. 22. 제 10-902 호

정가 : 28,000원
ISBN : 979-11-6675-270-4 93560

한국과학기술출판협회 회원사